[美] 斯科特·凯尔比（Scott Kelby）著
陈志民 译

Photoshop
数码照片专业处理技法

清华大学出版社
北京

北京市版权局著作权合同登记号 图字：01-2022-5175

Authorized translation from the English language edition, entitled The Adobe Photoshop Book for Digital Photographers, 2nd Edition, 9780137357635 by Scott Kelby, published by Pearson Education, Inc, publishing as Scott Kelby, copyright © 2023 Scott Kelby.

All Rights Reserved. No part of this book may be reproduced or transmitted in any form or by any means, electronic or mechanical, including photocopying, recording or by any information storage retrieval system, without permission from Pearson Education, Inc. CHINESE SIMPLIFIED language edition published by Tsinghua University Press LIMITED, Copyright © 2025.

本书中文简体翻译版由培生教育出版集团授权给清华大学出版社出版发行。未经许可，不得以任何方式复制或传播本书的任何部分。

This edition is authorized for sale in the People's Republic of China only, excluding Hong Kong, Macao SAR and Taiwan.

此版本仅限在中华人民共和国境内（不包括中国香港、澳门特别行政区和台湾地区）销售。

本书封面贴有 Pearson Education（培生教育出版集团）激光防伪标签，无标签者不得销售。
版权所有，侵权必究。举报：010-62782989，beiqinquan@tup.tsinghua.edu.cn。

图书在版编目（CIP）数据

Photoshop 数码照片专业处理技法 /（美）斯科特·凯尔比 (Scott Kelby) 著；陈志民译 . -- 北京：清华大学出版社 , 2025. 6. -- ISBN 978-7-302-69543-1

Ⅰ . TP391.413

中国国家版本馆 CIP 数据核字第 2025QJ0924 号

责任编辑：陈绿春
封面设计：潘国文
责任校对：徐俊伟
责任印制：沈　露

出版发行：清华大学出版社
　　　　　网　　址：https://www.tup.com.cn，https://www.wqxuetang.com
　　　　　地　　址：北京清华大学学研大厦 A 座　　邮　　编：100084
　　　　　社 总 机：010-83470000　　　　　　　　邮　　购：010-62786544
　　　　　投稿与读者服务：010-62776969，c-service@tup.tsinghua.edu.cn
　　　　　质 量 反 馈：010-62772015，zhiliang@tup.tsinghua.edu.cn
印 装 者：涿州市般润文化传播有限公司
经　　销：全国新华书店
开　　本：180mm×210mm　　　　印　张：15 1/3　　　　字　数：795 千字
版　　次：2025 年 7 月第 1 版　　印　次：2025 年 7 月第 1 次印刷
定　　价：99.90 元

产品编号：104594-01

这本书献给胡安·阿方索,
他是我认识的最有才华、最有创造力、最勤奋、最有趣的人之一。
他对我和我们公司都很重要,
我很感激我每天都能和他一起工作。

前 言

读这本书之前您需要知道的六件事。

对我来说，您从这本书中得到很多东西真的很重要，我可以帮助您的一个方法是让您快速了解本书的六件事，例如，告诉您在哪里下载书中使用的图像。如果您现在花两分钟时间快速了解这六件事，我们可以跳过很多步骤。我保证这让您值得花时间。

(1) 不必按顺序读这本书

我设计了这本书的初衷是让您找到想学习的技巧，然后从那里开始。例如您想学习如何去除图像上的灰尘污点，直接找到相关章节就会知道了。我确实按照学习Photoshop的逻辑顺序写了这本书，但不要让它束缚您的手脚。直接跳到您想学的任何技术上——您可以随时回去复习，然后尝试其他东西。

(2) 与我在书中使用的许多相同的照片一起练习

当您阅读这本书时，您会发现一种技术，例如"创建全景"，您可能没有一套全景照片，所以在这种情况下，我通常会让您下载这些图像，这样您就可以跟着书一起看了，您可以在http://kelbyone.com/books/ps23找到它们（如果您跳过这件事，直接进入第1章，您会错过这些信息）。

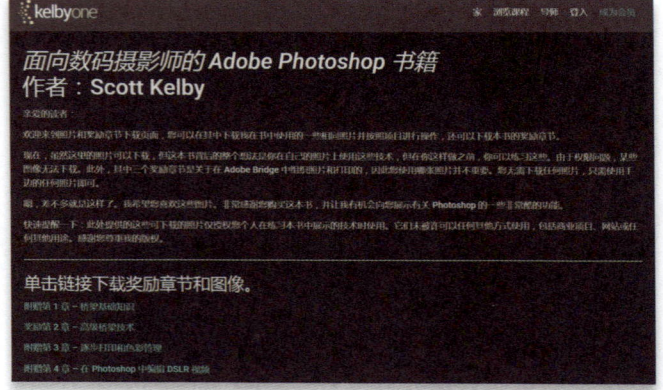

前言

(3) 即使不使用RAW模式拍摄,也会使用大量的Camera Raw

随着时间的推移,摄影师在Photoshop中的工作流程已经发生了很大的变化,因此您最终会在Photoshop的Adobe Camera Raw部分做很多事情,别担心,您不必使用原始照片来拍摄,它与JPEG或TIFF模式配合使用很好。一个很大的原因是,Adobe一直在将Photoshop的大部分新摄影功能添加到Camera Raw中,而且这些功能只存在于其中,包括改变游戏规则的新AI蒙版功能,而Photoshop中今天的大部分摄影工作流程都是基于Camera Raw。我想让您提前知道这一点,因为我们将在过程开始时使用Camera Raw,或者只是将其用作滤镜,在整个过程中使用相当多。这是现代工作流程的一个关键部分,正如我所说,您不必用RAW模式拍摄才能使用Camera Raw——它也能很好地与JPEG模式配合使用。

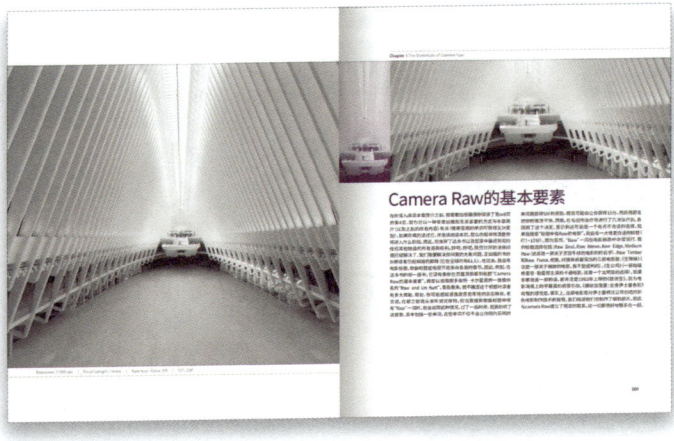

(4) 警告:章节简介页面非常混乱

在一本普通的书中,每一章开头的介绍页都会让您对下一章有一些了解。但这些简短、古怪、杂乱无章的简介与本章的内容无关,它们的设计只是为了在章节之间给您一个"精神上的休息",它们已经成为我所有书中的传统,很多人都喜欢它们(以至于我们出版了一整本书,只包括这些章节的简介。不是这本书)。然而,一些"严肃的人"以一千个燃烧的太阳的热情憎恨它们,所以如果您是那些讨厌这样东西的严肃的人之一,请跳过这些内容。

iii

Photoshop 数码照片专业处理技法

(5) Photoshop和Camera Raw中有一些东西做着完全相同的事情

例如，Camera Raw的"几何"面板中有镜头校正，Photoshop中有一个镜头校正滤镜。在我自己的工作流程中，如果我能在Camera Raw和Photoshop中完成完全相同的任务，我总是选择在Camera Raw中完成，因为它更快（Camera Raw中没有进度条——一切都是实时发生的），它是无损的（您以后总是可以改变主意），以及如果您用RAW模式拍摄，它会将编辑应用于具有更宽色调范围的RAW 16位图像，并且即使是大量的编辑也会对图像造成较少的可见损害。如果我在Camera Raw中向您展示一些也可以在Photoshop中完成的东西，我可能会提到它，但我只会在Camera Raw中显示它（因为我就是这样做的）。

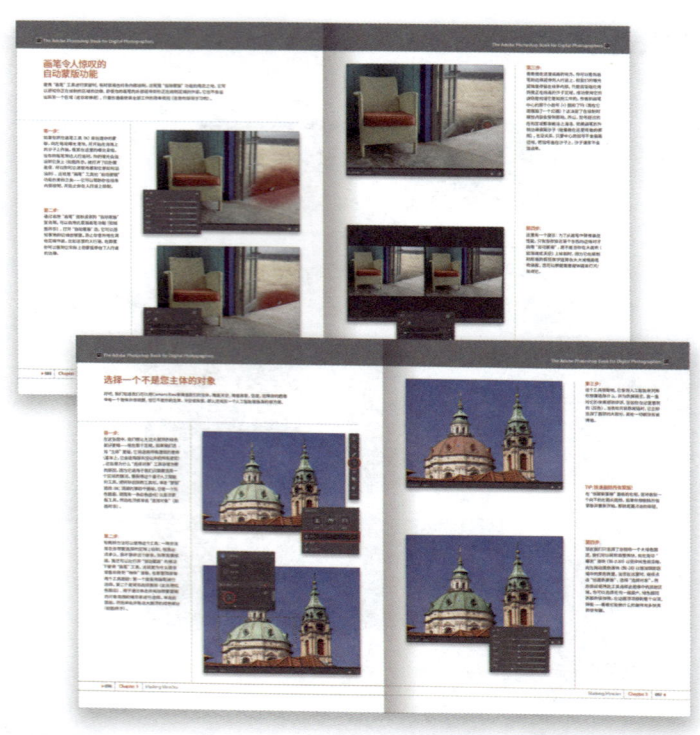

(6) Adobe Bridge的东西在哪里

Adobe多年来一直没有对Bridge做太多的工作。我认为Bridge的未来并不光明，由于它多年来没有太大变化（而且它比一只浑身是糖蜜的哮喘三趾树懒在沙丘上上坡还要慢），我不再把它包括在书中。但是，如果您是Photoshop的新手，又不使用Lightroom，并且您认为您可能需要Bridge，那我在Bridge上写了整整两章，并将它们放在书的下载页面上可以供您免费下载，您可以在http://kelbyone.com/books/ps23找到这些。关于打印和编辑视频的另外两个额外章节请重点参阅。

iv

目 录

第1章
Camera Raw的基本要素　　001

- 如何在 Camera Raw 中打开JPEG、TIFF和 RAW 图像 002
- 如果使用RAW模式拍摄，从这里开始 005
- 在编辑过程中随时使用Camera Raw 007
- 设置图像白平衡的三种方法 008
- 在Camera Raw中查看调整前/后的效果 011
- 让Camera Raw自动校正照片 013
- 设定整体曝光率，第一部分：扩大色调范围 015
- 设定整体曝光率，第二部分：调节整体亮度 017
- 通过添加对比度调整平面图像 019
- 处理高光问题 020
- 修复背光图像 022
- 使用"纹理"滑块增强细节 023
- 使用"清晰度"滑块添加吸引力 024
- 纹理与清晰度的区别 025
- 让颜色流行起来 026
- 编辑图片备忘录 027

第2章
Camera Raw——超越基础　　029

- 一次编辑多张照片 030
- 使用曲线的高级对比度 033
- 在Camera Raw中应用锐化 040
- 创意锐化 045

v

去除污点、灰尘和其他分散注意力的东西 046
Camera Raw可以显示污点的位置 048
移除（擦除）照片中分散注意力的内容 049
调整或更改颜色范围 052
去除薄雾 054
减少杂色 055
裁剪和拉直 057
边制作边保存编辑，以便进行实验 060
选择 RAW 图像 061

第3章
面具（蒙版）奇迹　　067

关于蒙版的五件重要事情 068
编辑主体 070
更好看的天空，方法1: 天空蒙版 072
更好看的天空，方法2: 线性渐变蒙版 074
更好看的天空，方法3: 遮蔽物体 076
更好看的天空，方法4: 使用亮度范围蒙版保存云 078
更好看的天空，方法5: 使用"选择天空"减少天空中的
带状现象 080
如果不能完美工作该怎么办 082
关于画笔蒙版工具，要知道的四件非常有用的事情 084
光线绘画（提亮与变暗） 086
画笔令人惊叹的自动蒙版功能 088

目录

去除杂色的好方法 090
白平衡绘画 091
编辑背景 092
使用色彩范围蒙版调整单个颜色 094
选择一个不是主体的对象 096
关于蒙版的其他五件事 098

第4章
校正透视问题　　　　　　　　　　101

一些常见镜头问题的一键修复 102
DIY解决其中两个镜头问题 104
如果对象正在倾斜,如何使其直立 106
引导式直立——如果自动直立没有成功 108
去除色彩边缘(色差) 110
修复暗角(晕影) 112
解决横向透视问题 113

第5章
图层的使用　　　　　　　　　　　115

图层入门 116
混合两幅或多幅图像(图层蒙版简介) 120
图层混合模式入门 124
需要了解的五个图层知识 126
添加投影和其他图层效果 128

调整图层上某个对象的大小	132
组织图层	133
调整图层	134
智能滤镜图层	135
制作简单的复合对象	136
四个更重要的图层技术	140

第6章

几种选择方式　　　　143

Photoshop选择内容	144
Photoshop选择天空	146
仅通过单击选择对象	148
手动选择：矩形或圆形区域	150
用"魔棒工具"按颜色和色调进行选择	152
羽化选择的边缘	154
使用"快速选择工具"进行轻松选择	156
保存您的选择	157
完美地选择头发	158
按颜色（或按高光或阴影）选择	164
删除徽标后面的白色背景	166

目录

第7章
黑与白、双色调以及更多　　169

使用富有创意的配置文件进行"造型" 170
即时黑白转换..172
转换为黑白..174
更丰富的黑白配色..178
颜色分级..180
双色调让疯狂变得简单..184
为黑白照片上色（使用Neural Filter）...........................185
隐藏的摄影调色外观..186
使用LUT（颜色查找表）创建时尚调色..........................188
创建自己的自定义预设..190

第8章
裁剪和调整大小　　193

裁剪图像..194
修复拐角空白..198
创建自己的自定义裁剪工具....................................200
摄影师定制尺寸..202
调整照片大小..204
进行最大限度的放大..208
自动调整和保存一组图像的大小................................210
两种快速矫正扭曲照片的方法..................................212
调整移动到其他文档的图像的大小..............................214
在不拉伸或破坏图像的情况下使图像达到特定大小................217

ix

第9章
重塑肖像   221

使皮肤更光滑的方法 222
平滑肤色 224
自动平滑皮肤 230
通过高光和阴影塑造面部轮廓 231
减少皱纹 236
去除过度曝光 238
祛除瑕疵 240
修饰眼睛 241
修复闭眼或懒散的眼睛 243
处理深层眼窝 245
祛除黑眼圈 247
让人物更苗条 248
修整牙齿 249
使用"液化"功能来重塑形状、推动和拉动 250
使用AI调整面部特征 256

第10章
移除分散注意力的东西   261

摆脱眼镜中的反射 262
去除边缘光晕 266
使用"内容识别填充"删除简单内容 268
当"内容识别填充"需要帮助时 270

目录

拆除电线杆、电线和电源线 274

使用"修补工具"移除较大的填充物 278

移除游客 280

翻转对象以隐藏内容 282

如果修复不起作用,则复制 285

固定边缘间隙 286

第11章
Photoshop效果　　　　　　289

创建反射 290

天空替换 292

早点开灯(画笔工具) 296

添加光线 298

添加背景光 300

用聚光灯添加戏剧性 302

向纵向背景添加纹理 304

创建光束 306

创建单个光束 310

模糊主体后面的背景 311

梦幻般的柔焦效果 312

创建全景 314

黑与白艺术建筑造型 318

xi

太阳光晕效应	324
创建 HDR 图像	326
创建潮湿的街道和鹅卵石	328
变暗外部边缘	329

第12章

锐化技术 331

锐化的三个阶段	332
如果用 RAW模式拍摄, 锐化从Camera Raw开始	334
创造性锐化	336
输出锐化	340
输出锐化的另一种方式	346
焦点锐化	347
使用智能锐化进行更智能的锐化	348
超级锐化(高反差保留锐化)	350

第1章
Camera Raw的基本要素

正如我的书的长期读者已经知道的那样，过去我会用电影标题、歌曲标题或电视节目来命名我的章节。例如，在这本书的前一版中，它没有像您在页面顶部看到标题"Camera Raw的基本要素"，而是以说唱歌手库特·卡尔霍恩的一首歌命名的"Raw and Un Kutt"，事后看来，我不确定这个标题对读者有多大帮助。现在，您可能想知道我是否是库特的忠实粉丝，老实说，在那之前我从未听说过库特，但当我搜索歌曲标题中带有"Raw"一词时，就会出现这种情况。然而，在与创伤治疗师进行了几次治疗后，我回顾了这个决定，意识到这可能是一个有点不合适的选择。如果我搜索"标题中有Raw的电影"，我会有一大堆更合适的标题，因为显然，"Raw"一词在电影标题中非常流行。我的标题选择包括Raw Deal、Raw Nerve、Raw Edge、Medium Raw（这将是一部关于烹饪牛排的电影的好名字）、Raw Timber和Raw Force。但是，对我来说最突出的三部电影是《生辣妹》（这是一部关于辣妹的电影，我不是虚构的）、《生公鸡》（一部由福格霍恩·勒霍恩主演的卡通电影，这是一个太明显的选择），如果非要我选一部的话，那肯定是1963年上映的《欧洲生》，因为电影海报上的字幕真的很吸引您。《裸体加洛雷：全身伊士曼色彩》给我的感觉是，事实上，这部电影是对伊士曼柯达公司创造的彩色电影制作技术的致敬，我们知道他们也制作了相机胶片，因此与Camera Raw建立了明显的联系，这一切都很好地联系在一起。

如何在Camera Raw 中打开JPEG、TIFF和RAW图像

尽管Adobe Camera Raw最初是为了编辑以相机的RAW格式拍摄的照片而创建的，但也可以使用它来编辑JPEG和TIFF照片。许多人没有意识到使用Camera Raw的一大优势是，使用Camera Raw比使用任何其他方法都更容易、更快地使图像看起来更好看。Camera Raw的控制很简单，它是即时的，而且完全不可移动，这让它很难被击败。下面介绍如何在Camera Raw中打开图像。

（1）打开RAW图像

由于Camera Raw是为打开RAW图像而设计的，如果您双击一个RAW图像（无论是在Bridge中还是在计算机的文件夹中），它会启动Photoshop软件（如果您还没有打开它），并在Camera Raw中打开该RAW图像）。

注意，如果双击一个RAW图像，而没有在Camera Raw中打开，请确保您有最新版本的Camera Raw——来自新发布的相机的图像需要最新版的Camera Raw才能识别其RAW文件。

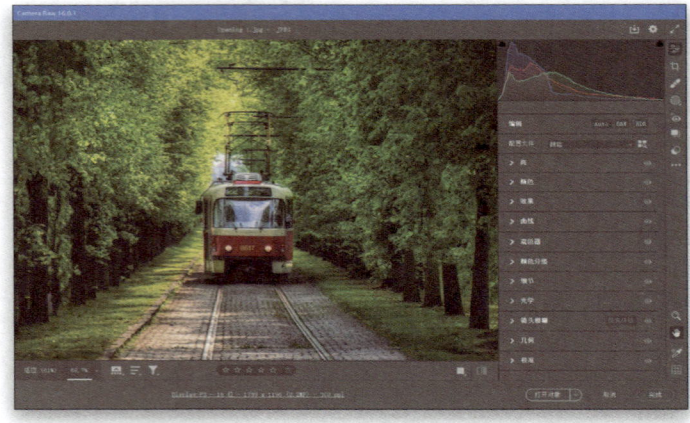

（2）打开来自Adobe Bridge的JPEG和TIFF图像

如果从Adobe Bridge打开JPEG或TIFF图像，很容易，单击图像并按Command+R（PC:Ctrl+R）组合键，或右击，然后在弹出的快捷菜单中选择"在Camera Raw中打开"选项（如图所示）。

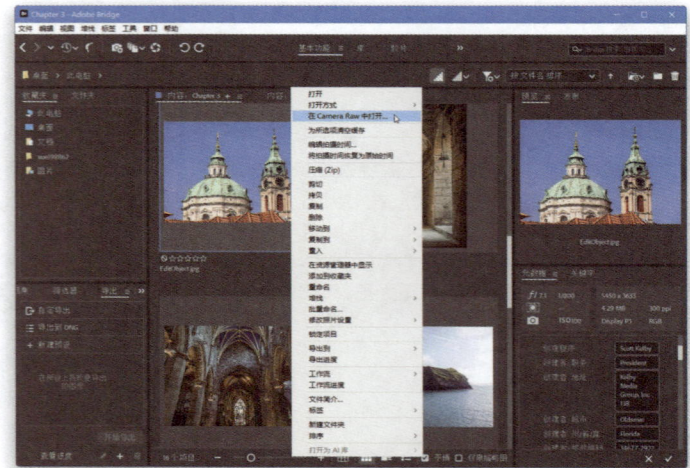

第1章 Camera Raw的基本要素

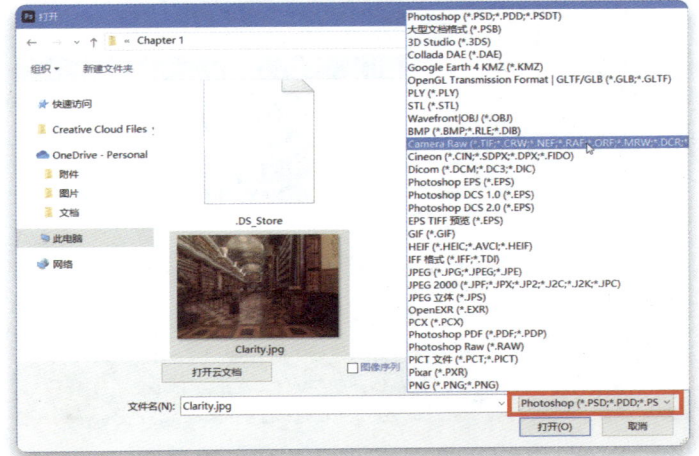

(3) 直接从计算机打开JPEG和TIFF图像

如果直接从计算机打开JPEG或TIFF图像，执行"文件"|"打开"命令。当"打开"对话框出现时，单击JPEG（或TIFF，但我们将使用JPEG作为示例）图像，您会看到"格式"弹出菜单设置为JPEG。单击并按住弹出菜单，然后选择Camera Raw（如图所示）。单击"打开"按钮，JPEG图像将在Camera Raw中打开。在Windows版本中需要转到"文件"菜单下，然后在此处选择"打开为"选项。单击JPEG，将右下角附近的弹出菜单更改为Camera Raw，然后单击"打开"按钮。

(4) 打开多个图像

在Camera Raw中打开多张RAW照片的方法是先选择它们（在Bridge或计算机上的文件夹中），然后双击其中任何一张，它们都将在Camera Raw中打开，并显示在窗口底部的胶片条中（如图所示）。如果照片是JPEG或TIFF格式，请在Bridge中先选择图像，然后按Command+R（PC：Ctrl+R）组合键，将无法从Mac Finder或Windows Ex-plorer窗口打开多张JPEG或TIFF图像，需要使用Bridge来打开它们（只需使用Bridge中的路径栏导航到这些图像所在的位置）。

003

(5) 在Camera Raw中编辑JPEG和TIFF图像

在Camera Raw中编辑JPEG和TIFF图像有一点：对JPEG或TIFF图像进行调整并单击"打开"按钮时，它会在Photoshop中打开图像。如果只想保存在Camera Raw中所做的更改，而不想在Photoshop中打开照片，请单击"完成"按钮（如图所示），更改将被保存。但编辑JPEG或TIFF图像与编辑RAW图像之间有很大区别。如果单击"完成"按钮，实际上会影响原始JPEG或TIFF图像的真实像素，如果是RAW图像，则不会影响（这是用RAW拍摄的另一大优势）。如果单击"打开"按钮，并在Photoshop中打开JPEG或TIFF图像，也将打开并编辑真实图像。

(6) 两个Camera Raw

还有一件事您需要知道：实际上有两个Camera Raw——一个在Photoshop中，另一个在Adobe Bridge中（Bridge中的Camera Raw有一个较暗的颜色主题）。处理（或保存）大量原始照片时，拥有两个Camera Raw的优势就会发挥作用——当您在Photoshop中处理其他东西时，您可以让它们在Bridge的Camera Raw版本中进行处理。如果您发现自己经常使用Bridge的Camera Raw，那么您可能想按Command+K（PC:Ctrl+K）组合键调出Bridge的首选项，单击左侧的"常规"按钮，然后勾选"双击可在Bridge中编辑Camera Raw设置"复选框（如图所示）。现在，双击照片可以在Bridge的Camera Raw中打开RAW照片，而不是在Photoshop中。

第1章 Camera Raw的基本要素

如果使用RAW模式拍摄，从这里开始

大多数无反光镜和单反相机都有一个名为"图片风格"的功能（或创意风格或图片控制，取决于相机品牌），它可以让您通过增强颜色、对比度等来"增强活力"，让您拍摄的东西看起来更好。例如，如果您正在拍摄风景，您可以在相机中应用风景图片风格，您的图像看起来会更丰富多彩，对比度更高。如果您在拍摄肖像，有一种肖像图片风格，它会让您的图像看起来更平坦、更讨人喜欢。如果您用RAW模式拍摄，Camera Raw会忽略您在相机中选择的任何图片样式。但您可以在Camera Raw中一开始就将类似的样式应用于RAW图像，与Adobe Color的标准默认外观相比，这可以为您的编辑提供更好的起点。

第一步：
开始之前，请注意，这只适用于在相机上以RAW模式拍摄的情况。如果用于JPEG或TIFF拍摄，您可以完全跳过，因为它只适用于RAW图像。在Camera Raw中，在"编辑"面板顶部的"配置文件"右侧，您会看到颜色已被选中（如图所示）。这是RAW图像的默认设置。默认值有什么意思吗？不，没有，只是不太好。我认为有更好的起点来编辑RAW图像，所以找到一个更好的RAW配置文件是编辑过程的第一步。

第二步：
无论我是否在编辑风景照片，我一般"转到"RAW配置文件都是Adobe风景。我觉得它几乎为每一张图像都提供了最佳的整体外观，肖像除外（如果我在编辑肖像，我会选择肖像，这是一款针对肤色进行调整的功能，肤色区域的饱和度和对比度较低）。您可以在这里看到颜色和对比度是如何增加的，在"配置文件"下拉列表中选择"Adobe风景"选项。

第三步:
您可能还想考虑另一种选择,有一组基于特定品牌相机(佳能、尼康、索尼)的图片风格配置文件的相机匹配配置文件,而不是使用Adobe的RAW配置文件。要访问这些配置文件,单击"配置文件"右侧的下拉按钮和一个放大镜的图标,以打开"配置文件浏览器",然后向下滚动并单击"相机匹配"按钮,会显示一组缩略图。要查看这些配置文件在图像上的外观,只需将光标悬停在缩略图上。如果您找到了一个喜欢的,单击它(这里单击了"现代01",它看起来非常适合这张图片)。

第四步:
图示为之前/之后对比,只有一个变化:我选择了"Camera Matching Landscape v2"配置文件(如第三步所示)。同样,这是为了复制您可以在相机中选择的颜色外观,所以如果您想让Camera Raw给您一个类似的外观作为起点(看起来更像您在相机背面看到的JPEG预览),请尝试一下。如果您发现自己经常使用某个特定的效果,您可以将其添加到"收藏夹"中,因此只需单击一下即可。要执行此操作,将光标移动到"配置文件浏览器"中需配置文件的缩略图上,右上角会出现一个星形图标,单击它,它将显示在"配置文件浏览器"顶部的"收藏夹"下和配置文件弹出菜单中。当您在相机匹配套件中查看时,如果您的选择看起来与我的不同,那就意味着您使用的是不同品牌的相机。

之前: 使用默认的颜色配置文件   之后: 使用"现代01"配置文件

在编辑过程中随时使用Camera Raw

我们讨论过从一开始就在Camera Raw中打开图像（我强烈建议您这样做，无论是RAW、JPEG还是TIFF图像），如果您已经这样做了——在Camera Raw中打开图像，单击"打开"按钮，现在它在Photoshop中打开了吗？您在Photoshop中工作，但您想使用一两个只有在Camera Raw中才能找到的功能，太晚了吗？一点也不。您可以随时从Photoshop中重新打开Camera Raw来编辑您的图像，大约97%的功能都可用（有一些不在滤镜中，例如白平衡预设、RAW配置文件和裁剪工具），但您想做的事情很可能仍然存在。

第一步：
当您在Photoshop中打开了一张图像，并想在Camera Raw中编辑它时，只需执行"滤镜"|"Camera Raw 滤镜"命令（如图所示）。

第二步：
打开Camera Raw窗口，现在您可以进行任何想要的更改。完成后，只需单击"确定"按钮（它将替换"完成"和"打开"按钮），即可返回Photoshop并应用Camera Raw更改。注意，如果您的图像已经在Photoshop中打开，即使它是在您的相机上以RAW模式拍摄的，此时它也不再是RAW照片，所以它不会返回并重新打开RAW版本。它拍摄您已经在Photoshop中打开的8位或16位照片，并在Camera Raw中打开。这并不是一件坏事，而且正如预期的那样有效。

设置图像白平衡的三种方法

这是让您的颜色正确的关键部分，因为如果您的颜色不正确，那就是错误的。理想情况下，我们会在相机中正确地拍摄（通过为拍摄的照明条件选择合适的白平衡），如果您在自动白平衡（这是最常用的设置）下拍摄，但颜色不好，则需要修复它。白平衡通常是我在自己的工作流程中调整的第一件事，因为正确的白平衡会立刻消除99%的颜色问题。我在编辑过程的早期，在曝光之前就这样做了，如果稍后改变白平衡，它可能会改变您的整体曝光。

原始图像：

在"编辑"面板的顶部（在Camera Raw窗口的右侧）可以找到"白平衡"控件。您将看到一个"白平衡"弹出菜单，默认情况下，它显示拍摄时的白平衡（如图所示，您看到的是拍摄时在相机中设置的白平衡）。我一直在室内常规照明条件下拍摄，所以我的白平衡被设置为"钨色"，但后来我在黎明时出门，忘记了更改，所以前几张照片都是蓝色的。让我们来看看改变白平衡的三种简单方法。

方法一：

选择一个内置的白平衡预设——通常，这就是您所需要的。只需单击"白平衡"弹出菜单，您就会看到一个可以在相机中选择的设置列表。选择与拍摄照片时所处的照明情况最匹配的预设（例如，如果在树下拍摄，则应选择"着色"预设）。在这里，我尝试了每个预设，"多云"预设效果最好。（注意，这是编辑RAW图像与JPEG或TIFF图像不同的地方。您只能获得RAW图像的白平衡预设的完整列表。对于JPEG或TIFF图像，只能选择"拍摄时"或"自动白平衡"预设。）

第1章 Camera Raw的基本要素

方法二：
这是我最喜欢的方法，就是使用白平衡工具（白平衡弹出菜单右侧的滴管）。单击它，然后单击图像中中性色的区域——理想情况下是浅灰色的，但如果不是，则是中性色的，例如棕褐色、米色或任何灰色。在这里，我单击了其中一艘贡多拉上的深灰色区域，它看起来很不错（看看右边的建筑，您会发现这种白平衡比"多云"预设要暖和一点）。用滴管工具不断单击不同的区域，您会看到不同的白平衡效果。通常只需单击几下就可以找到您喜欢的白平衡外观。

之前

之后

方法二（续）：
图示为使用白平衡工具之前/之后的对比，您可以看到设置适当的白平衡有什么不同。您可以通过按P键来打开/关闭预览，快速查看白平衡编辑的前后对比。

009

方法三：

如果您想对您的白平衡做一些有创意的事情（我正在为这个切换图像），那么我建议您使用"色温"和"色调"滑块（它们位于"白平衡"弹出菜单的正下方）。这些滑块后面的条是用颜色编码的，所以您可以使用拖动的方式来获得颜色。这里将"色调"滑块向右拖动，然后将"色温"滑块也向右拖动，以获得日落白平衡效果。当然，这并不是我在那里时的样子（左图更像过去）——这完全是一个创造性的选择。当我试图获得准确的白平衡时，我使用这些滑块的另一个目的是调整预设。例如，从应用内置的"白平衡"预设开始，但认为它有点太蓝，可以将"色温"滑块从蓝色拖向黄色，以使其保持平衡。（提示：您可以通过直接双击其小滑块nub来重置任一滑块，它会将其重置为默认值。）此外，要将白平衡重置为打开图像时的位置，直接双击"白平衡"工具（滴管图标）即可。

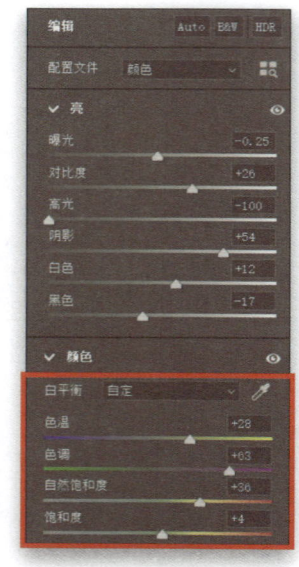

在Camera Raw中查看调整前/后的效果

能够在编辑过程中随时看到"之前"的图像是非常有帮助的,但能够在Camera Raw中看到并排的前后视图确实可以让事情"更上一层楼"。不仅可以很容易地看到快速并排视图,而且还有数量惊人的选项,所以您可以按照自己喜欢的方式获得前/后视图。

第一步:
如果您已经做了一些调整,并且想看看您的图像在调整之前是什么样子的("之前"的图像),只需按P键。要返回"之后"的图像,请再次按P键。如果您想看到并排的前/后视图(如图所示),请单击预览右下角的"前视图"/"后视图"图标,或者按Q键即可获得您在此处看到的视图,"前"图像在左侧,"后"图像在您应用的调整后,在右边(在这里,我调整了白平衡,降低了一点"活力",并稍微降低了高光)。注意,每次按Q键时,都会切换到不同的前/后视图。

第二步:
这种并排视图在竖向图像上效果很好,但对于像这样的横向图像,预览效果会变得相当狭窄。但您可以解决这个问题:按Command++(加号,PC:Ctrl++)组合键即可放大图像,就像您在这里看到的那样。每次按下组合键时,它都会放得更大。缩小后,只需单击任一图像(光标变为"手动"工具)并按任意方式拖动图像,即可重新定位图像。要缩小,请按Command+-(减号,PC:Ctrl+"-")组合键,直到缩到足够小。

第三步：

另一个预览选项是分割屏幕，将图像的左半部分显示为"之前"，将右半部分显示为"之后"（如图所示）。进入此视图后，可以交换边，因此"后"在左侧，"前"在右侧（因此，您有一个"后/前"视图而不是"前/后"视图）。要执行此操作，请单击预览右下角（两个箭头）的前/后视图图标右侧的图标，然后将两者交换。如果单击右侧的下一个图标，它会将当前设置复制到"之前"图像。最后一个图标（在最右边）允许您打开/关闭仅在当前面板中所做的更改（就像在Camera Raw中预览的旧方式一样）。如果您单击并按住"前视图"/"后视图"图标（第一个图标），将显示一个弹出菜单（如图所示），您可以通过名称选择不同的前视图/后视图。

第四步：

再次按Q键，它会将您切换到"上下之前"/"上下之后"预览（如图所示，这看起来有点令人毛骨悚然，因为她的"前"头从"后"头上长出来了）。如果您最后一次按Q键，您会得到一个上下分屏的视图。除此之外，您还可以通过转到我们在第三步中看到的弹出菜单并选择"预览首选项"来调出下面的对话框，从而合理地控制所有这些内容的显示方式。第一列允许您隐藏（通过关闭）任何不关心的预览复选框（我使用左/右并排和分离视图）。在第二列中，您可以选择是否希望在预览之前/之后看到实线分隔线，以及是否希望在屏幕上看到面板标签"之前"和"之后"。

让Camera Raw自动校正照片

多年来，我一直警告摄影师不要单击Camera Raw的Auto按钮，因为它做得很糟糕。我们曾经开玩笑地把它称为"过度曝光我的照片"按钮，因为如果单击它，它通常会这样做。但今天，Auto按钮实际上相当不错，如果没有其他功能，它可以帮助您有一个良好的起点。

第一步：
您可以让Camera Raw分析图像，并通过单击Auto按钮（此处用红色圈出）自动为您设置整体曝光。许多情况下，它做得相当不错。至少，它给了您一个合理的起点来编辑图像，我发现您的图像看起来越糟糕，效果就越好。如果它没有击中目标，可能是因为它打开了太多的阴影（您会注意到这一点，尤其是在肖像中），如果是这样，只需将"阴影"滑块向后拖动到左侧，直到它看起来再次自然。或者它增加了太多曝光量，所以照片看起来太亮，简单的解决方法是，将"曝光"滑块向左拖动，直到曝光看起来正常。

第二步：
这是我单击Auto按钮后的同一张图片，正如您所看到的，它看起来好多了。这并不完美，但这是一个非常好的开始，可以进行更多的调整（尽管偶尔它确实会成功，您就完成了）。使用Auto按钮，您不会有任何损失。如果您单击它，它看起来一点也不好，不用担心，只需按Command+Z（PC:Ctrl+Z）组合键即可撤销它。不会造成任何损失。

第三步：

Auto按钮无法纠正的一件大事是白平衡，这很奇怪，因为有一种自动的方法可以让它为您分析和设置白平衡。只需按住Shift键，然后直接双击"色温"滑块，然后双击"色调"滑块（如图所示）即可自动设置白平衡，在这里您可以看到是如何使整体白平衡更温暖、更自然的。注意到所有滑块前面都加了"自动"一词吗？只有按住Shift键时才会发生这种情况。没错，每个滑块都有自己的"自动"控件。要使用其中任何一个，请在按住Shift键的同时，直接单击调整名称（如自动曝光、自动对比度、自动高亮显示等），然后仅重新分析该控件。

第四步：

让我们继续尝试所有这些自动控件。我们已经在第二步中进行了全面的自动校正，所以这些滑块可能不会移动太多，但它们会重新分析并根据需要进行调整。所以，按住Shift键，单击所有名称前有Auto的调整。如果您单击了一个，但不喜欢结果，只需按Command+Z（PC:Ctrl+Z）组合键撤销那一个自动更正。这是图片的完整前后，显示我们做到了三件事：单击了Auto按钮。做了Shift键自动白平衡的事情。按住Shift键，单击所有滑块，让它们重新分析自动更正。我通常只需要做第一步——单击Auto按钮，如果它看起来不错，我就把它作为一个起点。

第1章 Camera Raw的基本要素

设定整体曝光率，第一部分：扩大色调范围

我将这种技术作为三管齐下曝光程序的一部分，从设置白点和黑点开始。这是重要的，因为通过这样做（使图像中最亮的部分尽可能亮而不剪辑高光，使最暗的部分尽可能暗而不使其变为纯黑）可以扩展图像的色调范围——Photoshop用户多年来一直在使用Photoshop的色阶。我们现在在Camera Raw中使用白色和黑色滑块来实现这一点，更重要的是，让Camera Raw自动为我们实现这一目标。

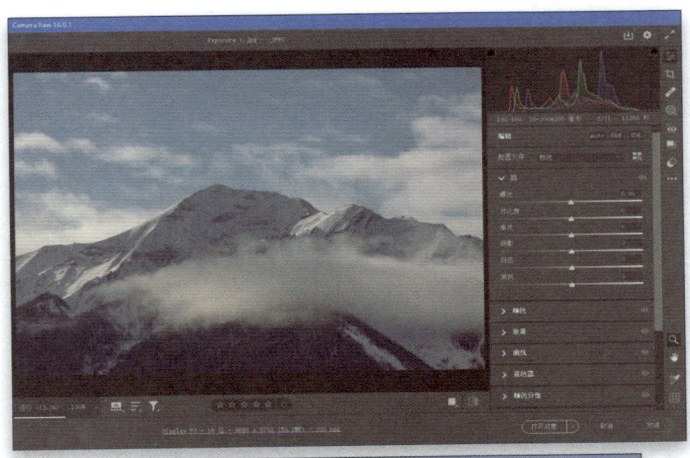

第一步：
这是原始图像，您可以看到它看起来很平坦。我们正在借鉴刚刚在自动调色教程中学到的知识，但我们将让Camera Raw只为我们做两个自动设置。这是我为几乎所有图像设置曝光的第一部分。

第二步：
按住Shift键开始，设置白点和黑点就很容易。首先，只需直接单击文字"自动白色"，它会将白色设置为尽可能亮，而无须在所有通道中剪辑它们（因此，在某些情况下，它可能会稍微剪辑红色通道，或绿色或蓝色通道一点，但通常不会剪辑所有三个通道，因此效果非常好）。您可以在这里看到，它使这张照片的明亮区域更加明亮，但它并没有被冲昏头脑。

Photoshop 数码照片专业处理技法

第三步:

按住Shift键并单击文字"自动黑色",它会将黑点设置为尽可能暗,而不会完全剪辑黑色。所以,您只是在不剪辑的情况下使图像中最亮的部分尽可能亮,没有东西变成纯白,而在不使任何东西变成纯黑的情况下,使最暗的部分尽可能暗。这样可以保持高光和阴影中的细节,同时扩大图像的色调范围,您可以在这里看到它看起来更好。我们还没有完成(这就是为什么下一页会有第二部分),但我们已经做好了成功的准备,因为最后一部分更容易。

第四步:

虽然只是让Camera Raw自动执行此操作,但您也可以通过按住Option(PC:Alt)键并拖动"白色"或"黑色"滑块手动执行此操作。使用"白色"滑块执行此操作时,图像将变为黑色。向右拖动时,开始在各通道中剪辑的任何区域都开始以该颜色显示。因此,如果您只是在剪辑红色通道,您会看到区域显示为红色,或者如果它们是黄色或蓝色,您只是在裁剪这些通道。我在很大程度上忽略了这一点,但如果我看到区域开始以白色出现(所有三个通道都在剪辑),我知道我做得太过分了,我会把它向左退一点。如果按住Option(Alt)键并拖动"黑色"滑块,则情况正好相反。图像将变为纯白色,当向左拖动"黑色"滑块时,任何开始剪辑的区域都将显示为正在剪辑的通道的颜色,如果所有通道都在剪辑,则显示为黑色。这就是手动操作的方法,但坦率地说,我从来没有这样做过——我在第二步和第三步中使用了Auto方法。

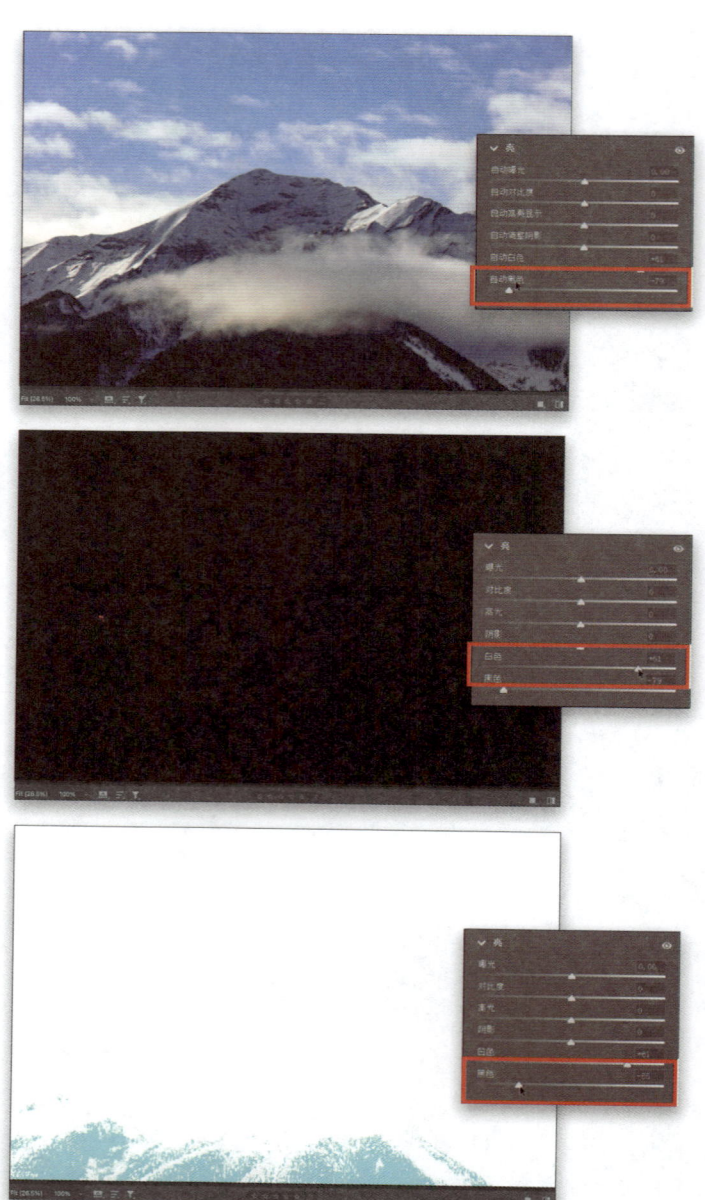

016

设定整体曝光率,第二部分:调节整体亮度

在我们设置了白点和黑点之后,我们现在对整体曝光度做出一个创造性的决定。看看照片,问问自己:"照片的整体亮度看起来是太亮、太暗还是刚刚好?"没有国际委员会来确定您的照片的正确曝光度。有些人(像我一样)喜欢他们的曝光有点暗,有些人喜欢它有点亮——这是一种"调味盐"的东西。但是,如果您认为它完全关闭,我们将使用"曝光"滑块调整整体亮度。在这一点上,它通常只是一个小的调整——以这样或那样的方式移动它,使中间色调更亮或更暗。

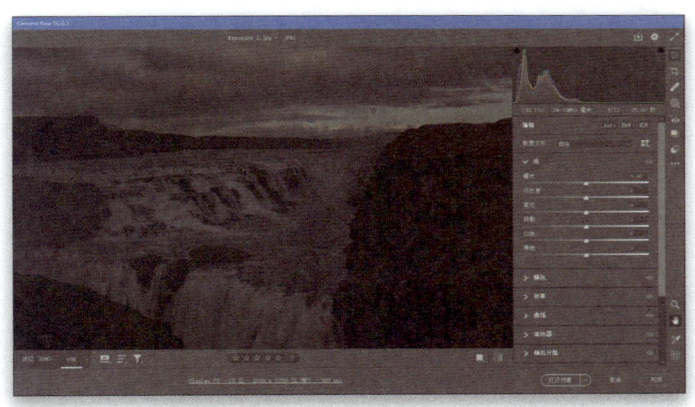

第一步:
对于这张照片,您可以看到,当我拍摄它时,我曝光不足了很多。所以,我们将采取三管齐下的整体曝光措施,让这张照片看起来更好。

第二步:
我们要做的第一件事是通过按住Shift键单击文字"自动白色",然后单击"自动黑色"来设置白点和黑点(这些只有当您按住Shift键时才会出现,如这两部分曝光动作的第一部分所述)。您可以看到,通过这样做,扩大图像的色调范围(并让Camera Raw为我们完成大部分工作),它做得相当不错。现在是时候评估整体亮度了。您可能会看到这个,然后想:"我不知道,我觉得它很好看。我喜欢它的忧郁。"或者您可能会觉得它还是有点太黑了。如果(像我一样)您认为它有点太暗,那么您会继续进行曝光的第三步,这是对整体亮度的一点调整。

第三步：

"曝光"滑块控制图像的整个中间色调区域，因此它是一个非常强大的滑块。在这里，我把它拖到右边，达到+0.80，在我看来，它就在右边，没有开始看起来亮。当然，"曝光"滑块不仅可以使中间色调变亮，还可以通过向左拖动使其变暗。"基本"面板中的所有滑块都从零开始，并允许您添加或多或少的特定调整，具体取决于拖动方式。例如，如果将"饱和度"滑块向右拖动，则会使图像中的颜色更加生动；如果向左拖动，它会删除颜色（向左拖动得越远，删除的颜色就越多，直到您看到黑白图像为止）。

第四步：

这是一个前后对比。曝光滑块的最后一个小调整产生了影响，但这是一个小动作，当您首先设置白点和黑点时，通常是这样。如果您跳过设置白点和黑点，只使用"曝光"滑块来设置整体曝光，您就不会得到那么好的结果，因为您只会调整中间色调。总的来说，您的图像看起来会更亮或更暗，但它不会有几乎相同的外观（您的图像在色调上看起来有点平淡）。这就是为什么我对自己的图像使用这种三管齐下的方法。尝试两种方法，您就会明白为什么。

之前

之后

第1章 Camera Raw的基本要素

通过添加对比度调整平面图像

如果我必须指出我在大多数人的照片中看到的最大问题并不是曝光问题（尽管这似乎是人们最担心的）。因为他们的图像看起来很平坦（缺乏对比度，非常重要）。这是最大的一个问题，但它几乎是最容易解决的问题（或者它可能有点复杂，这取决于您想走多远）。我将在这里介绍一个简单的方法，在下一章中介绍一个更高级的方法。

第一步：
原图是一张平淡无生气的图像。在我们实际应用任何对比度（使图像中最亮的部分更亮，最暗的部分更暗）之前，需要知道对比度如此重要的原因：使颜色更鲜艳；扩大色调范围；使图像看起来更清晰。对于一个滑块来说，这太多了，但这就是它的强大之处（在我看来，它可能是Camera Raw中最被低估的滑块）。

第二步：
将"对比度"滑块一直向右拖动（到+100），然后查看差异。它现在拥有了第一步提到的所有变化：颜色更鲜艳，色调范围更大，整个图像看起来更清晰。我并不总是把它拖这么远（图像看起来越平坦，我就把它拖到右边越远），如果它不是肖像，我会说我拖得相当远（肖像往往看起来更平坦一点）。对于几乎所有其他类型的图像来说，这是一个非常重要的调整，尤其是在RAW模式下拍摄，它会关闭相机中的任何对比度设置（当您在JPEG模式下拍摄时，相机中会自动应用对比度），因此RAW图像在相机外看起来有些平坦。重新添加缺失的对比度非常重要，而且这只是一个滑块。

019

处理高光问题

我们必须注意的一个潜在问题就是高光过强，即图像中的一些高光变得过于明亮（无论是在拍摄时，还是在Camera Raw中，当您使其更亮时），以至于图像的这些部分实际上根本没有细节，没有任何像素，只是一片空白。这种情况发生在多云天气好的照片中，例如运动员穿白色球衣、晴朗无云的天空，以及其他情况。这种情况发生时，我们的工作是修复它，所以我们在整个图像中保留细节。别担心，修复很容易。

第一步：
原图是一张建筑的照片，我在拍摄时过度暴露了高光（我让那些最亮的区域变得太亮了）。之所以如此糟糕，是因为这意味着在高光的区域将没有细节，没有像素，没有效果。该区域的图像已损坏。幸运的是，如果我们在图像中的任何位置进行了编辑，Camera Raw都会警告我们。看到直方图右上角的三角形了吗？那个三角形应该是黑色的。如果它变成红色、黄色或蓝色，这意味着有一些错误，但只在特定的颜色通道中出现，所以我不会为此发出警告。但是，如果它是纯白的（就像您在这里看到的），那就意味着我们有一个问题需要解决。

第二步：
现在我们知道图像中的某个地方有错误，只是不知道具体在哪里。要找出图像错误的确切位置，需找到白色三角形并直接单击它（或按O键）。现在，任何高光过度的区域都将显示为亮红色（如图所示，云的部分和建筑的侧面高光过度）。如果我们不采取措施，这些区域将没有任何细节。

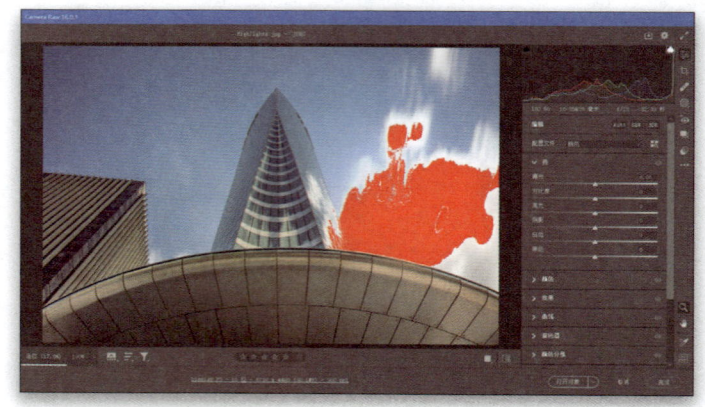

第1章 Camera Raw的基本要素

第三步：
您可能会想通过降低"曝光"值以使错误消失，如果将"曝光"滑块向左拖动足够远，它最终会消失，就像您在这里看到的那样（三角形现在是黑色的）。但是，这种方法是相当糟糕的——虽然您去掉了过度的高光，但现在您的图像曝光不足四分之一（太暗）。所以，我们摆脱了一个问题，却制造了一个新的问题。这就是为什么我们需要使用一种不同的技术——这种技术只影响高光，而不是整个中间色调的曝光。我们希望高光过度的问题消失，而不会使我们的整体照片太暗。

第四步：
这就是"高光"滑块发挥奇迹的地方。只需将其向左拖动，直到您看到屏幕上的红色警告消失（如图所示，我把它拖到－23），直方图中的白色警告三角形又变回了纯黑色。现在没有任何区域显示错误——我们恢复了丢失的细节，修复了受损的图像，但没有使整体图像变暗（如图所示，它具有相同的整体曝光度）。下次看到错误警告时，向左拖动"高光"滑块，问题就会消失。

修复背光图像

当您的拍摄对象是背光的，或者您的部分图像太暗，以至于所有细节都消失在阴影中时，只需一个滑块就可以获得帮助。"阴影"滑块在打开那些深色阴影区域并在主体上添加一些光线方面做得很好（就像您用闪光灯添加了一点补光一样）。

第一步：
在这张原图中，您可以看到主体是背光的，所以前景中的树木看起来几乎像一个剪影——您几乎看不到任何细节，因为它们都消失在黑暗的阴影中。拍摄背光图像之所以经常发生，是因为我们的眼睛能在如此宽的色调范围内为这样的场景做出惊人的调整。然而，相机传感器的范围与我们的眼睛不一样，所以当我们按下快门按钮拍摄时，我们最终会得到一张像这样的背光图像——前景在阴影中。

第二步：
修复很容易。在"编辑"面板中，只需找到"阴影"滑块，将其向右拖动，这样做时，只有照片的阴影区域会受到影响。正如您在这里看到的，"阴影"滑块在打开这些阴影和显示隐藏在阴影中的树的细节方面做得很好。注意，有时，如果您真的要把这个滑块向右拖动，图像可能会开始看起来有点平坦。如果发生这种情况，只需增加"对比度"（向右拖动），直到对比度回到照片中。您不必经常这样做，至少当这种情况发生时，您知道要重新添加对比度来进行平衡即可。

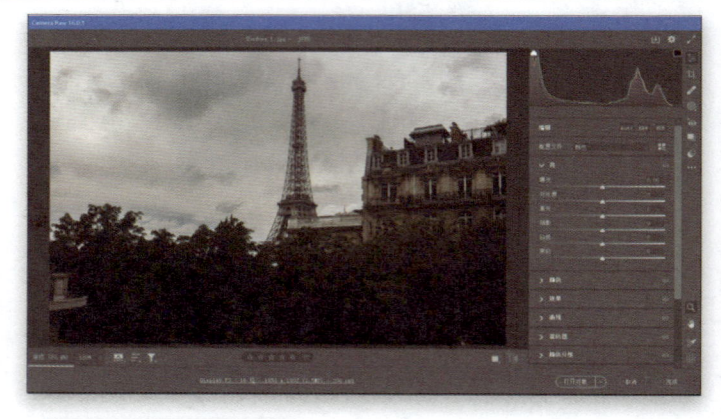

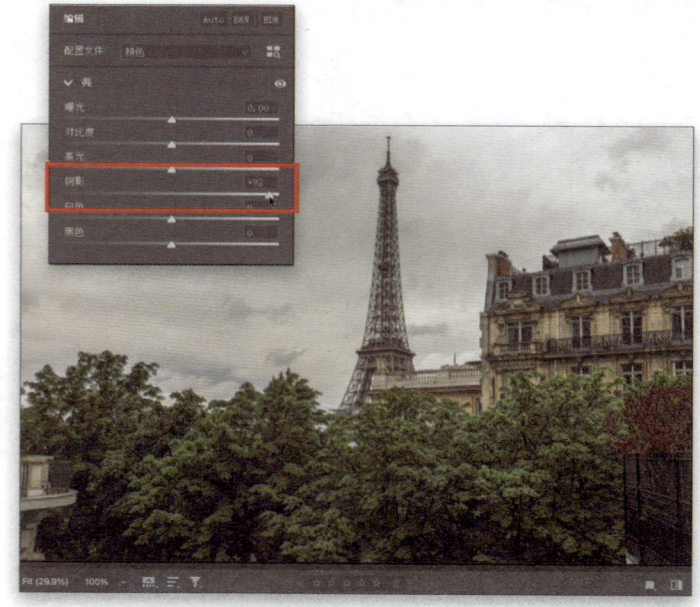

使用"纹理"滑块增强细节

为了增强图像中的细节（在应用任何锐化之前，它会使图像看起来更清晰），我们使用"纹理"滑块。这是Camera Raw多年来增加的最好用的功能之一，因为它在不影响整体色调的情况下展现了图像中的细节和纹理。

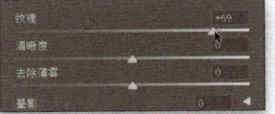

第一步:

增强细节的第一个选择是在"编辑"面板中找到"纹理"滑块。它做到了它所说的——增强了细节（如果您把它拖到左边，它会模糊细节，但这不是它的初衷）。正如我上面提到的，我喜欢添加纹理的地方在于它不会干扰图像的色调——细节会显现出来，但整体曝光度和色调仍然不变。

第二步:

这里将"纹理"滑块拖动到+69，这比我通常拖动它的距离要远，所以我有点夸张了。看看之前/之后的水，您可以看到它是如何展现细节的。巨大岩层的边缘，甚至天空也是如此——周围的细节都得到了增强。一切看起来都更加细致和清晰。注意，"纹理"滑块不能使用"清晰度"滑块替换。它们都能增强细节，但它们的方式不同，所以每个都有自己的外观。这就是为什么我喜欢把它们一起使用的原因。我添加了很多"纹理"，然后添加了大约一半或更少的"清晰度"。纹理实际上没有任何副作用，但清晰度有，所以一定要查看下一节内容。

使用"清晰度"滑块添加吸引力

如果您正在寻找书呆子般的技术解释，"清晰度"滑块可以调整中间色调的对比度，但由于这几乎没有帮助，所以我是这样看的，当我想增强纹理或细节时，我会向右拖动这个滑块，或者金属表面看起来有光泽，或者我想让我的图像看起来有点粗糙。它只需一个滑块即可完成所有这些操作。但是，要小心，您可能会过度使用清晰度。如果您开始在图像中的物体周围看到白色或深色的光晕，或者您的云有阴影，这是一个警告信号，表明您做得太过分了。

第一步：

添加清晰度后，哪种镜头效果最好？通常是任何有大量木材的东西（从教堂到古老的乡村谷仓）、风景照片（因为它们通常有很多细节）、城市景观（建筑物喜欢清晰，玻璃或金属的东西也喜欢）、汽车、摩托车，或者基本上任何有很多复杂细节的东西。这是我们的原始图像，其中有很多细节我们可以增强。注意，我不会在您不想强调细节或质感的照片中添加清晰度（例如女人、母亲和婴儿、兔子等的肖像）。

第二步：

要增加更多的冲击力并显示此图像中的细节，请将"清晰度"滑块向右拖动一段距离。在这里，我把它拖到+75，所以您可以看到效果。看看木头上增加的细节，地板和柱子上的光泽。缺点是它改变了图像的色调。它使一些区域更亮，整个图像看起来有点"嘎吱嘎吱"。记住，就像我在上面说的，如果您开始看到物体边缘出现白色或黑色的光晕，您就知道您拖得太远了。如果发生这种情况，只需稍微后退一点，直到光晕消失。此外，添加大量"清晰度"有时会使图像看起来更暗。但是，通过向右拖动"曝光"滑块来偏移它，这很容易解决，所以只要注意这一点，以防图像看起来更暗。

024

纹理与清晰度的区别

用于增强细节的滑块是"纹理"滑块,因为它可以增强细节而不会干扰图像的色调。那"纹理"滑块是否取代了多年来一直是我们关注细节的"清晰度"滑块?它们都能增强细节,但它们的方式不同,所以每个都有自己的外观和用途,有时,根据图像的不同,清晰度可能会看起来更好,尤其是如果您想要一点邋遢的外观。大多数情况下,我将两者结合使用。我添加了很多"纹理",然后添加了大约一半或更少的"清晰度",使细节变得非常漂亮和清晰。以下是应用于同一图像时每个图像的外观。

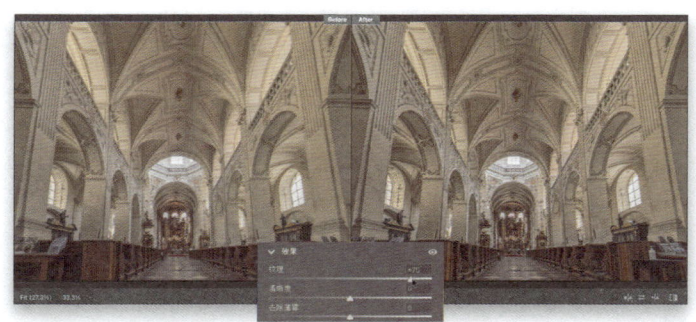

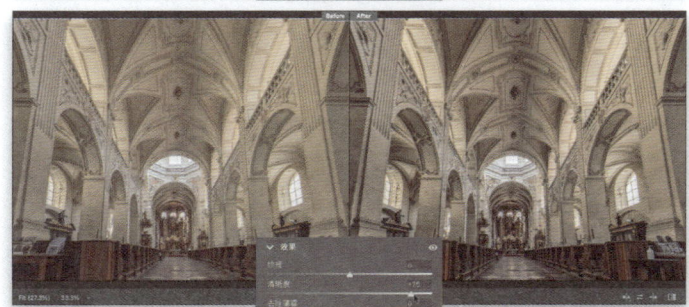

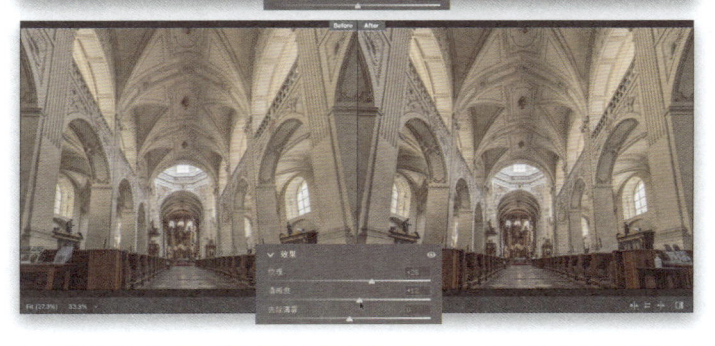

(1) 只是纹理

左边的是原始图像(之前的图像),将"纹理"滑块拖到+75。如果您看右边的之后图像,您真的可以看到细节得到了很大的增强,但整体色调大致相同。在一些阴影区域,它可能会稍微暗一点,但总的来说,它的色调非常接近——只是要清晰得多。

(2) 只是清晰度

同样的图像,但这次我没有应用任何纹理,只是使用+75的"清晰度"。注意右边的之后图像看起来比上面只有纹理的图像暗得多。特别是天花板,它看起来有点脏,如果这是您想要的造型,那也不是坏事。当我说清晰度扰乱了明暗时,我所说的就是这种变暗。

(3) 纹理和清晰度

在这里,我将两者结合使用了一点("纹理"+28,"清晰度"+12),虽然它确实改变了色调,但远不如单独使用清晰度,看看天花板)。这是一个不错的组合,也是我迄今为止使用最多的组合。

让颜色流行起来

色彩丰富、充满活力的照片肯定很有吸引力，尤其是在购买照片的公众中（这就是为什么电影时代的风景摄影师迷上了富士Velvia胶片及其标志性的饱和色彩）。Camera Raw有一个"饱和度"滑块，用于增加照片的颜色饱和度，它可以平等地增加照片中的所有颜色，但它不太棒。这就是为什么我们喜欢Camera Raw的"自然饱和度"滑块（更好的名称是"智能饱和"）。它可以让您在不破坏颜色的情况下提升颜色，而且它以一种非常聪明的方式做到了这一点。

第一步：
在"编辑"面板中有两个影响颜色饱和度的控件——一个是明亮的，另一个是糟糕的。我只使用"饱和度"滑块来减少颜色（去饱和），从来没有提高它，因为图像中的每种颜色都以相同的强度饱和。这就是为什么我们使用"自然饱和度"滑块。它很聪明，能大大增强任何沉闷颜色的活力。如果图像中已经有饱和的颜色（例如这里显示的"雷鸟"尾巴上的红色），它会尽量不增加颜色。此外，如果您的照片中有人，它会使用一种特殊的数学算法来避免影响肤色，这样他们看起来就不会被晒伤或变得怪异。

第二步：
再看一下第一步中的图像。喷气式飞机看起来不错，但天空是暗蓝色。如果您把"自然饱和度"滑块向上拖动一点（这里把它拖动到+76），您可以看到它让天空变得更有"活力"，但不会干扰喷气式飞机上所有其他已经饱和的颜色。它只增加了它们的最小数量，因为自然饱和度保护了已经充满活力的颜色（和肤色）。

第1章 Camera Raw的基本要素

编辑图片备忘录

以下是Camera Raw的"编辑"面板中的滑块（这不是"官方的"——这只是我对它们的看法）。尽管Adobe将其命名为"编辑"面板，但我认为它可能是所有Camera Raw中命名最错误的功能之一。
它本应被称为"必要"面板，因为可能您会把大部分时间花在编辑图像上。此外，还需要了解一些实用的信息：向右拖动任何滑块都会使其变亮或增加效果；向左拖动会使其效果变暗或降低。

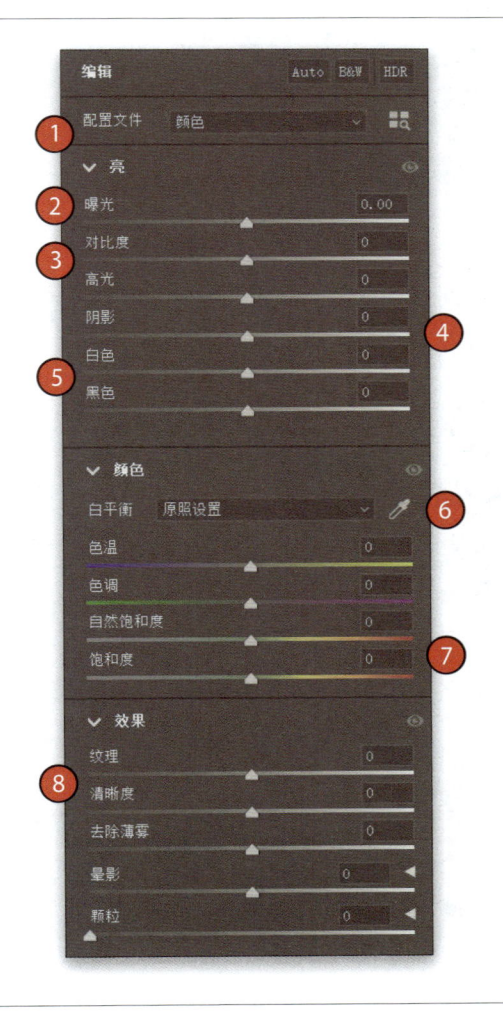

（1）选择RAW配置文件
默认的Adobe颜色是很好，但如果不是肖像，请尝试Adobe景观，或者在摄像头配置文件中尝试景观v2。

（2）调整整体曝光
设置白点和黑点后，如果您觉得图像太暗或太亮，请使用"曝光"滑块。

（3）添加对比度
添加相当好的对比度。

（4）修复问题
如果照片是背光的，打开阴影。如果照片中有剪辑，请将高光部分拉回来。

（5）设置白点和黑点
通过Shift键单击文字"自动白色"，然后单击"自动黑色"，扩展您的整体色调范围。

（6）设置白平衡
如果您的颜色不对，那就错了。用滴管工具单击浅灰色的部分。要获得创造性的白平衡，请使用"色温"和"色调"滑块。

（7）增强颜色
到这个时候，您的颜色应该看起来很流行，但如果您认为它需要更多，请增加参数值。

（8）增强细节
要显示细节，请使用大量的"纹理"和一半的"清晰度"。

027

Exposure: 1/160 sec | Focal Length: 14mm | Aperture Value: ƒ/8 | ISO: 200

第2章
Camera Raw——超越基础

在第1章的介绍之后，我们继续前进。但是，我想保持同样的风格，因为很明显，它奏效了，就像您再次来到这里一样。我发现了另一个20世纪60年代初的凝胶状电影片名，对于片名中有Raw的电影来说，这显然是一个非常"随心所欲"的时期，因为这个列表中还有另一部电影将成为本章的完美片名：《Raw中的伦敦》。现在，就像上一部电影一样，这部电影一开始听起来有点挑衅，但它是在1964年上映的，所以我不得不想象，到那时，电影制作行业已经在这12个月里发展成熟了，所以这不会只是另一部低俗的电影。当我看到电影海报时，我的希望破灭了。就在顶部，上面写着："所有的罪恶……所有的震惊……所有的魅力！"我承认这让我有点担心。但是，在大本钟的高线画下（它实际上叫伊丽莎白塔，塔内的钟被称为"大本钟"），沿着海报的左上角，它写着"世界上最伟大的城市！"当时，它告诉我，这是一部关于旅行和度假的电影，人们在旅行时会拍很多照片。所以，我认为这是第2章的完美标题，然后，当我读到海报上的字幕时，我对自己的选择感觉好多了。上面写着"善良和顽皮的新面貌。选择和肮脏！"所以，让我们把它分解一下：首先，它包括"漂亮"的东西（如果不是真的，他们就不能在海报上说出来）。然后，它包含了"选择"一词，正如我们所知，这是我们在Photoshop中所做工作的重要组成部分——我们进行选择，这就是为什么我可能应该把这本书保存在关于选择的章节中，但我等不及要读那么远，因为我绝对喜欢伦敦和海报，"世界上最伟大的城市……"（再说一遍，如果这不是真的，他们就不能在电影海报上这么说）。但是，真正让我脱颖而出，并确保其成为第2章非书面章节标题的是海报底部的文字："Red Hot! Red Eyed&Raw。看吧！"这是一本非常有吸引力的畅销书，因为它在那一行中包括了Raw（Camera Raw的一半名称），怎么会有人抗拒它的诱惑呢？至少这是我计划在整个事情进入审判时告诉法官的。

一次编辑多张照片

使用Camera Raw的最大优势之一是，它使您能够将更改应用于一张照片，然后轻松地将这些完全相同的更改应用于其他一组类似的照片。这是一种内置的自动化形式，它可以在编辑拍摄时节省大量的时间，尤其是如果您有一组在相似的照明条件下拍摄的照片，或者一组照片都有一些相似的问题需要解决时，这非常方便。

第一步：

在Adobe Bridge中，首先选择编辑的图像（单击其中一个，按住Command（PC:Ctrl）键，然后单击所有其他图像）。如果它们是RAW图像，只需双击其中任何一个，它们就会在Camera Raw中打开，但如果它们是JPEG或TIFF图像，则需要选择它们，然后按Command+R（PC:Ctrl+R）组合键或单击窗口顶部的"在Camera Raw中打开"图标。如果您不使用Adobe Bridge，您只需在计算机上选择一组Raw图像，双击其中任何一张，它们都会在Camera Raw中打开。

第二步：

有几种方法可以编辑多张照片，但我将从我最常用的方法开始。当图像在Camera Raw中打开时，您将看到窗口底部的一个幻灯片，其中包含您选择的所有图像的缩略图，并且默认情况下会高亮显示第一幅图像。如果这是您想要编辑的图像，并且所有其他图像的编辑都基于此，那么您可以继续到第三步，但如果您想要编辑一个与您选择的第一个不同的图像，只需在幻灯片中单击它（就像我在这里所做的那样，因为我想处理左边的第五张图像，我希望我对该图像所做的更改应用于其他图像。但是，要做到这一点，我还有一步）。

第2章 Camera Raw——超越基础

第三步:
要选择影片中的所有其他图像,请按Command+A(PC:Ctrl+A)组合键或右击任何缩略图,然后在弹出的快捷菜单顶部选择全选。现在所有的缩略图都被选中了,但您会注意到,您首先单击的图像有一个厚厚的白色边框高亮显示。这让您知道这是"最受欢迎"的图像(Adobe称之为"最受喜爱"的图像),您对这张"最受欢迎"的图像所做的任何编辑都将自动应用于所有其他选定的照片。如果胶片中有一张您不想进行这些编辑的选定照片,只需在其上单击(PC:Ctrl+单击)即可取消选择,这样它就不会得到您的更改。

第四步:
让我们对这些图像进行四个简单的编辑:将"色温"滑块向左拖动一点(到5300),以在照片中添加更多的蓝色。通过向右拖动滑块来增加对比度(我将其拖动到+24)。通过将"纹理"滑块向右拖动(到+23)来显示气流中的纹理。将"自然饱和度"滑块增加(到+21)以使天空的颜色真正饱和。现在向下看短片,您可以看到其他选定的图像都应用了相同的编辑(回顾上一步的图像,您会真正看到区别)。如果单击"确定"按钮,它将关闭Camera Raw窗口,但会将这些设置应用于图像,因此,如果您将来打开其中任何一幅图像,它们将已经应用了这些设置。如果单击"打开"按钮,所有选定的图像都将在Photoshop中打开。这是第一种方法,也是我迄今为止使用最多的一种方法。

031

Photoshop 数码照片专业处理技法

第五步：

第二种方法更像是"复制粘贴"方法（对一幅图像进行编辑，然后将这些编辑复制粘贴到其他图像），但您可以选择复制哪些编辑。如果您在Camera Raw中打开了一堆图像，但只有少数图像需要一组特定的编辑，这很方便——您可以选择胶片中的哪些图像进行编辑。首先单击幻灯片中的一张照片，然后对其进行任何编辑。在这里，我单击了第二张图像，然后单击了"编辑"面板顶部的B&W按钮（如图所示）。然后，您可以按Command+C（PC:Ctrl+C）组合键将这些编辑复制到内存中，然后在幻灯片中的其他图像上按住Command（PC:Ctrl+单击）键以选择它们（在这里，我选择了第四个和第五个图像），然后按Command+V（PC:Ctrl+V）组合键将这些剪辑粘贴到选定的图像中。

第六步：

如果您已经对照片进行了编辑，但只希望将其中的一些编辑应用于其他图像，请首先选择您编辑的照片，然后按住Command键在幻灯片中的其他图像上单击（PC:Ctrl+单击），您希望进行相同的编辑以选择它们。右击任何选定的图像，然后在弹出的快捷菜单中选择"同步设置"选项。在"同步"对话框中，您将看到一个列表，其中列出了您可以从"最多选定"的照片中复制并应用于其余选定照片的所有内容。在这种情况下，我只想同步我的裁剪，所以我会关闭除"裁剪"复选框之外的所有选项（如图所示）。顶部的"子集"弹出菜单通过为您打开单独的编辑来节省一些时间，或者您可以选择"全部"选项打开所有内容，或者选择"无"选项关闭所有内容。这样，只需单击要同步的一两个内容就很容易了。

第2章 Camera Raw——超越基础

使用曲线的高级对比度

"对比度"滑块很棒，也非常简单——向右拖动可获得更多对比度；向左拖动可减少。但是，"曲线"面板（"对比度"滑块的较老且更智能的同级）提供了更具体、更精细的控制，它可以做的不仅仅是调整对比度（例如，您可以通过编辑单个红色、绿色和蓝色通道，将其用于颜色效果，如交叉处理）。注意，我们通常在"基本"面板中进行基本调整后添加曲线调整，因此在完成这些调整后才应用曲线。

第一步：
在Camera Raw中，"曲线"面板位于"效果"面板之下。单击它时，您会看到参数曲线（两种曲线之一），它可以让您使用下面的四个滑块来调整曲线的不同部分（对角线）。当您拖动其中一个滑块时，它会为您移动曲线的相应区域，但这是功能较弱的曲线版本（我认为这是默认曲线，因为控制较少，所以有人破坏图像的可能性较小）。我们使用曲线是为了获得更多的控制，所以我根本不使用参数曲线，而是建议使用更强大的点曲线。

第二步：
要获得点曲线（两者中较好的一个），请在面板顶部的调整右侧，单击第二个图标（灰色圆圈），点曲线就会出现（滑块会消失，因为您将通过向对角线添加点或使用目标调整工具手动调整曲线。我将在一分钟内对两者进行解释）。现在我们在右曲线上，直接单击它，就可以在对角线上添加一个调整点。首先在对角线中间添加一个点（如图所示）。如果出现问题，请单击该点并按Delete（PC:Backspace）键，或者单击并将其拖动到"曲线"面板外即可将其删除。

033

第三步：

在我们深入研究之前，以下是它的基本工作原理：如果单击并向上拖动您添加的中心点（控制图像中的中间色调），它会使中间色调更亮。如果单击并向下拖动，会使它们变暗。我知道这听起来很简单，但这就是它的工作原理。当您开始在这条对角线上添加更多的点时，灵活性就来了（从现在起，我们只称之为"曲线"）。例如，如果您在中心点的两侧添加点，就像我在这里做的那样（两个端点已经在那里了），曲线现在可以控制整个色调范围。左下角控制黑色，下一个向上控制阴影区域，中心点控制中间色调，下一点向上控制高光，然后右上角控制白色（您可以在右侧看到所有标记）。

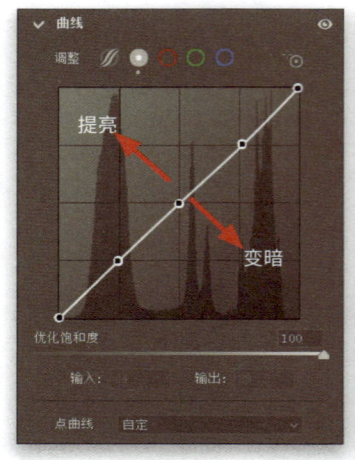

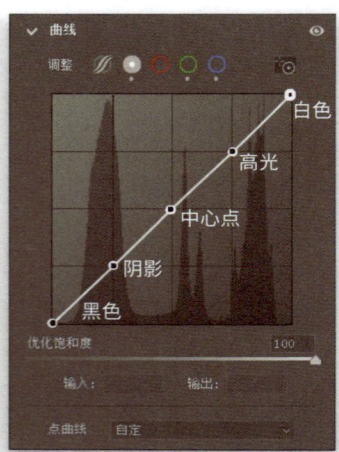

第四步：

将点添加到曲线后，可以单击并拖动这些调整点，也可以按键盘上的方向键移动它们。如果按住Shift键+方向键，它将以更大的增量移动。如果您想在任何时候从头开始（删除您添加的任何点），在"点曲线"下拉列表选择"线性"选项，这将再次为您提供一条平坦的曲线（如图所示，它本质上是一个重置按钮）。当您调整曲线时，曲线后面的直方图不会改变——它会向您显示调整曲线之前图像的直方图，所以它是静态的。现在让我们继续使用曲线添加对比度。

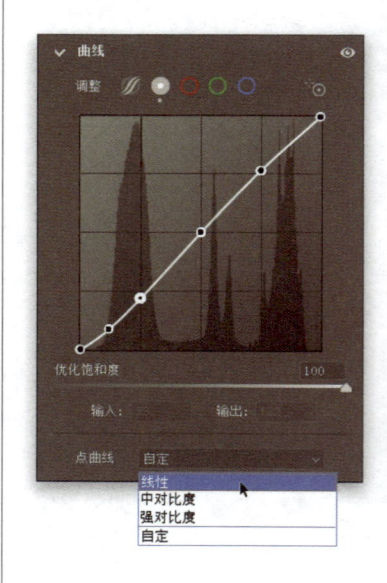

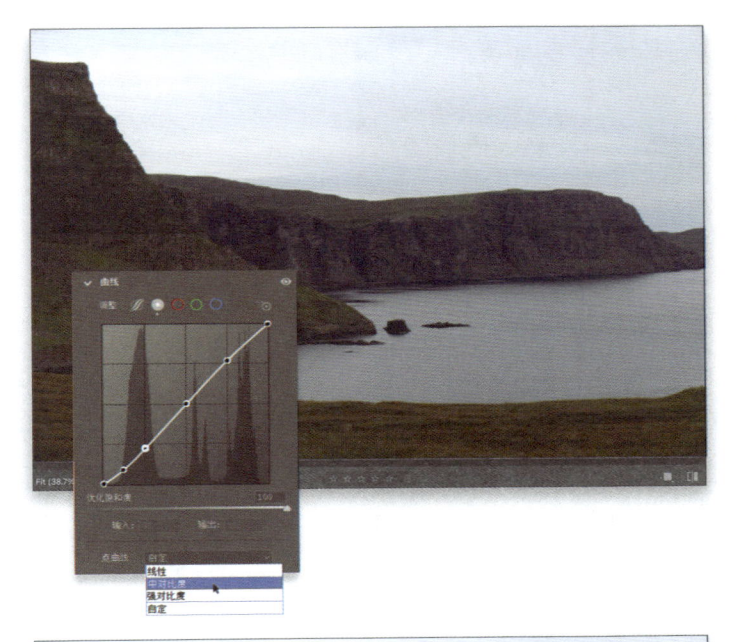

第2章 Camera Raw——超越基础

第五步：
这里有用于添加对比度的内置预设，您可以从上一步用于重置曲线的"点曲线"下拉列表中选择这些预设。要添加一条创建对比度的曲线（高光更亮，阴影更暗，但中间色调未受影响），在"点曲线"下拉列表中选择"中对比度"选项（如图所示）。现在您会发现这条曲线有一个微妙的"S"形（这里称为"S曲线"）。您可以看到这张照片与第一步相比对比多大。

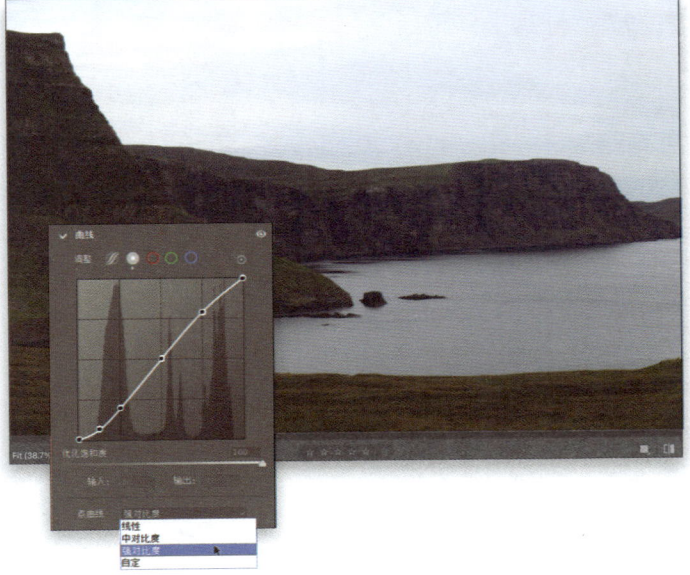

第六步：
如果您想要更多的对比度，从同一个下拉列表中选择"强对比度"选项，它会创建一条更陡的曲线（如图所示），这就是我们使用曲线创建更多对比度的原因。简单地说，曲线越陡，图像的对比度就越高。因此，如果您单击并拖动高光点向上，阴影点向下，这会使S曲线更陡，使您的图像更有对比度。

第七步：

创造了一个更陡、更具对比度的曲线后，如果您想将此曲线保存为预设，以便将同一曲线应用于其他照片，而不必每次从头开始重新创建，按Command+Shift+P（PC:Ctrl+Shift+P）组合键调出"创建预设"对话框。在"子集"下拉列表中选择"曲线"选项，它将取消勾选所有其他可用设置的复选框作为预设，只勾选"曲线"复选框（如图所示）。给您的预设起一个名字（例如我把我的名字命名为"更强的对比度"，或者沿用默认设置也可以），然后单击"确定"按钮。注意，这个新的预设不会出现在我们一直使用的"点曲线"下拉列表中。您创建的预设显示在"预设"面板中，您可以通过按Shift+P组合键或单击Camera Raw右侧工具栏底部附近看起来像两个重叠圆圈的图标来访问该面板。

第八步：

如果所有这些都让您有点反感，我有没有一个工具给您：它被称为目标调整工具（简称TAT），您会在调整图标的右边找到它（在这里圈出，在下面）。选择该工具，将其移动到您想要调整的图像部分，然后单击并向右拖动以使该区域变亮，或者向左拖动以使其变暗（这会移动代表图像该部分的曲线部分）。因此，对于此图像，首先在"点曲线"下拉列表中选择"线性"选项以重置曲线（删除我们添加的所有现有点），然后选择TAT，在天空中单击并向左拖动（如图所示）。这会在控制这些色调的区域的右侧向曲线添加一个点，当您向左拖动时，它会向下拖动该点，使该区域变暗（我最后把这一点再往下拖了一点）。

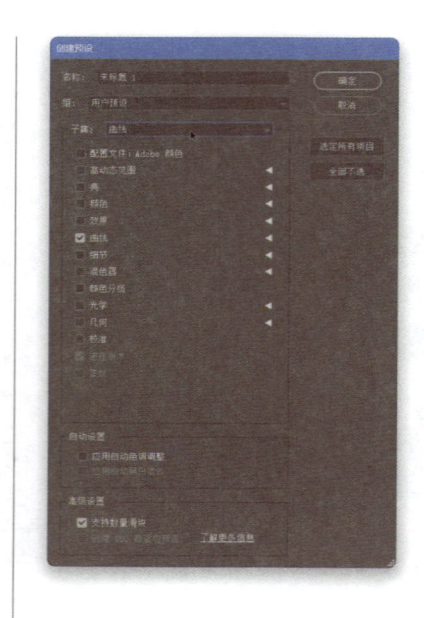

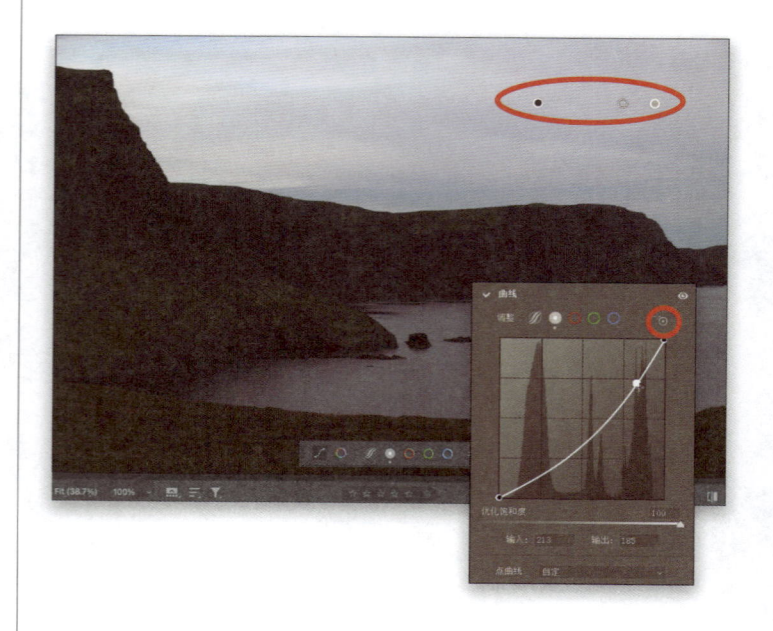

▶ 036

第九步：
单击想要调整的另一个区域（只是为了掌握使用TAT的窍门），单击中间的山丘一侧，向右拖动以照亮该区域（如图所示，我还在这个点的正上方添加了另一个点）。注意，应用点后，该区域将被"锁定"。您会注意到，当您向右拖动以使该区域变亮时，您在上一步中添加的点将被锁定在原来的位置。因此，虽然曲线的其余部分可能会移动和弯曲，但之前放置点的区域会保持不变，因为它被锁住了。

第十步：
要显示天空中的颜色，请单击右上角的点（控制白色的点），并将其直接向左拖动，然后看一看天空。如果您直接向下拖动这个点，它会软化白色，给您更多的电影效果。

第十一步：

这是只使用曲线的前/后（我没有像平时那样先做任何基本编辑，只是为了让您可以看到曲线是如何影响图像的。但是，同样，您会先做基本编辑，然后使用曲线）。在我们结束之前，让我们看看另一个"曲线"功能，它可以调整点曲线中的各RGB（红色、绿色和蓝色通道）曲线。要访问其中一个单独的颜色通道，请单击调整右侧的颜色环。在我们深入研究之前，让我们重置曲线（在"点曲线"下拉列表中选择"线性"选项），然后在"编辑"面板中单击Auto按钮给我们一个起始位置，然后返回"曲线"面板。

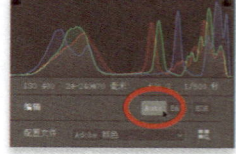

第十二步：

单击绿色环以选择绿色通道。查看这些颜色通道的好处在于（但并不总是这样），曲线后面的图形区域现在显示了如果在特定方向拖动曲线将调整的颜色。例如，如果我们想将品红色添加到这张图像的中间色调中，我们可以单击曲线的中心并向下朝品红色拖动。如果我们想添加绿色，我们会添加一个中心点并向上拖动到绿色。

第2章 Camera Raw——超越基础

第十三步:
这是之前/之后的另一个对比，所以您可以看到中间色调的轻微推动添加到图像中有多少绿色（您可以在这里看到，我只是稍微推动了一下）。如果您希望图像中的绿色更少，可以向下拖动，远离绿色，以中和图像中的绿。

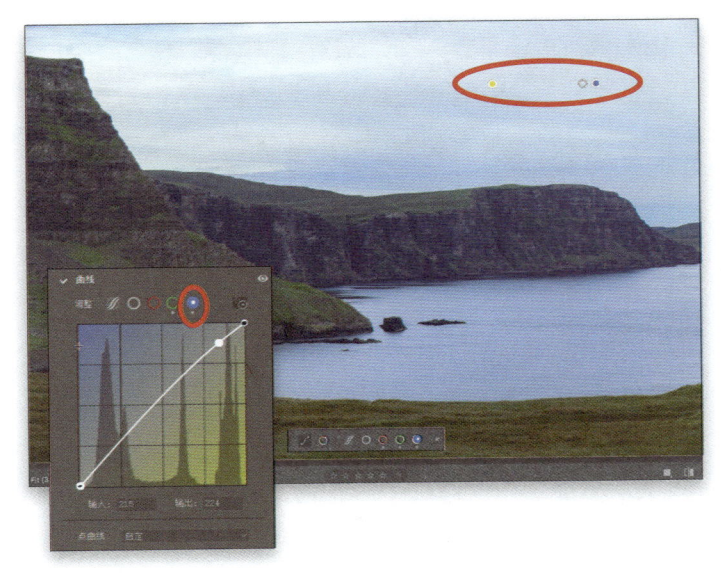

第十四步:
另一个不错的功能是，您可以在彩色通道上使用TAT。例如，如果要使天空更蓝，请单击蓝色环，然后选择TAT，在天空上单击并拖动它。向右拖动会在高光中添加更多的蓝色（如图所示），因为它会在您单击的位置添加一个点，而且由于您在天空中单击，它会在曲线的高光区域中添加一个向上的点。向左拖动会将黄色添加到高光中。您可以看到它也在大海中添加了蓝色，因为这也是这张照片中的一个亮点，但不需要在每张照片上都经历这些。您可以使用"基本"面板中的滑块执行很多操作（事实上，大部分操作），但如果您想要更多的对比度和对对比度应用方式的更多控制，您应该知道如何使用曲线执行这些操作。

039

在Camera Raw中应用锐化

我们可以做三种不同类型的锐化。第一种被称为"应用锐化"（我们将在这里介绍），它适用于用RAW模式拍摄的人，因为它取代了用JPEG模式拍摄时在相机中应用的锐化（尽管我还添加了更多）。第二种是可选的，它被称为"创意锐化"，即使用锐化来引导观众的眼睛（因为我们被吸引到图像中非常清晰的区域）。现在，如果您在网上共享图像或进行打印，那么您可以进行所谓的"输出锐化"，但我们在Camera Raw中不这样做（稍后在Photoshop中处理，我们将在第12章中再次讨论锐化）。我们接下来将讨论创意锐化。

第一步：
要在Camera Raw中应用锐化，要使用"细节"面板中的"锐化"滑块。如果您用RAW模式拍摄，您会看到默认量40已经应用于您的图像（如图所示）。这是因为当您用RAW模式拍摄时，您的相机会关闭内置的锐化功能，所以40的数量可以弥补它失去的一些清晰度。如果您在相机中以JPEG模式拍摄，则Camera Raw中此处的"锐化"值将改为0。因为您的相机已经应用了捕捉锐化。

第二步：
实际上，除了"锐化"滑块之外，还有更多的锐化控件。如果单击其右侧的向左三角形，它将显示另外三个滑块，这些滑块可用于扩展Camera Raw的锐化功能。您还会在面板底部看到一条注释，让您知道要准确地看到您正在应用的锐化量（或者更真实地说，要想看到它），您需要以100%（1:1）的视图查看您的图像，如果您目前没有处于100%的视图，可以按Command++（加号，Ctrl++）组合键放大到100%视图，直到您在左下角看到100%（我将这里放大到200%，所以您可以更清楚地看到我们将在书中应用的锐化）。

第三步：

同样，我们使用"锐化"滑块调整应用于图像的锐化量，如果您使用RAW模式拍摄，请记住，Adobe已经对您的RAW图像应用了40的设置。问题是，我觉得默认设置40太低了。实际上，相当多，尤其是如果您拍摄的是高像素相机（3600万像素或更高，在这种情况下太低了）。我还没有找到一张不需要比40更多的锐化的照片。通常为50（低端）～70，这取决于图像的类型（我在有很多细节的图像上使用更高的量，例如风景、汽车镜头、城市景观等，在肖像上使用更低的量，或者当主题更柔和时）。在这里，我把它调高到90，因为这张照片中有很多细节、金属和纹理。

第四步：

您应用多少锐化是您的决定。此外，当谈到锐化并向右拖动"锐化"滑块时，Adobe是这么说的："在大多数情况下，这就是您所需要做的"（这是一句直接的话）。所以，您可以继续本章的另一部分，但您会错过一些我们还没有介绍的锐化内容，例如"半径"滑块。这使您可以选择锐化的展开程度。以下是Adobe对半径的描述："……它控制应用对比度的边缘的厚度。值越低，边缘越薄，而值越高，边缘越厚。"这很有帮助。无论如何，对于日常使用，我将此设置保留为1.0，但如果我真的需要一些大型锐化，我会将其提高到1.1或1.2。因为您可能会在物体的边缘周围开始出现白线或硬边光晕，所以我通常会调整"锐化"量，而不是过多地增加"半径"量。

041

第五步:

"半径"滑块下方是"细节"滑块,不需要碰它。我认为它是"避免光晕"滑块。它的设计目的是防止产生我们刚刚谈到的光晕,如果增加它的数量,它实际上会消除您的光晕保护,让您更脆、更"光晕"。如果将"细节"滑块一直向右拖动,它将提供与Photoshop的"取消锐化蒙版"相同类型的锐化。不幸的是,随之而来的是光晕,所以我不移动它。通过将"细节"滑块保持在默认设置25,我们可以对图像进行更多锐化,而不会出现Photoshop的"取消锐化蒙版"带来的任何副作用。

第六步:

最后一个锐化滑块"蒙版"对我来说是最神奇的一个,因为它可以让您准确地控制锐化的应用位置和不应用的位置。例如,有些照片的区域应该是柔软的,如风景照片中的云,或者女人或孩子的皮肤,所以您不想让这些区域变尖锐。同时,您需要细节区域清晰。"蒙版"滑块遮掉了那些柔软的区域,所以主要是细节区域会变得尖锐。例如,在上一步中,您可以在门和黄色墙壁上的木材中看到一些噪点,但我们可以使用"蒙版"滑块对门把手和邮件槽进行大量锐化,同时保持其余部分未锐化。要执行此操作,按住Option(PC:Alt)键单击并拖动"蒙版"滑块,您的图像将变为纯白色(如图所示)。这张纯白图像告诉您的是,锐化均匀地应用于图像的每部分,所以基本上,所有的东西都在锐化。

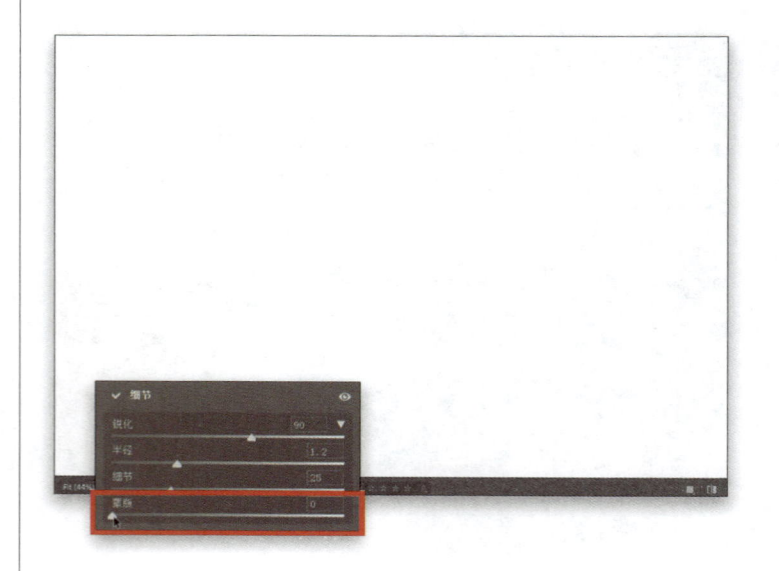

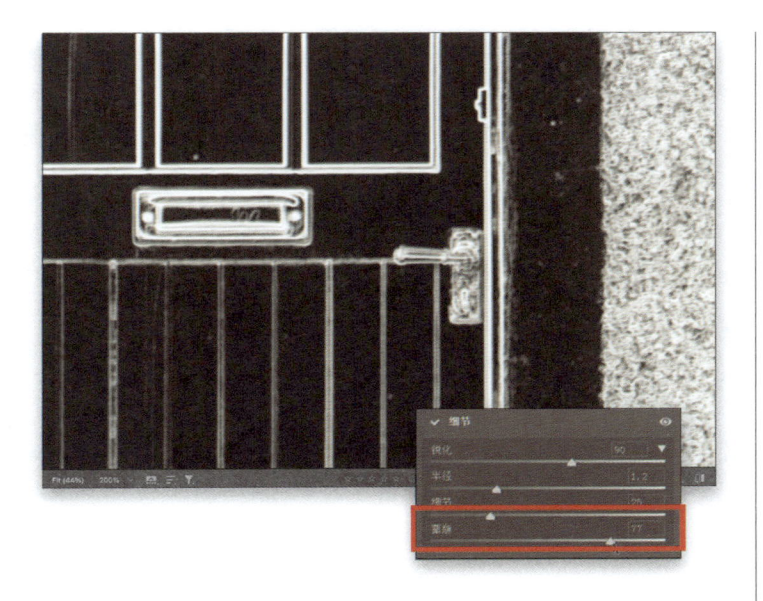

第七步：

当您单击并向右拖动"蒙版"滑块时，照片的某些部分将开始变黑，而这些黑色区域现在不会变尖锐，这是我们的目标。一开始，您会看到一些黑色的杂色，但拖动滑块越远，非边缘区域就会变成黑色（如图所示，我将"蒙版"滑块拖动到77），门上的木头几乎都是黑色的（所以这些区域现在没有被锐化），但细节区域，例如门的边缘、门把手、邮件槽——仍然以白色显示的区域——都在变得更加尖锐。您只是在锐化细节区域。

TIP: 关闭锐化

如果您想暂时关闭在"细节"面板中所做的更改，只需单击面板标题最右侧的小眼图标即可。

第八步：

另一次使用"蒙版"滑块是在锐化女性肖像时，因为锐化会突出纹理和毛孔，这正是您不想要的。但是，同时，我们需要细节区域变得尖锐，例如眼睛、头发、眉毛、嘴唇、衣服等。"蒙版"滑块可以让您做到这一点——它有点掩盖了皮肤区域，所以大部分细节区域都会变得尖锐。为了展示这是如何工作的，我们将切换到肖像。

第九步：

按住Option（PC:Alt）键单击并拖动"蒙版"滑块，您的图像区域将变为纯白色（如图所示）。同样，这告诉您，锐化正在均匀地应用于图像的每部分，所以基本上，所有的东西都在锐化，包括她的皮肤。

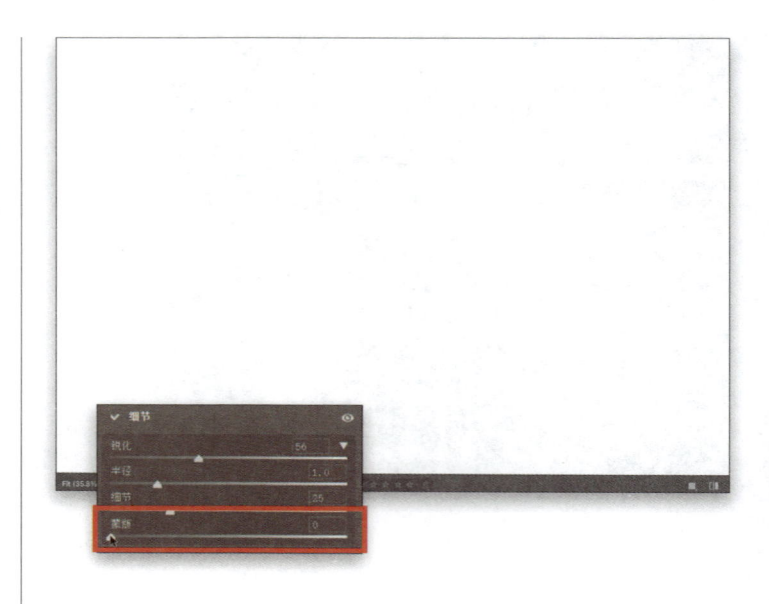

第十步：

当您再次单击并向右拖动"蒙版"滑块时，照片的某些部分将开始变黑，并且这些黑色区域不再锐化。在这里，我拖到80，它的皮肤区域几乎都是黑色的（所以它们没有被锐化），但细节边缘区域，如她的眼睛、嘴唇、头发、鼻孔和轮廓，正在被完全锐化（这些区域仍然以白色出现）。所以，在现实中，那些柔软的皮肤区域会自动为您掩盖。释放Option（PC:Alt）键时，您会看到锐化的效果，细节区域非常清晰，就好像她的皮肤从未被锐化过一样。

第2章 Camera Raw——超越基础

创意锐化

创意锐化是可选的。它只应用于图像的一个或多个区域，通常是为了吸引观众的眼球，因为我们的眼睛首先被吸引到图像中最亮的部分，然后被吸引到最清晰的部分，这是引导观众的有效方法。同样，这是完全可选的（而应用锐化应该对每张照片进行，尤其是当您用RAW模式拍摄时。如果您用JPEG模式拍摄，则不需要应用那么多，因为当您拍摄时，您的图像已经在相机中锐化了。我们将在第12章中再讲解锐化）。

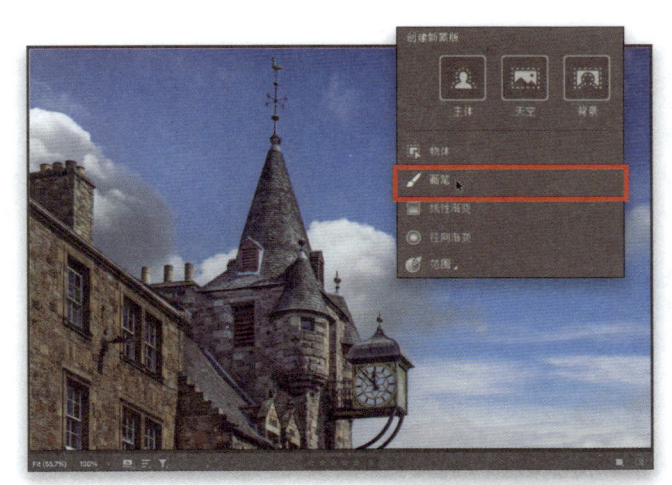

第一步：
这种可选类型的锐化是在您已经应用锐化后添加的，可以使用"蒙版"画笔进行应用，因此您可以将锐化仅应用于您想要引起注意的区域。例如，在这种情况下，如果您想在钟面和建筑上添加一些创造性的锐化，选择右侧工具栏中的"蒙版工具"（M），然后在工具面板中单击"画笔"（如图所示，或者按K键即可获得"画笔"工具并创建蒙版）。

第二步：
在"细节"面板中找到"锐化程度"滑块。这只是一个简单的滑块——向右拖动得越远，它增加的清晰度就越高。在这里，我把它拖到+40，然后在时钟（如图所示）和建筑上作画，它锐化了这个区域，吸引了观众的眼球。这就是提高创造力的全部。我们使用它的另一次是当我们想在肖像中引起人们的注意时。但是，您不必使用"画笔"工具。您在工具栏上右击"蒙版"工具按钮，在列表中选择"人物"选项，在面部特征列表中，选择虹膜和瞳孔，然后单击"创建"按钮，然后将"锐化程度"滑块向右拖动，它只会锐化虹膜和瞳孔——不需要绘画。

清除污点、灰尘和其他分散注意力的东西

如果您的图像上有污点，或者拍摄对象的脸上有简单的瑕疵，您可以使用修复工具在Camera Raw中修复很多这种类型的东西。

第一步：
这是一张图像，天空中有很多污点和垃圾，虽然您在这么小的尺寸下看不到它，但当您放大时，它非常糟糕。从右侧的工具栏中获取"修复工具"（B）（其图标看起来像创可贴）。您会在面板顶部看到三个不同的修复选项，但只有一个真正有效——第一个是内容识别移除（这是橡皮擦图标，在这里用红色圈出）。中间的图标是修复工具，它已经在Camera Raw中使用了很多年，总体来说相当糟糕。第三个图标是"仿制"，有点专业化，不应该与Photoshop的"仿制图章"工具混淆。第一个图标就是好的，剩下的跳过。

第二步：
当您放大天空时，您可以非常清楚地看到这些污点（这里只是天空的一小部分）。您可以像在Photoshop中一样在Camera Raw中进行缩放——Command++（加号，PC:Ctrl++）组合键放大对象，Command+—（减号，PC:Ctrl+—）组合键缩小对象。在这里，我放大到300%，注意，按住空格键可在图像周围移动。

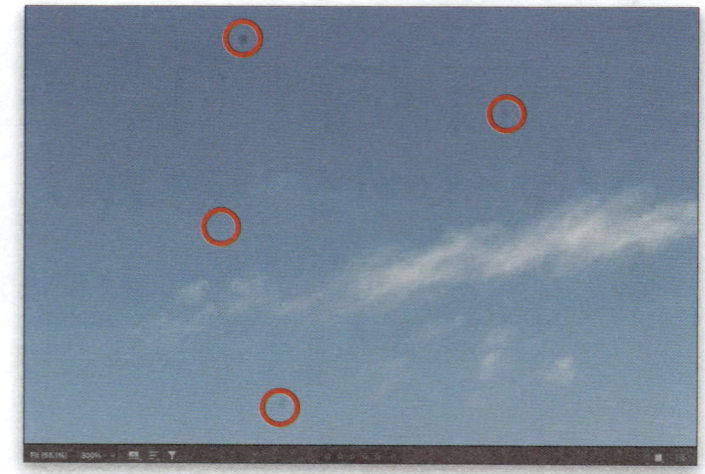

046

第三步：
使画笔比要删除的点大一点（可以使用键盘上的括号键快速更改画笔大小，位于P键的右侧——右括号键使画笔变大；左括号键使其变小）。一旦您的画笔比您想要移除的污点大一点，只需将光标向右移动到它上面并单击一次。就会奏效。只需单击，不要画画。单击一次，它就不见了（如图所示）。

TIP: 对于较大的污点或颗粒
虽然这是我处理小污点和颗粒的方法，但如果您有一些更大或更长的污点和颗粒，您可以使用设置为"内容识别移除"的修复工具在它们上面画一笔。如果这不起作用，除了Camera Raw之外还有其他工具可以起到作用，所以在这个阶段不要太担心。

第四步：
这就是它的全部内容：将光标移动到一个污点上并单击。如果它不起作用怎么办？如果修复效果不好怎么办？您可以要求Camera Raw在图像中选择不同的区域进行采样以进行修复。您可以通过单击"刷新"按钮或按Shift键左侧的斜杠键来执行此操作。它会选择一个新的位置，这通常会奏效。如果没有，您的第二道防线是按住Command（PC:Ctrl）键单击并拖动到图像的干净区域，它会利用这个区域进行修复。

Camera Raw可以显示污点的位置

没有什么比打印一张漂亮的大图像,然后在图像中看到各种灰尘、污点和颗粒更糟糕的了。如果您拍摄风景或旅行照片,在蓝色或灰色的天空中很难看到这些污点,如果您在工作室用无缝纸拍摄,情况也同样糟糕。现在,这绝对是轻而易举的事,这要归功于Camera Raw中的一个功能,它使每个小污点和颗粒都非常突出,所以您可以快速去除它们!

第一步:
我们在这里使用的是相同的图像,但不同的部分。这里有很多污点,它们在天空中时很容易失去踪迹,但同样,Camera Raw可以向您显示这些污点的确切位置。因此,从右侧的工具栏中获取"修复工具"(B),当"修复"面板出现时,确保选择了第一个图标"内容识别移除"(如图所示)。

第二步:
在"修复"面板中勾选"使位置可见"复选框,它会为您提供图像的反向视图(通过将图像变为黑色,并将杂色保留为白色)。缓慢地将"使位置可见"滑块向右拖动,然后再向左拖动,这样污点就会开始清晰地出现(在这种情况下,我最终将其向左拖动,以使它们真正突出。当我将其向右拖动时,白色变得太白,扩展得有点太多)。现在,只需使用修复工具,在每个点上单击一次(就像我在这里所做的那样)即可将它们移除,直到它们全部消失。

▶ 048

第2章 Camera Raw——超越基础

移除（擦除）照片中分散注意力的内容

我们只是研究了如何去除图像中的杂色和颗粒，但如果您需要去除比杂色和颗粒更大的东西怎么办。下面介绍方法。

第一步：
在这张照片中，我们需要去除许多分散注意力的东西，从右下角的脏白色管道和垃圾，到中心的岩石，以及桥前水中的小标记，所有这些东西都会分散注意力，并夺走查尔斯桥及其后面区域的美丽。要消除这些东西，选择右侧工具栏中的"修复工具"（B，其图标看起来像创可贴），然后在"修复"面板中单击第一个图标（它看起来像橡皮擦），这是"内容识别移除"选项（正如我在前面的技术中提到的，这是三个选项中唯一好的一个）。

第二步：
让我们从右边的垃圾开始。按Command++（加号，PC:Ctrl++）组合键几次以放大，然后按住空格键单击并拖动图像，直到您可以清楚地看到那个垃圾区域。接下来，按左括号键和右括号键（在P键的右边）使画笔的尺寸比脏管道大一点。有时把这样的东西分块删除会更好，而不是一次全部删除。所以，让我们在管道以及中间的脏乱上作画，将右上角的部分留到稍后。您可以在这里看到我用画笔画的地方的轮廓。

049

Photoshop 数码照片专业处理技法

第三步：
有时这是一次完美的工作，但正如您在这里看到的，它留下了一些垃圾。但是，虽然它没有做得很完美，但它确实为我们完成了95%的工作——我们现在所要做的就是在它错过的几个地方做一些小的润色。如果每次都不完美，不要感到沮丧。如果它做得对，就是删除了我们想要的大部分内容。同样，在很多时候，这将是第一次绝对完美的工作。但是，我故意选择了一个我知道更难修复的图像，因为您会不时遇到这种情况，您会想知道如何思考和处理它。

第四步：
现在，我们只需要清除一些大杂色，而不是脏管道和一些垃圾。因此，调整画笔的尺寸，使其比您要删除的点大一点，将光标移动到它上面，单击一次，它就不见了（如图所示，我只需单击一次就删除了它在底部忽略的那个大的点）。有时，它错过的杂色会更长或更大，您必须在这些区域上画，但没关系——您会很快得到它忽略的这些杂色。您可能还需要在同一区域单击几次才能清除所有的残留。如果您单击了，但它没有很好地清除这些残留物，您可以通过单击"刷新"按钮或按Shift键左侧的"斜杠"键，让Camera Raw在图像中选择一个不同的区域进行采样以进行修复。如果这不起作用，单击"撤销"按钮（Command+Z [PC:Ctrl-+Z]组合键），然后按住Command（PC:Ctrl）键并拖动到图像的一个干净区域上，它将使用该区域进行采样。

▶ 050

第2章 Camera Raw——超越基础

第五步：
这是15秒清理残留物的结果。我确实需要在一些点上单击几次才能让它们完全消失，我也必须画一些笔画，但它们几乎消失了（您可以多花一点时间让它完美）。现在，让我们在管道的顶部区域和我们一开始没有包括的垃圾上作画。它会做得很好，但您可能也有一些残留物要清理。完成后，移到中心的岩石上，增加画笔的尺寸，使其比岩石大，然后单击它（如图所示）。第一次单击时，水位线并没有完全变直，所以我把刷子调小，单击剩下的区域，就把它修好了。对岩石两侧水中的两个标记做同样的事情，您就完成了。

之前

之后

051

调整或更改颜色范围

第3章您将学习如何在图像的任何部分进行调整，但有时您需要影响整个区域（例如您需要整个天空更蓝，或者沙子更暖，或者一件衣服的颜色完全不同）。在这种情况下，当您调整大面积时，使用HSL调整通常会更快，这不仅可以让您改变颜色，还可以让您更改颜色的饱和度和亮度。它比您想象的更强大、更方便。

第一步：
这是我们的原始图像，拍摄对象穿着一件蓝色上衣。我们要做的是调整她的上衣的颜色，使它更显眼。您可以在Camera Raw的"混合器"面板中调整颜色或颜色范围。若要更改颜色，单击顶部的"色相"选项卡（如图所示）。

第二步：
与其猜测这些滑块中的哪一个会改变她的衬衫的颜色，我建议选择面板右上角眼睛图标下方的"目标调整"工具（简称TAT），单击她的衬衫，然后向右拖动（单击时，屏幕上会显示两个彩色点，以帮助您知道拖动哪种方式获得所需颜色）。当您这样做时，它知道哪些滑块控制着这个区域，并为您移动它们（在这种情况下，它移动了蓝调滑块相当多，但也移动了紫色滑块一点）。您可以从她的上衣上看出不同。

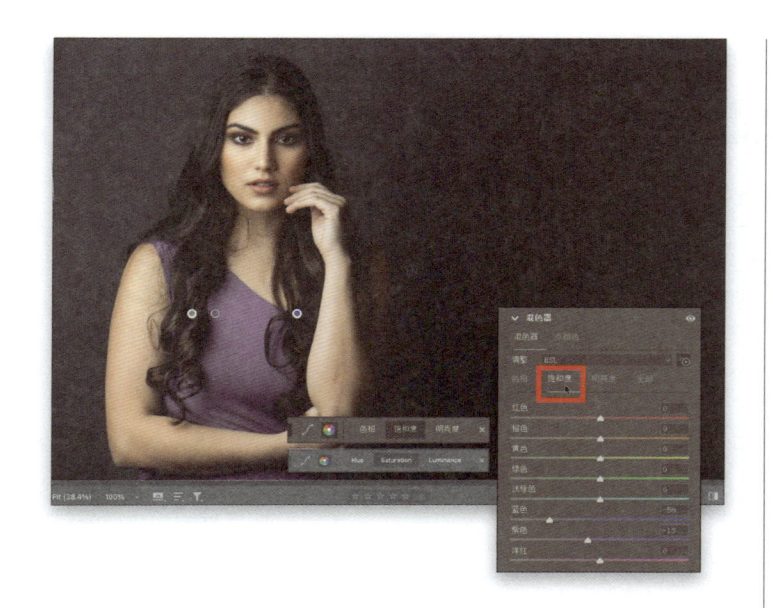

第2章 Camera Raw——超越基础

第三步：
如果您想降低图像中某种颜色的饱和度，单击"饱和度"选项卡（如此处的红色矩形所示）。现在，按住TAT，再次单击她的衬衫，向左拖动以降低其中颜色的饱和度（强度）。看看滑块，您会看到它再次移动了蓝色和紫色滑块，除此之外，TAT知道每种颜色的正确百分比，这就是为什么使用它会给您带来这样的优势（事实上，它非常有帮助，因为我通常不会在不使用TAT的情况下使用这些HSL滑块）。

TIP: 浮动面板
使用"目标调整"工具时，窗口底部附近会出现一个小型浮动面板（如步骤三中的图像所示），以便在"色调""饱和度"和"明亮度"选项卡之间轻松切换，而无须返回面板。

第四步：
如果您认为颜色看起来太暗或太亮，您所要做的就是单击"明亮度"选项卡（它控制颜色的亮度），然后单击她的衬衫，向右拖动使其变亮或向左拖动使其暗。在这里，我向右拖动使它变亮。所以，这就是调整"饱和度"和"明亮度"的方法。然而，同样，如果您想真正改变一种颜色（而不仅仅是调整现有的颜色），那么单击"色相"选项卡。您可以随时拖动滑块，最终您会发现哪个滑块控制图像的哪个部分，但我想您可以理解Adobe发明TAT的原因——让我们在这个面板中的生活更轻松。

053

去除薄雾

如果您的照片中有一个模糊的区域（或者有雾，或者您正在拍摄水下摄影），您会喜欢Camera Raw的功能，它可以穿透薄雾（它真的做得很好）。这实际上是一种不同形式的对比，无论出于何种原因，它都非常有效。但是，如果您必须大量使用它，它会有一个副作用。

第一步：
这是我们在Camera Raw中拍摄的犹他州纪念碑谷的原始朦胧图像。要消除背景中的模糊，在"效果"面板中找到"去除薄雾"滑块。

第二步：
这是一个非常简单的解决方案——只需将"去除薄雾"滑块向右拖动（如图左下所示），直到雾消失。现在，如果您必须应用大量去除薄雾（就像我在这里所做的那样，将滑块一直拖动到+68），它会产生一种副作用，开始为您的图像添加蓝色色调。如果您注意到图像上有蓝色色调，您可以通过向上移动"色温"滑块并将其向黄色方向拖动一点来消除它（如图右下所示），直到照片的颜色看起来再次正确。如果不想将去除薄雾应用于整个图像，按K键获取"画笔"工具并创建蒙版，将"去除薄雾"滑块（在"效果"面板下）向右拖动，然后在需要的区域上绘制以便去除薄雾。同样，如果该区域开始变蓝，只需将"色温"滑块（"颜色"面板下）向黄色拖动。

减少杂色

Camera Raw有一个内置的减少杂色功能,如果用RAW模式拍摄,可以合理地减少图像中的杂色(也适用于JPEG,但在RAW图像上效果更好)。我对这种减少杂色的理解是,它必须稍微模糊您的图像才能隐藏杂色,但稍微模糊的图像可能比真正嘈杂的图像更容易接受。当我们走到最后,您比较之前和之后的照片时,您可能大多数时候认为这不值得权衡,这就是为什么我很少使用这种内置的减少杂色功能。

第一步:
这是在Camera Raw中打开的一张嘈杂图像。我不小心在1600 ISO下拍摄了这张照片,因为前一天晚上我在昏暗的光线下拍摄,忘了把ISO改回100。遗憾的是,这已经不是我第一次遇到这种情况了。但是,这是我第一次参观纪念碑谷,所以我不得不抢救这张照片。天也很黑,因为我们在接近黎明的时候拍摄,当您稍微打开曝光时,杂色非常明显,尤其是当您放大时。打开"细节"面板,拖动"减少杂色"滑块,并单击"杂色深度减低"右侧的三角形(如图所示)。

第二步:
将图像放大到100%或更多(这里放大到300%,所以您可以看到杂色),您可以在这里看到很多颜色噪波(红色、绿色和蓝色杂色)和亮度噪波(颗粒状的灰色杂色)。先去除颜色噪波,可以更容易地去除亮度噪波。去除颜色噪波时,有一个很好的经验法则:从0处的"杂色深度减低"滑块开始,慢慢向右拖动,直到颜色噪波消失。注意,"杂色深度减低"会自动应用于RAW图像——滑块设置为25。但是,对于JPEG和TIFF图像,它被设置为0,因为降噪已经应用于相机中。

第三步：
单击并向右拖动"杂色深度减低"滑块，但您仍然会看到一些噪波（亮度噪波将在下一步处理），所以，这个步骤只是让红色、绿色和蓝色杂色尽可能地消失。不需要拖得太远，直到颜色噪波都变成灰色即可。如果将此滑块向右拖得很远，则可能会丢失一些细节，在这种情况下，可以将其下方的"细节"滑块向右拖动一点。"平滑度"滑块与"细节"滑块一起工作，以确保颜色不会移动。向右拖动可以确保颜色保持不变（但不要拖得太多，否则颜色可能会去饱和），向左拖动可以确保色彩更加融合。

第四步：
现在来处理亮度噪波，您可以通过向右拖动"减少杂色"滑块来实现这个过程。只需继续拖动滑动，直到可见的噪波消失即可（如图所示）。通常，您需要将此滑块拖动到比"杂色深度减低"滑块更右侧的位置。当您不得不将滑块向右拖时，往往失去清晰度（细节）和对比度。因此，如果东西开始变得太软，只需向右拖动其下方的"细节"滑块，如果东西看起来很平，则拖动"对比度"滑块将缺失的对比度添加回来（注意不要将其添加到肖像中）。

第2章 Camera Raw——超越基础

裁剪和拉直

在Camera Raw中裁剪照片有一个明显的优势,那就是可以返回Camera Raw,并带回未裁剪的图像版本。这个优势适用于JPEG和TIFF图像,只要您没有覆盖原始JPEG或TIFF文件即可。

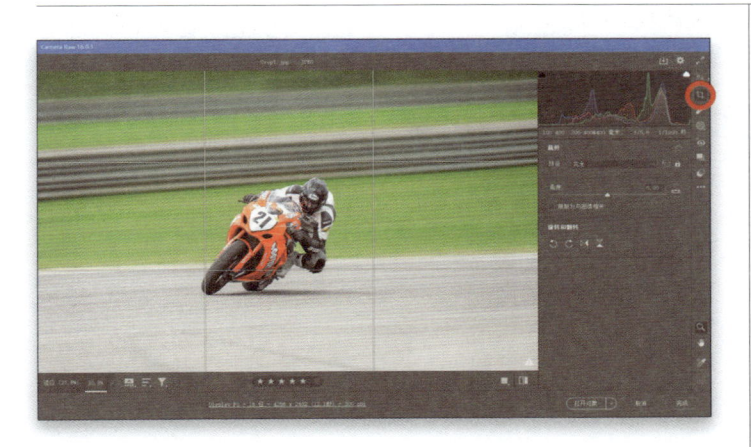

第一步:
"裁剪工具"(C)是工具栏顶部的第二个工具(注意:"裁剪工具"在Camera Raw过滤器中不可用。只有直接在"相机RAW"中打开图像时,才会看到它)。选择"裁剪工具"会出现"裁剪"面板,您会在照片外部看到一个裁剪边框(如图所示),顶部、底部、侧面和角落都有裁剪手柄。要裁剪照片,单击其中任何一个手柄并向内拖动即可。

第二步:
单击并向内拖动裁剪边框右下角。默认情况下,当您单击并拖动控制手柄时,会按比例裁剪(保持照片的原始纵横比),因此您只需拖动一侧或角,其他一侧将同时移动以保持裁剪比例不变。如果您想解锁它,以便可以自由裁剪(每个控制手柄都可以单独调整),在"裁剪"面板中单击锁定图标(如图所示)。当您单击并向内拖动裁剪边界时,要裁剪的区域将变暗,而边界内的透明区域将显示您最终裁剪完成的照片。要重新定位照片,只需在边框内单击并拖动即可。

第三步：

除了锁定的裁剪边界和自由形式的解锁裁剪之外，还有许多具有不同裁剪边界的裁剪预设。只需单击并按住面板顶部的预设弹出菜单即可查看预设。这里选择1×1（1:1正方形）预设。如果您想使用自己的自定义比例，请从弹出菜单底部选择"自定义比例"选项，将打开"自定义比例"对话框（如图右下所示），可以在其中输入想要的任何裁剪比例（这里输2.39:1，一个类似于变形宽屏幕电影大小的裁剪边框更具电影感）。此外，1.85:1是另一个流行的电影比例，1.78:1类似于高清（16×9的预设）。

TIP: 翻转您的裁剪

如果您应用了宽方向裁剪，并且您想将其切换到高方向，只需按X键即可翻转裁剪。

第四步：

调整完裁剪后，只需按Return（PC:Enter）键。如果单击"打开"按钮，图像将裁剪到您的规格，并在照片商店中打开。相反，如果单击"完成"按钮，它将关闭"摄影机原始"，但会为将来保留裁剪边界。如果您在Camera Raw中再次打开裁剪后的照片，您会看到裁剪后的版本。要恢复裁剪边界，只需选择"裁剪工具"。要完全删除裁剪，按Esc键或Delete（PC:Backspace）键，或者单击面板右上角的"重置为已满"图标（向下箭头）。除了裁剪，您还可以在"裁剪"面板中拉直图像。

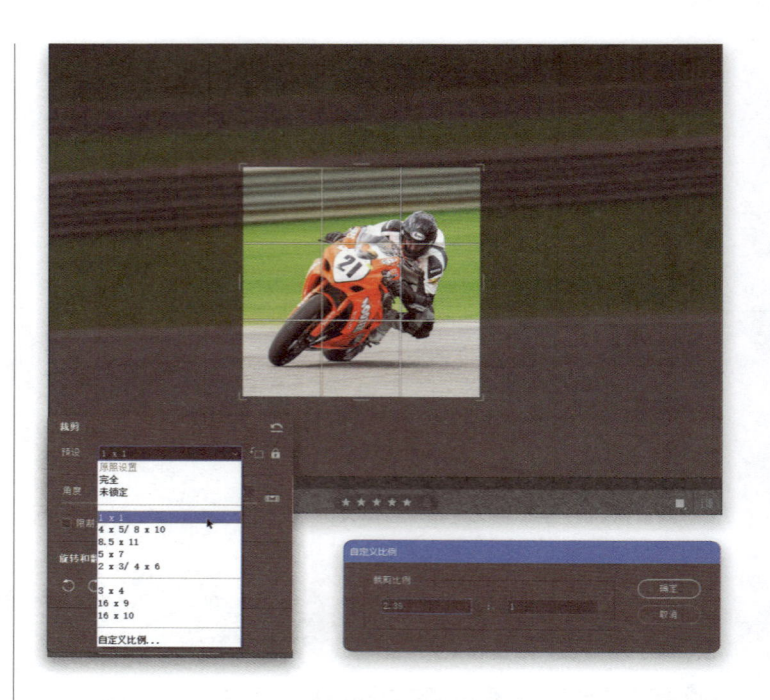

第2章 Camera Raw——超越基础

第五步：
拉直图像，有四种方法可以做到：可以在"裁剪"面板中拖动"角度"滑块，拖动时会旋转图像。有一个自动矫直功能，您只需双击"拉直工具"（下面用红色圈出），它就会完成它的任务。我喜欢的拉直方法是手动使用"拉直工具"。单击它，然后单击并沿着您的图像中应该是直的东西拖动它（就像我在这里做的那样，在楼梯上）。

TIP: 取消拉直
只要按Esc键，拉直就会消失。

第六步：
单击并拖动"拉直工具"后，它会完美地拉直图像（如图所示）。如果我认为我的图像有点偏离（只是有点弯曲），我会不时使用第四种方法，那就是将光标移动到裁剪边界之外，当您这样做时，它会变成一个双头弯曲箭头。只需单击并沿要旋转图像的方向拖动，图像就会旋转。

边制作边保存编辑，以便进行实验

您可以在编辑过程中的任何时候拍摄图像的快照，因此您不仅可以比较图像的不同编辑，还可以返回其中的任何一个，只需单击一次，所有滑块都已就位。这让您可以自由地发挥创造力，尝试不同的东西，毫无顾虑地进行实验，因为您总是可以回到您喜欢的最后一个样子。只要您记得保存。

第一步：
在处理图像时，如果您想"我喜欢这个，但我想继续调整"，那么转到右侧工具栏，单击快照图标（Shift+S组合键，这是底部的第三个图标，在此处用红色圈出。注意，此功能在Camera Raw过滤器中不可用）。将打开"快照"面板，为了及时保存这一时刻，以及您的图像现在的外观，以及到达该位置所需的所有滑块，单击面板标题右侧的"创建快照"图标（也在此处圈出），以打开"创建快照"对话框。只需为快照命名，然后单击"确定"按钮。

第二步：
在这里，我想看看我是否可以创建这张图像的黑白版本，但我想比较不同的黑白转换，看看我最喜欢哪一个。所以，在我编辑的时候，我保存了四个不同版本的图像（快照）（三个黑白版本和一个双色调）。现在，为了查看和比较其中的每一个，我只需将光标移动到面板中它们的名称上，它就会立即显示出这种外观。如果有一个我想使用，或者继续使用，我只需单击它，Camera Raw就会从那一刻开始拾取，所有的滑块都在适当的位置，我可以继续编辑、实验，或者在Photoshop中打开它并在那里拾取。

第2章 Camera Raw——超越基础

选择RAW图像

在Camera Raw中编辑完图像后,单击"打开"按钮,即可在Photoshop中打开图像。如果您用RAW模式拍摄,您可以选择照片在Photoshop中的规格。您可以选择大小(物理尺寸)、颜色空间、位深度(8或16位/通道)等。以下是如何设置的方法。

第一步:
有几种方法可以访问Camera Raw的首选项。一种方法是单击窗口右上角的齿轮图标(此处用红色圈出)。另一种方法是单击窗口底部中心看起来像EXIF相机数据的文本行(也用红色圈出),或者按Command+K(PC:Ctrl+K)组合键。因此,继续使用其中一个选项来调出Camera Raw的首选项。

第二步:
在"Camera Raw首选项"对话框中,您将看到许多"常规"选项都是不言自明的,例如您可以选择"颜色主题",或者您希望打开多个图像时显示的胶片是沿Camera Raw窗口的底部(水平)还是沿左侧(垂直)。除了"常规"首选项外,左侧的列中还列出了其他五种类型的首选项,您可以通过单击任意一种在它们之间跳转。

061

第三步：

让我们先选择"文件处理"选项，因为这里有一件事您可能需要考虑。在我自己的工作流程中，我不仅希望我的RAW照片在Camera Raw中打开，还希望我在iPhone上拍摄的JPEG或图像（苹果的HEIC格式）在Photoshop中打开之前在Camera Raw中打开。为了做到这一点，在JPEG和TIFF处理的部分，在JPEG下拉列表中选择"自动打开所有受支持的JPEG"选项。

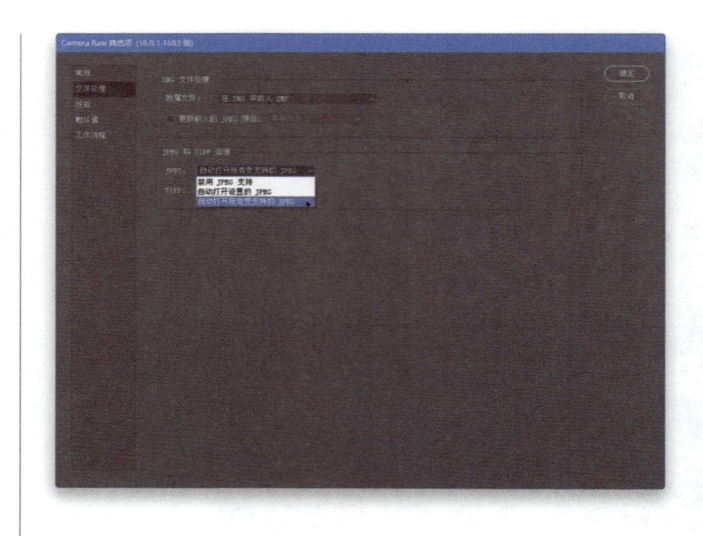

第四步：

接下来是RAW默认值，所以单击左边的它。这些是首次在Camera Raw中打开RAW图像时应用的设置。如果您将"全局"设置为"Adobe默认设置"，它将使用Adobe的默认设置（因此，它将为您的RAW照片添加一些锐化，使用Adobe默认的40，它将应用一些降噪，它将把Adobe 颜色应用为您的原始配置文件）。如果您希望让Camera Raw读取您在相机中应用于Raw图像的设置，它将尊重这些设置。假设您选择将黑白配置文件应用于相机中的图像，您基本上是用黑白拍摄的。当您将这些图像带入Camera Raw时，它们将自动转换为黑白。要执行此操作，在"全局下拉列表"中选择"相机设置"选项（如图所示）。它现在尊重您在相机中所做的更改，并在您在Camera Raw中打开它们时将其应用于您的图像（而不是Adobe的默认设置）。

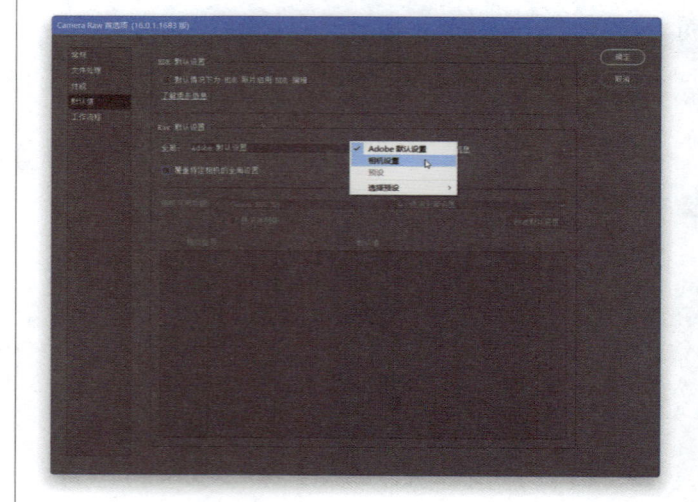

▶ 062

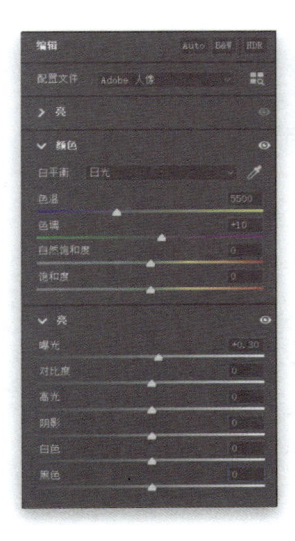

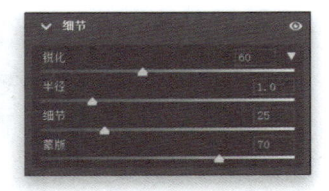

第2章 Camera Raw——超越基础

第五步：
如果您不想使用Adobe的RAW默认设置或Camera Raw设置，而是想使用自己的自定义相机Raw设置来设置自己的自定义默认设置，该怎么办？您可以执行以下操作：关闭"首选项"对话框，然后在Camera Raw中将所需设置放到位。例如，让我们通过在"基本"面板中选择"Adobe人像"作为"配置文件"，选择"原照设置"作为"白平衡"，并将"曝光"量增加1/3光圈（如图左侧所示），设置用于拍摄自然光肖像的默认值。我们还可以在"细节"面板中将"锐化"量增加到60，将"蒙版"量增加为70（如右图右侧所示）。因此，这些是我们在Camera Raw中打开RAW图像时想要应用的设置。现在，要做到这一点，我们必须在这些设置（并且只有这些设置）到位的情况下创建一个预设，所以不要对当前图像进行任何其他更改。

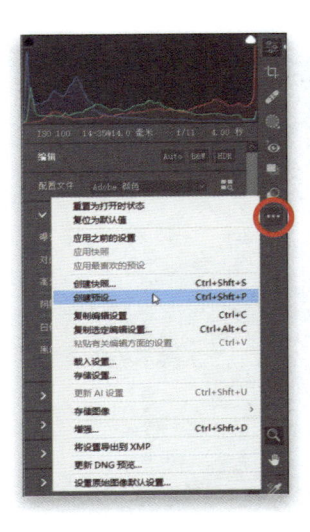

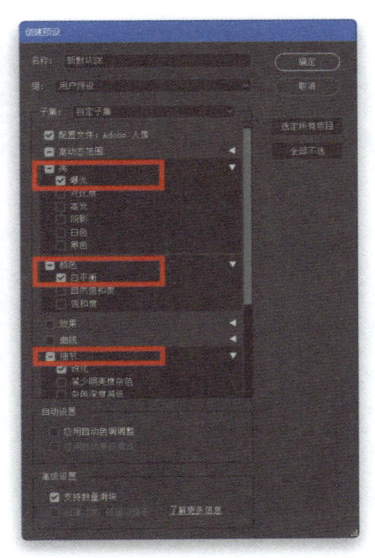

第六步：
要创建Camera Raw预设，在右侧的工具栏中单击"更多图像设置"图标（它是底部的三个点，在左侧的此处圈出），然后在弹出菜单中选择"创建预设"选项，将打开"创建预设"对话框（如图右侧所示）。创建预设时，您只希望此预设中包含您想要作为默认设置的内容，因此只取消勾选不想要的内容的复选框。在这里，我取消勾选了除"配置文件""白平衡""曝光"和"锐化"复选框之外的所有选项。在顶部的"名称"字段中为该预设指定一个名称（这样您就可以在下一步中轻松找到它；我将我的名称命名为"新默认SK"），然后单击"确定"按钮。

063

第七步：

回到Camera Raw的首选项。当对话框打开时，再次单击左侧的"默认值"（如果尚未选择），然后在"全局"下拉列表中选择"选择预设"选项，将显示"摄影机原始"预设的子菜单。默认情况下，我们刚刚创建的新预设将显示在"用户预设"下（除非您在上一步中选择将其保存在"创建预设"对话框中的其他组中。在这种情况下，我只是将其保存到默认的"用户预设"组中）。因此，选择预设（如图所示，我在其中选择了"新默认SK"预设）。现在，您在Camera Raw中打开的每个RAW图像都将应用这些设置（Adobe配置文件、日光、曝光值为+0.30、锐化值为60、蒙版值为70）。

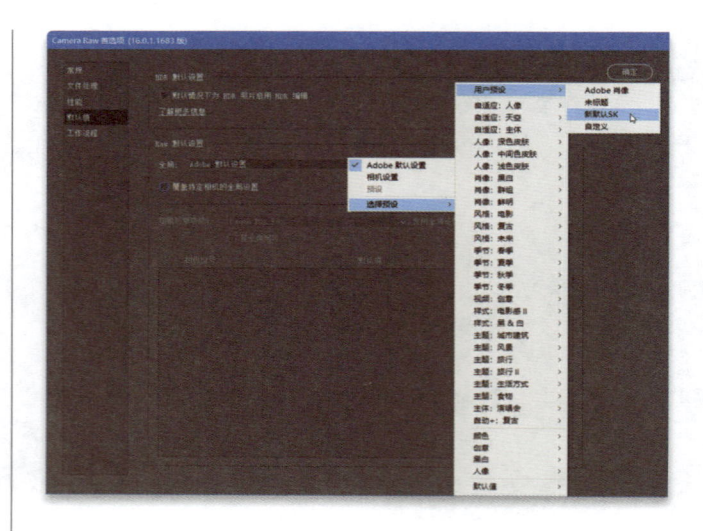

第八步：

单击左侧首选项中的"工作流程"以显示其选项。在这里，一旦您的图像在Photoshop中，您可以选择您想要使用的色彩空间。但本质上，您想匹配Photoshop的色彩空间设置（我们还没有涵盖这些内容，所以这是一个您可能需要在Photoshop中选择适合您的色彩空间后返回并设置的设置。您可以在书的简介中提到的配套网页上的奖励打印章节中找到更多关于设置Photoshop色彩空间的信息）。至于图像大小，当我的图像进入Photoshop时，我不会调整它们的大小——我想要全尺寸的图像（我以后总是可以在Photoshop中更改大小）。现在我们还没有完全完成工作流程首选项。

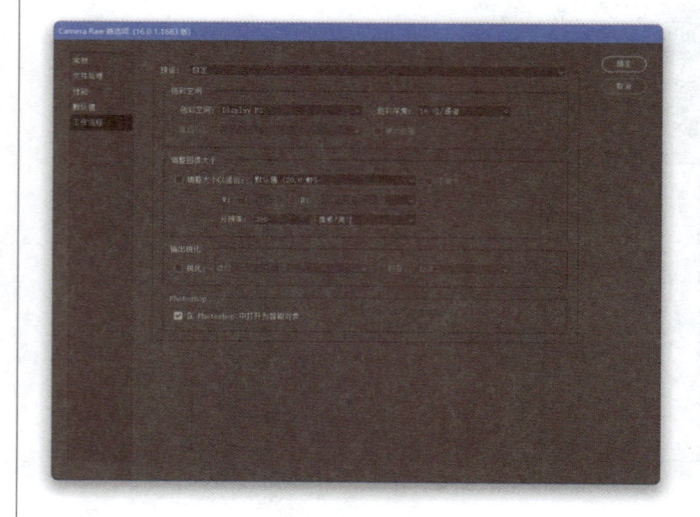

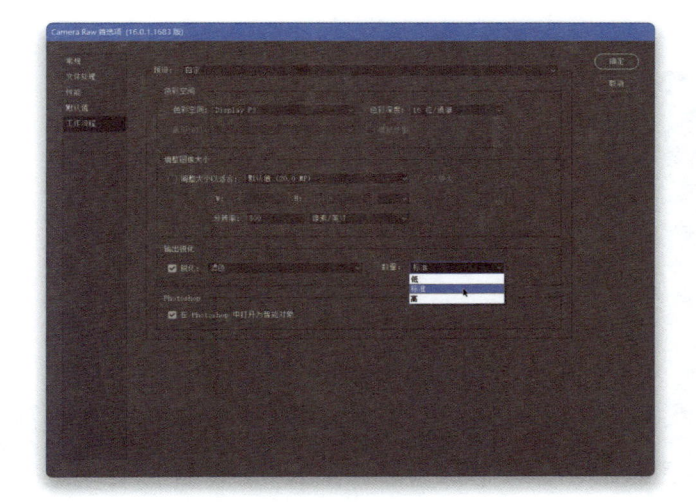

第2章 Camera Raw——超越基础

第九步:
您还会在此处看到"输出锐化"部分,在两种情况下,您可以勾选"锐化"复选框:您希望在图像转到Photoshop之前再次锐化图像,或者您不想转到Photoshop。您已经完成了后处理,您将保存文件,打印图像或在线共享——根本不需要访问Photoshop。如果勾选"锐化"复选框,则需要选择此图像的去向("屏幕上"或"打印"中),然后从"数量"弹出菜单中选择要应用的锐化程度。我可以告诉您,低设置真的很低——在图像上几乎看不到。标准应该被称为"低"——您可以看到,但它不会让您失望。如果我打开这个功能,我几乎总是选择"高"。大多数情况下,我会关闭它,因为如果我需要更多的锐化,我会在Photoshop中添加它。

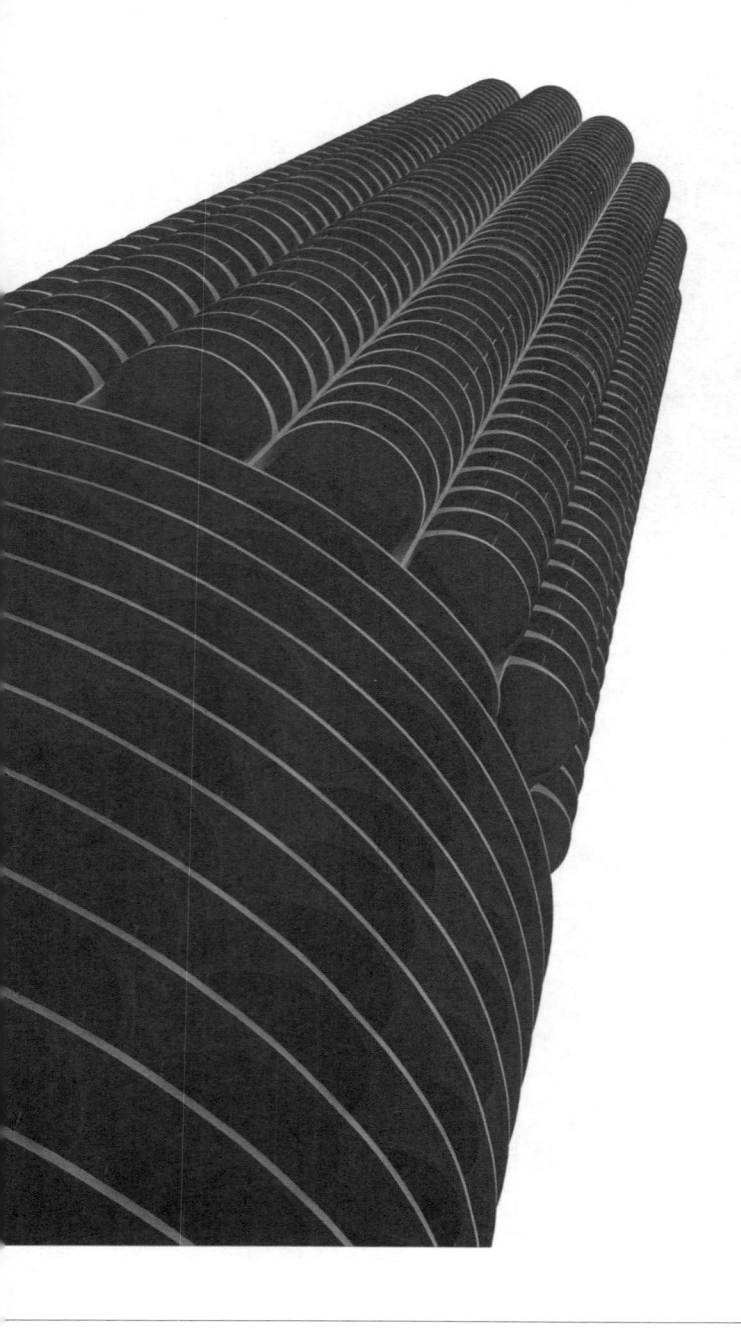

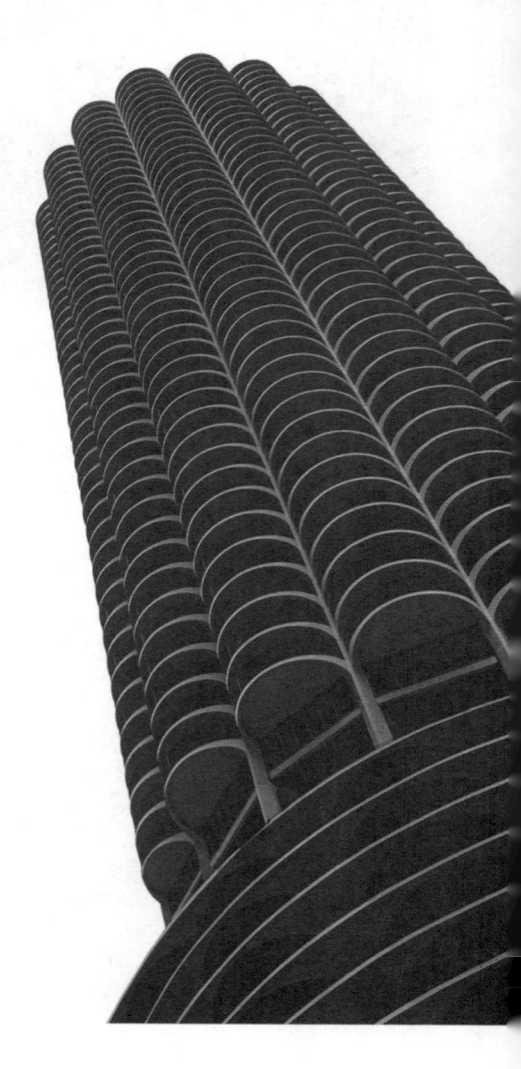

Exposure: 1/4000 sec | Focal Length: 24mm | Aperture Value: ƒ/4.0 | ISO: 100

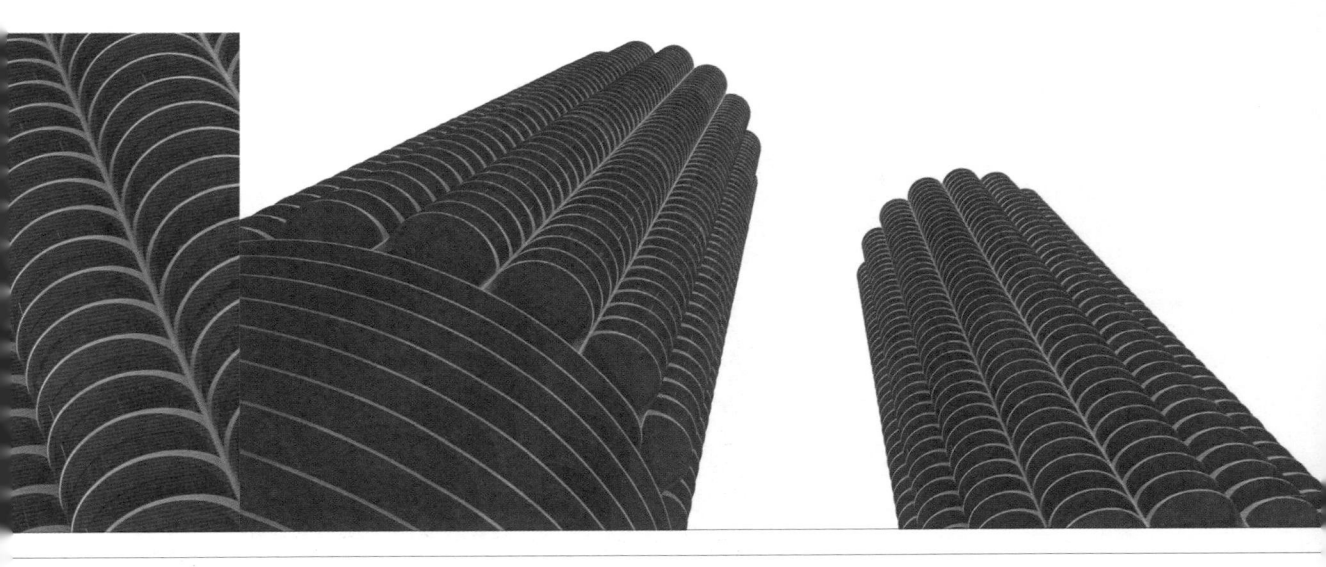

第3章
面具（蒙版）奇迹

第3章这个标题实际上听起来像电影标题或歌曲标题，但因为我们能够用Photoshop的人工智能屏蔽所做的事情太不可思议了，我想不出比这一章更好的名字了。当然，这个名字不是我的第一选择，因为我考虑了Smokey Robinson和奇迹乐队的歌曲，每个人都喜欢摩城，所以这是一个很容易的选择。但是，这并不是我对本章标题的理解，不是显而易见的不容错过的标题。如果您想摘水果，您必须全力以赴，对吧？我的意思是，您不能把手放在口袋里爬上成功的阶梯，船不会进来，它们会被带进来，我等不及合适的头衔就这样落在我的腿上了。我必须出去，找到它，然后把它带进来。我的意思是，没有免费午餐这回事，您必须去争取。您要么有结果，要么有借口，不是两者都有。我就是这么说的。当我被一个章节的标题卡住时，就像这里发生的事情一样，我记得我们不可能都是英雄，当他们走过时，必须有人坐在路边鼓掌。说到鼓掌，还记得金·凯瑞的电影《面具》吗？如果您认为这将是本章的完美标题，那您是对的，这就是为什么我在这本书的早期版本中使用"面具"作为章节标题（或者这可能是我的另一本书，但我肯定使用了它）。然而，我敢打赌，还有其他电影的标题中有"面具"一词，可能会在这里奏效。例如，《铁面具中的男人》《佐罗的面具》、1941年的《面具背后的脸》，还有《玉面具》《纸面具》（名单不断）。然而，这一个吸引了我的眼球：1996年的《黑色面具》，这是我们在Photoshop中经常使用的东西（它实际上是一个反向面具，但我不认为我们会把《反向面具》作为电影标题）。它被描述为："西蒙（李连杰饰）看起来是一个举止温和的图书管理员，但实际上他是一个基因增强的士兵，不会感到疼痛。"这引起了我的注意，因为我相信您很清楚。

我看起来是一个举止温和的作家，但实际上我是一个基因增强的士兵，不会感到疼痛，这在书收到差评时真的很方便，或者我吃了一些过期两周的宫保鸡丁，一切都失控了。这就像我曾经告诉我的朋友："征服两周前的《大公报》的人是最强大的战士。"

Photoshop 数码照片专业处理技法

关于蒙版的五件重要事情

当您在Camera Raw的"编辑"面板中移动滑块时，该滑块会影响整个图像，但如果您只想处理图像的一部分（例如您可能只想影响下面图像中看到的汽车），那么您将使用蒙版，因此只有您想受影响的区域会受到影响。几分钟后，这一切都会更有意义，这里有一些东西可以帮助您适应蒙版的神奇之处。

(1) 整个"红色色调"的东西

默认情况下，使用Camera Raw的某个蒙版工具时，选定区域（选择要蒙版的区域）将显示为红色色调覆盖。只要移动任何调整滑块，红色色调就会消失，但您可以通过取消勾选"蒙版"面板底部的"显示叠加（自动）"复选框更快（或随时）将其关闭。除了红色，您还可以通过其他方式看到您的蒙版。只需单击"显示叠加（自动）"复选框右侧的三个点，然后从弹出菜单中选择不同的蒙版。我在顶部放了三个其他蒙版选择的例子：第一个是白色图像，中间的是黑白彩色蒙版，右边的是黑色图像。也可以按Shift+Y组合键在这些不同的视图之间切换。

(2) 固定"蒙版"面板

创建蒙版时，"蒙版"面板显示为浮动在右侧面板的左侧，覆盖图像的一部分。您可以通过单击并拖动它的顶部来移动它，但同样，它覆盖了您图像的一部分。如果这让您很恼火（就像我一样），把它拖到直方图下面，与右侧面板对接（如图所示）。当您看到蓝色水平线时，松开鼠标右键，它就会停靠在右侧面板的顶部。它只在创建蒙版时出现，所以在不蒙版时不会占用空间。

068

第3章 面具(蒙版)奇迹

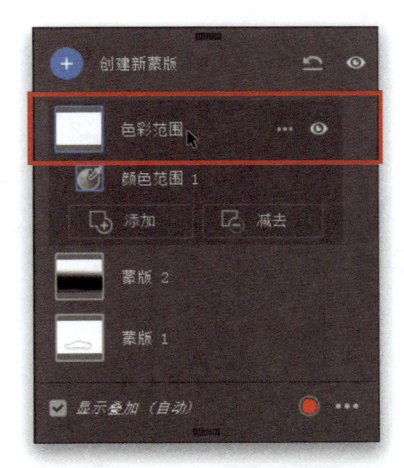

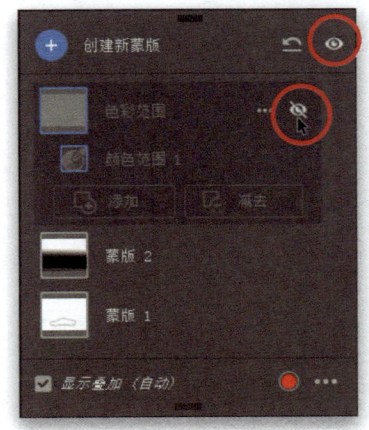

(3) 保存设置

如果您在屏蔽时找到了您喜欢的设置，您可以将这些喜欢的设置保存为一个预设，以便随时可以调出。要执行此操作，一旦设置到位，请靠近右侧面板的顶部（如果停靠了"蒙版"面板，则位于该面板下方），单击并按住"预设"弹出菜单，然后选择"新调整预设"选项（如图所示）。只需给预设一个名称，从现在起，它就会出现在预设弹出菜单中。

(4) 重命名蒙版

如果您开始添加许多不同的蒙版，那么哪个蒙版会选择图像的哪部分，这就开始有点令人困惑，这就是为什么用描述性名称重命名蒙版变得很重要的原因。要重命名蒙版，在"蒙版"面板中双击蒙版的当前名称（即"蒙版1""蒙版2"等），它会高亮显示当前名称，以便输入更具描述性的名称（如图所示）。

(5) 看到/隐藏蒙版

要从视图中隐藏任何蒙版（以及您对该蒙版所做的更改），在"蒙版"面板中将光标悬停在该蒙版上，其名称右侧将显示一个眼睛图标。单击该图标可关闭视图，视图上方会出现一条对角线，让您知道蒙版现在已隐藏。若要使该蒙版再次可见，请再次单击眼睛图标。隐藏的蒙版在蒙版列表中显示为深灰色（如图所示）。要隐藏所有蒙版和使用蒙版工具进行的所有编辑，单击"蒙版"面板右上角的眼睛图标即可。

编辑主体

Camera Raw有一些令人惊叹的技术，它使用人工智能和机器学习来确定图像的主体是什么，并隔离（掩盖）该区域，这样您就可以在不影响图像其余部分的情况下调整主体。这是非常强大的东西，使我们的编辑工作变得更加容易。

第一步：
在右侧的工具栏中单击"蒙版"图标（M，顶部的第四个图标——它是一个灰色圆圈，周围有一条白色虚线），以显示蒙版工具（如图所示）。在顶部的"创建新蒙版"下单击"主体"图标（如图所示），让Camera Raw分析图像，确定主体是什么，并为它创建蒙版，这样您就可以在不影响图像其余部分的情况下对其进行编辑。

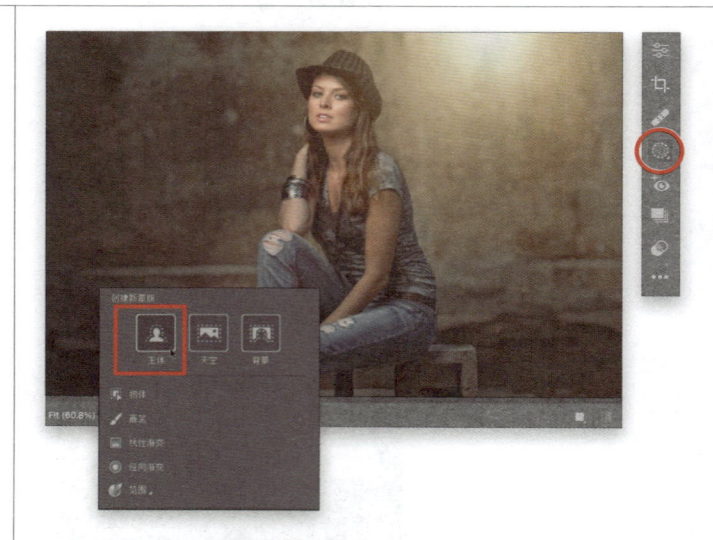

第二步：
当您单击主体时，一两秒钟后，它会在您的主体上涂上红色（如图所示），让您知道它掩盖了什么。当这样创建蒙版时，"蒙版"面板将显示在您将看到"蒙版1"的位置，它表示蒙版的区域，在该蒙版下方，它显示选择"主体"用于创建蒙版（主体1）。

070

第3章　面具(蒙版)奇迹

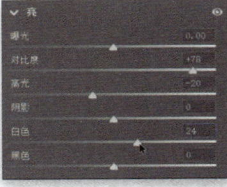

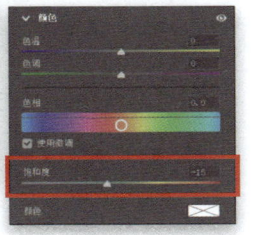

第三步：

在右侧面板中，您将看到可用于调整蒙版主体的调整滑块，如果它们看起来很熟悉，那是因为它们与"编辑"面板中的滑块相同，只有一个例外："颜色"面板中没有"自然饱和度"滑块，只有"饱和度"滑块。但是，Adobe设计了一个滑块，如果您向右拖动它，它将是"自然饱和度"，如果您向左拖动它，则是"饱和度"，以使图像去饱和。现在，我们的主体被掩盖了，只要您拖动其中一个滑块，红色就会消失，所以您可以清楚地看到您的调整。在这里，我将对比度滑块增加了很多（到+78），将白色滑块增加了一点（到+24），并将高光滑块降低了（到−20），由于之后图像看起来有点太暖，我将饱和度滑块降低了。我们在这里所做的这些编辑只会影响我们的主体，而不会影响图像的其余部分，因为我们使用"主体"蒙版仅蒙版（选择）了我们的主体。

TIP:之前/之后对比

并排放置调整前后的图像，您可以看到唯一受影响的是我们的主体。

之前　　　　之后

071

更好看的天空，方法1：天空蒙版

我们将研究五种不同的方法来制作更好看的天空，第一种方法最简单，因为它使用了更多的人工智能/机器学习来自动为您选择天空。一旦天空被蒙版，则可以应用所需的任何编辑，这些编辑将仅应用于天空。

第一步：
在右侧的工具栏中单击"蒙版"图标（M，顶部的第四个图标——它是一个灰色圆圈，周围有一条白色虚线），以显示蒙版工具（如图所示）。在顶部的"创建新蒙版"下单击"天空"图标（如图所示），它会为您选择天空（即使这是一个很难选择的天空）。

第二步：
一两秒钟后，天空中会出现红色（如图所示），这会让您知道被掩盖了什么。

第3章 面具(蒙版)奇迹

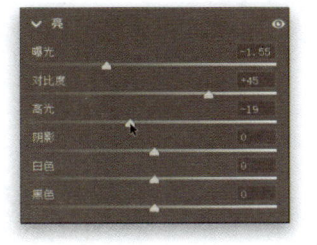

第三步：
选择天空后，我有一个简单的两步编辑，我经常使用它来使天空看起来更丰富，那就是通过向左拖动"曝光"滑块来降低天空的亮度，直到它看起来很好（在这里，我将其拖动到-1.55）。当您单击"曝光"滑动条时，红色色调覆盖将关闭，这样您就可以清楚地看到您的天空编辑。之后，将"对比度"滑块向右拖动，以增加天空的对比度（在这里，我将其拖动到+45）。这两步操作非常适合让大多数图像的天空看起来更好（遗憾的是，没有什么能适用于每一张图像，但这就是为什么我们有不同的方法）。在这种情况下，为了给蛋糕添加一点糖霜，我将"高光"滑块向下拖动到-19（这有助于为云带来定义）。如果需要的话，您也可以增加一点白色，以防止云层看起来昏暗。

TIP：之前/之后对比
按Q键，向您快速显示我们的图像之前/之后的对比，一旦我们使天空变得更深、更丰富。同样，这只是一种方法——我们还有四种方法。

之前　　　　　　　　　　之后

更好看的天空，方法2：线性渐变蒙版

线性渐变蒙版可以让您重现传统中性密度（ND）渐变滤镜的外观（这些是玻璃或塑料滤镜，顶部是深色的，然后逐渐变为完全透明）。它们很受风景摄影师的欢迎，因为您要么会得到一个完全暴露的前景，要么会得到完全暴露的天空，但不是两者都有。然而，与使用真正的中性密度渐变滤镜相比，Camera Raw版本实际上有一些很大的优势。

第一步：
在右侧的工具栏中单击"蒙版"图标（M，顶部的第四个图标，它是一个灰色圆圈，周围有一条白色虚线）以显示蒙版工具（如图所示），然后单击"线性渐变"（如图所示，或者只需按G键即可获得"线性渐变"工具并创建蒙版）。当您单击它时，会出现一组调整滑块，就像您在"编辑"面板中看到的一样。

第二步：
按住Shift键（在拖动时保持渐变平直）单击天空区域的中心，然后直线向下拖动，直到刚好超过地平线（如图所示）。渐变在开始拖动的顶部是实心的（红点），然后在中心正方形和底部顶部白点之间转换为透明。您可以单击并拖动顶部的白点来更改渐变向下的距离，也可以将光标悬停在底部的白点上，当光标变为弯曲箭头时旋转渐变。只需单击并沿圆形方向拖动即可旋转渐变。在这种情况下，降低曝光量可能会对我们的天空有很大帮助，但我们可以做的不仅仅是这一点。

第3章 面具（蒙版）奇迹

第三步：
要使天空变暗，降低"曝光"值（在这里，我将其降低到-1.15）。如果这并不能使您的天空看起来像您想要的那样棒，那么您可以将"高光"滑块也拉回来（就像我在这里所做的那样，我将它拖到了-27）。这就是我在这种情况下所要做的，但如果它看起来仍然不好，您可以通过简单地向左拖动"色温"滑块（在"颜色"面板中）来向蓝色添加一些蓝色到您的天空渐变中。这是一个前/后对比，只需降低曝光量并收回高光。要在"线性渐变"蒙版处于活动状态时删除它，只需按Delete（PC:Backspace）键，或在"蒙版"面板中将光标悬停在蒙版上，然后单击并按住右侧的三个点，在出现的弹出菜单中选择"删除蒙版"选项。您可以在第一次拖动渐变时旋转渐变，方法是不按住Shift键（使其沿直线移动）。要移动整个渐变，只需单击并拖动中心正方形。

第四步：
让我们在这里切换到另一幅图像，这样我就可以向您展示我使用渐变滤镜的另一种方式（它们不仅仅用于风景），即使用它们来重新平衡图像中的光线。在这张图片中，前景中的楼梯是深色的，所以我创建了线性渐变蒙版，增加"曝光"值（到+1.55），然后单击并拖动渐变，从楼梯底部附近一直到楼梯顶部的正上方（如图所示）以使其变亮。当渐变在楼梯上方变得透明时，这与图像其余部分的照明融合在一起（如图所示）。

075

更好看的天空，方法3: 遮蔽物体

您刚刚学会了在天空中添加"线性渐变"蒙版以使其顶部变暗的技术，创建了一个漂亮的渐变，这会使您的天空看起来更丰富、更蓝，但您会遇到一个棘手的情况，就像您在下面看到的图像一样。当您拖动渐变使天空变暗时，它最终会使前景物体变暗（在这种情况下，是伊丽莎白塔——这是伦敦市中心威斯敏斯特市的一座塔，大本钟就位于这里），但幸运的是，有一个简单的解决方法。

第一步:
这是我们的图像，下面我们使用线性渐变蒙版为暗淡的天空带来一个漂亮的蓝色渐变。我们想要的是天空变得越来越黑，越来越蓝，然后平稳地逐渐变浅。但是，即使您在镜头前放一个传统的螺旋式或方形中性密度渐变滤光片，您也会遇到同样的问题，那就是它会使天空变暗，但也会使塔变暗，这是传统滤镜的局限性。但在Camera Raw中，我们可以很容易地绕过这一点。在右侧的工具栏中单击"蒙版"图标（M，从顶部起的第四个图标，它是一个灰色圆圈，周围有一条白色虚线）以显示蒙版工具，然后单击"线性渐变"按钮（如图所示，右下角或者按G键即可获得线性渐变工具并创建蒙版）。

第二步:
单击并将渐变从图像的顶部1/3向下拖动到地平线周围（如图所示）。红色覆盖显示被渐变掩盖的区域，您可以看到它在顶部较暗，然后在顶部渐变为透明，底部白点。

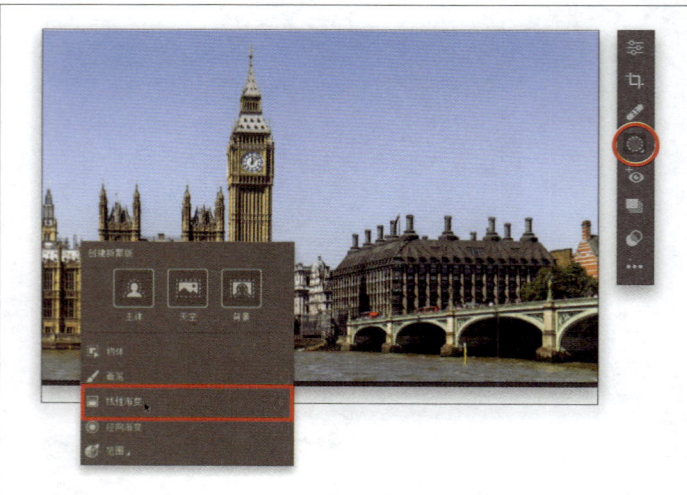

第3章 面具(蒙版)奇迹

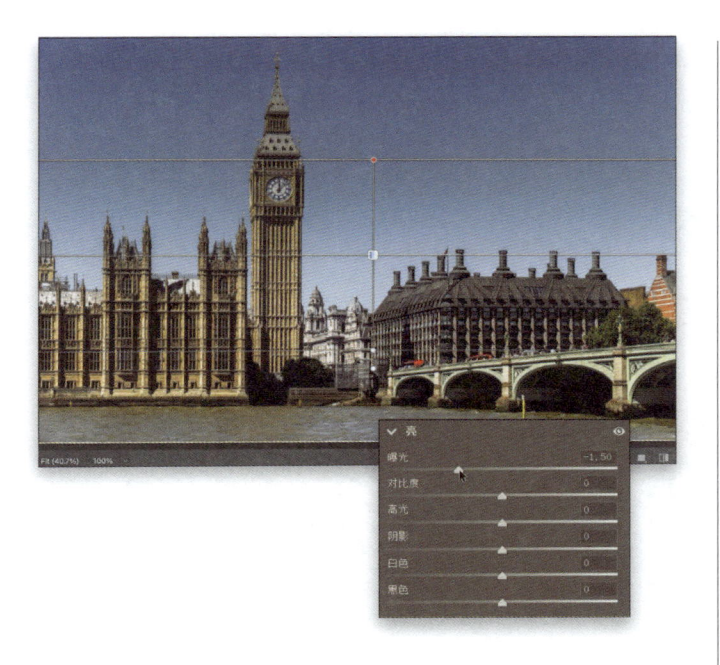

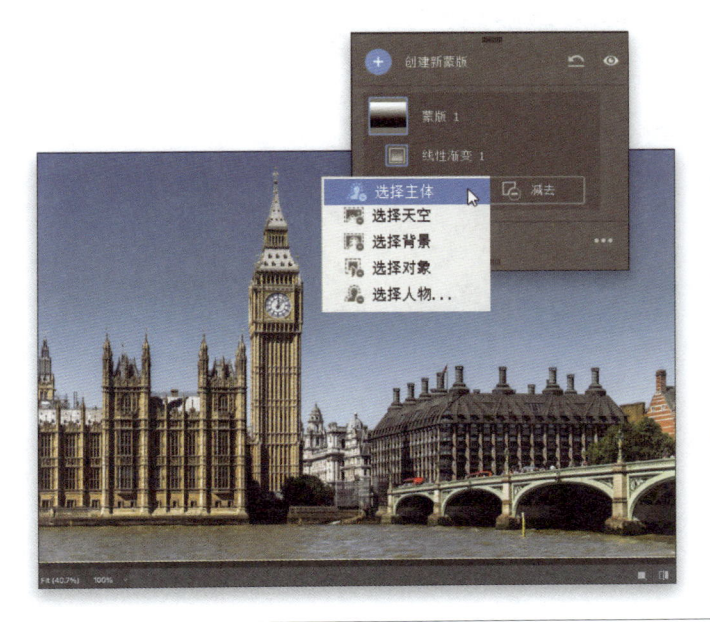

第三步：
在"宽"面板中将"曝光"值降低到 -1.50左右（或您认为合适的任何值），以使天空顶部的渐变变暗，渐变为透明。虽然它做了一件很棒的工作，让天空看起来更蓝、更丰富，但它也让塔的很多地方变暗了（如图所示）——就像您在相机的镜头上放一个真正的中性密度渐变滤镜一样。这只是Camera Raw中的一个简单修复。

TIP: 添加更多渐变
如果您想添加另一个渐变（可能是为了使图像底部的水变亮，或使两侧变暗）并保持天空中已有的渐变，只需在"蒙版"面板中单击"创建新蒙版"按钮，从弹出菜单中选择"线性渐变"选项，然后拖出新的渐变，您可以将其与创建的第一个渐变分开调整。

第四步：
在"蒙版"面板中，您将看到"线性渐变"蒙版下方的两个按钮："添加"和"减去"。由于我们的渐变正好在塔的顶部，我们将从"线性渐变"蒙版中删除它（减去它）。要执行此操作，单击"减去"按钮，然后在弹出菜单中选择"选择主体"选项（如图所示）。Camera Raw的人工智能识别主体（它左边的塔楼和议会大厦），并将其从我们的渐变蒙版中移除（减去）。这是您在镜头上安装的实际滤镜无法做到的，也是Camera Raw的线性渐变蒙版的一个巨大优势（此外，它非常容易使用）。

Photoshop 数码照片专业处理技法

更好看的天空，方法4：使用亮度范围蒙版保存云

使万里无云的天空变暗效果很好，但当您的天空中有云并且您使其变暗时，它也会使云变暗，这会使您漂亮的白云变暗、变灰，甚至下雨。有一个名为"亮度范围"的功能，可以让您根据图像中的高光或阴影区域创建一个蒙版（这样您就可以选择图像中的所有亮区或暗区进行处理），这在各种情况下都非常方便。在这种情况下，我们将使用"线性渐变"使整个天空变成浓郁的蓝色，随后我们将使用"亮度范围"从蒙版中移除云，这样它们看起来就不会是灰色的，仍然看起来是白色蓬松的。

第一步：

这是我们的原始图像，我们将像往常一样做同样的事情来调暗天空（降低曝光并增加一些对比度，甚至可能会产生一点蓝白平衡），首先只选择天空。在右侧的工具栏中单击"蒙版"图标（M，顶部的第四个图标，它是一个灰色圆圈，周围有一条白色虚线）以显示蒙版工具，然后单击"天空"图标（如图所示）。

TIP：查看/隐藏编辑图钉

您可以选择Camera Raw如何显示"编辑图钉"（图像上的小图标代表您应用的每个蒙版）。您可以通过单击"蒙版"面板底部"显示叠加"复选框右侧的三个点来进行选择。在弹出菜单中启用"显示图钉和工具"意味着它们始终可见。只要关掉它就可以把它们藏起来。

第二步：

单击"天空"图标在选择天空方面做得很好（整个天空显示为红色，因此您可以准确地看到它遮挡的区域）。如果在"蒙版"面板中查看，您将看到一个新蒙版（默认情况下命名为"蒙版1"），在它下面您将看到用于创建它的工具（在本例中为"天空"）。

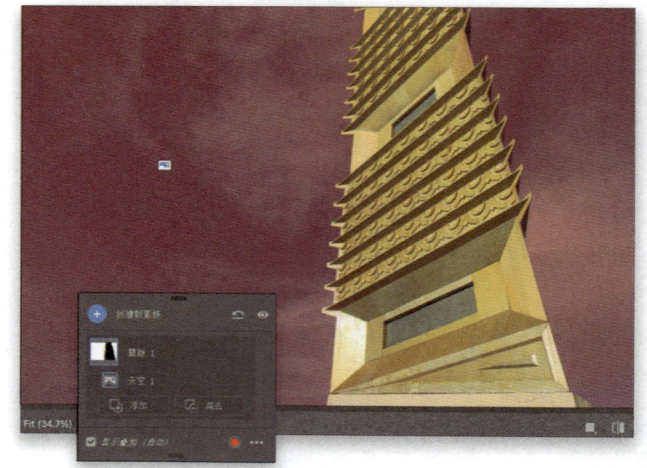

078

第3章 面具(蒙版)奇迹

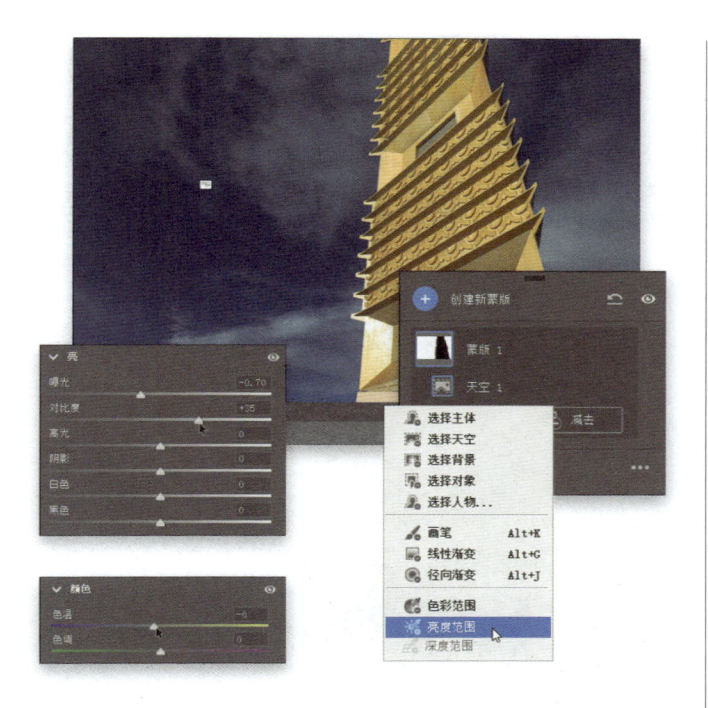

第三步：
要使天空看起来更蓝、更丰富，将"曝光"滑块向左拖动到–0.70以使其变暗（这通常有很大帮助），然后将"对比度"滑块增加到+35。这会使天空中最亮的部分更亮，最暗的部分更暗，通常也有助于增加颜色。最后，在"颜色"面板中将"色温"滑块向左拖动到蓝色方向，以将更多蓝色添加到天空中。只要您不算云层，现在整体看起来并不糟糕，不幸的是，云层看起来有点沉闷和灰暗。这就是这个技巧的全部内容——把那些云从天空蒙版上去除，这样它们就又漂亮又白又蓬松了。要执行此操作，在"蒙版"面板的"天空1"正下方单击"减去"按钮（因为我们要从蒙版中减去这些云），然后在弹出菜单中选择"亮度范围"选项（如图所示）。

第四步：
当"亮度范围"面板出现时，光标将变成滴管工具。在云中单击一次，或者单击并拖动一系列色调（就像我在这里所做的那样），将其从蒙版中减去，使云看起来更漂亮。除了使用滴管工具，您还可以使用渐变下方的"选择明亮度"滑块（当您将光标移动到渐变条上时）来限制或添加渐变为您遮挡的色调数量。将左滑块向右拖动会限制所选高光的数量，将右滑块向左拖动会限制阴影区域的数量。勾选"显示明亮度图"复选框有助于添加红色色调，从而更容易看到哪些区域受到影响。这是我们的最终图像，天空更暗、更丰富，但由于使用亮度范围去除了云层，云层没有变暗。

079

更好看的天空，方法5：使用"选择天空"减少天空中的带状现象

带状现象最常见于自然天空（或广阔的纯色区域），当天空（或背景）中的颜色之间没有平滑的渐变，而是可以看到每组颜色之间的视觉线条或带状时，就会发生带状现象。它会让您的天空看起来又厚又呈块状，而且它在印刷品中看起来特别糟糕。虽然我们将在这里使用的功能没有在Camera Raw的蒙版工具中找到，但它仍然是蒙版的一种形式。

第一步：
这里的图像中的天空，您可以看到带状，尤其是朝着地平线，天空与山脉相接。您不应该看到线条或大块的颜色——它应该是颜色之间的平滑渐变，而不是水平的颜色块。这就是我们需要摆脱的束缚。

第二步：
我们不希望我们的修复应用于整个图像——我们不希望它覆盖山脉、树木或溪流。我们只想将我们的修复应用于天空，所以在Photoshop中执行"选择"|"天空"命令（如图所示）。

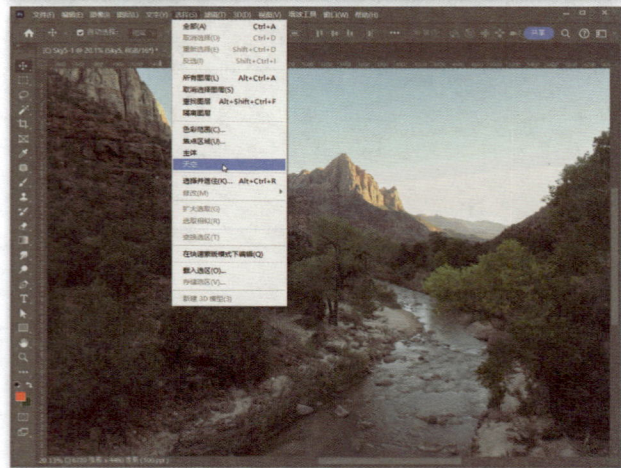

第3章 面具(蒙版)奇迹

第三步:

选择天空后（如图所示），执行"过滤器"|"模糊"|"表面模糊"命令。这种特殊的滤镜在固定束带时效果惊人。输入50个像素的"半径"，我通常会在15以下的某个位置找到"阈值"（您可以将其从15向下拖动到0，以查看哪个数字看起来最好，但对于此图像，7级的"阈值"看起来很好）。

第四步:

按Command+D（PC:Ctrl+D）组合键取消选择，您可以看到条带几乎消失了。如果它还没有完全消失，在取消选择之前，可以应用"高斯模糊过滤器"（也可以在"过滤器"菜单的"模糊"下找到）来帮助隐藏它。

如果不能完美工作该怎么办

尽管主体和天空蒙版很神奇，但它们并不是每次都是100%完美的，所以当您选择时，您会想知道该怎么办。以下是发生这种情况时该怎么办的解决方法。

第一步：
在这种情况下，建筑物的天花板真的很暗，所以我们想打开阴影，调整曝光等，而不干扰美丽的蓝天。因此，在右侧的工具栏中单击"蒙版"图标（M，顶部的第四个图标，它是一个灰色圆圈，周围有一条白色虚线）以显示蒙版工具，然后单击"主体"图标（如图所示）。

第二步：
您可以从红色色调的覆盖图中看到，"主体"蒙版在选择建筑的大部分时做得很好，但由于某种原因，它错过了左侧柱的一部分及其后面的区域。但这很容易修复。

第3章 面具(蒙版)奇迹

第三步:
我们想做的是将这些缺失的区域添加到我们的蒙版中(红色区域),所以在"蒙版"面板中"蒙版1"下面的"主体1"的下面,您会看到两个按钮。如果它选择了太多,您可以单击"减去"按钮来删除溢出的部分,但在有些情况下,我们需要添加它遗漏一些区域,所以单击"添加"按钮。在可用于添加到蒙版工具的弹出菜单中,选择"画笔"选项(Shift+K组合键如图所示),现在我们可以使用"画笔"工具,简单地在它错过的区域(左边的列和后面的区域)上绘制,将这些区域添加到蒙版中(如图所见;绘制时会看到这些区域变红,因此很容易看到您添加的内容)。如果某个不应该被屏蔽的东西被屏蔽了,您可以单击"减去"按钮,然后选择最容易删除该区域的工具。如果某个区域没有被蒙版,而您想要蒙版,您可以单击"添加"按钮,然后选择最容易在该区域中添加的工具。

第四步:
现在我们已经完全蒙版了建筑,我们可以使用调整滑块进行一些调整,这样天花板区域的细节就不会在阴影中丢失。这里将"曝光"值增加到+0.40,使每一个东西都更明亮,将"高光"滑块稍微后退到-52,所以前面的列不那么亮,将"阴影"滑块拖到+53,使天花板更显眼,所有这些都完全不影响天空。

083

关于画笔蒙版工具，要知道的四件非常有用的事情

下面我们将深入研究一种功能强大的蒙版工具，简称为"画笔"（以前称为"调整画笔"），但如果您现在就学会了一些东西，在您开始使用画笔之前，这将使您的画笔生活更轻松，所以让我们从以下内容开始。

(1) 更改画笔的大小

当您选择"画笔"工具（K）时，会弹出一个面板（如图所示），其中有一个"大小"滑块，您可以拖动它来更改画笔的大小。但是，有一种更快更简单的方法：按括号键（位于P键的右侧）。按左括号键使画笔大小变小，按右括号键使其变大（如图所示）。

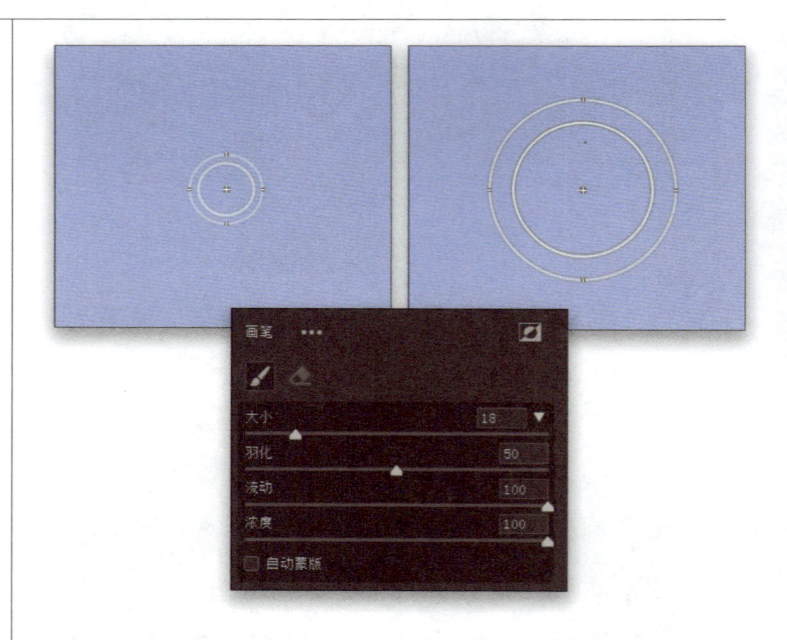

(2) 一种快速更改画笔大小的方法

另一种非常方便地更改画笔大小的方法（除了拖动"大小"滑块或按括号键）是按住Option（PC:Alt）键右击并在图像上向左或向右拖动，您将实时看到画笔的大小调整。

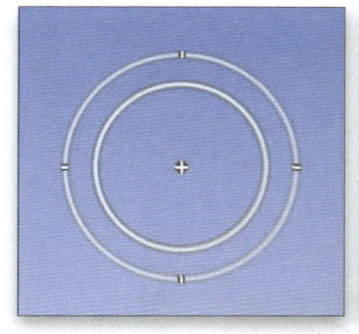

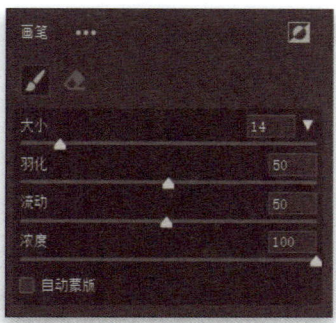

(3) 羽化、流动和浓度

有三个画笔选项（除"大小"外）很重要："羽化"是画笔边缘的柔软度（数值越高，画笔边缘就越柔软、混合得越多）。画笔中的第二个圆圈显示了您已应用的"羽化"量。第二个圆离边缘越近，画笔边缘就越硬。如果"流动"设置为100以下，则可以在绘制时让画笔"堆积"起来，有点像喷漆或喷枪。因此，如果在"流动"设定为20的情况下绘制，笔画会变得越来越暗，以此类推，直到其变为100%实心。可以通过降低"浓度"量来限制在一个区域上绘制的次数（这样它永远不会达到100）。

(4) 如果弄乱或在线条外作画，使用橡皮擦

如果您在某个东西上作画，并在一个无意的区域上作画（例如，在左边的烟囱上作画时，您可以看到红色延伸到我意外作画的天空中），那就是您伸手去拿橡皮擦的时候。您可以单击"画笔"面板顶部的"橡皮擦"图标切换到它，但按住Option（PC:Alt）键会更快，它会暂时将您切换到"橡皮擦画笔"，这样您就可以消除错误（如图右侧所示，我正在擦除溢出部分）。注意，您不必打开红色色调覆盖来完成这项工作，它只是更容易看到您在用它做什么。您可以通过单击橡皮擦图标并移动其选项滑块来选择橡皮擦画笔的设置，或者单击面板顶部的三个点并选择单独的橡皮擦设置，使其与您的画笔设置相同。

光线绘画（提亮与变暗）

我们的另一个主要蒙版工具是画笔工具，它可以让我们在想要的地方"用光作画"。简单地说就是使某些区域被提亮，使另一些区域变暗。您可以用这个画笔做更多的事情，而不仅仅是提亮和变暗，但这主要是我们用它做的，所以我们从那里开始。

第一步：
这是未经编辑的原始图片。有些区域很暗（例如右边的长椅），有些区域太亮（例如天花板和后面的柱子）。这就是为什么能够"用光绘制"以更好地平衡场景中的整体照明是如此美妙。要执行此操作，单击"蒙版"图标（M，工具栏顶部的第四个图标）以显示蒙版工具，然后选择"画笔"工具（K，如图所示）。画笔的工作方式有点奇怪，一旦您习惯了它，您就会真正喜欢它。将滑块拖动到随机量（更亮或更暗），在您想要调整的区域上绘制，然后回到滑块并输入正确的调整量。

第二步：
让我们从照亮右边的长椅开始。向右拖动"曝光"滑块（一开始选择多少并不重要），然后在长椅上绘制以使其变亮。由于我们在绘制之前移动了"曝光"滑块，所以我们不会看到红色色调，因为我们不需要它——我们会在绘制时看到变亮。如果您错过了，则勾选"蒙版"面板底部的"显示叠加"复选框。绘制后，增加"阴影"滑块，然后降低"对比度"滑块，使它们看起来更像左边的长椅。我这样做是为了帮助平衡图像中的光线（将这里的长椅与第一步中的长椅进行比较）。

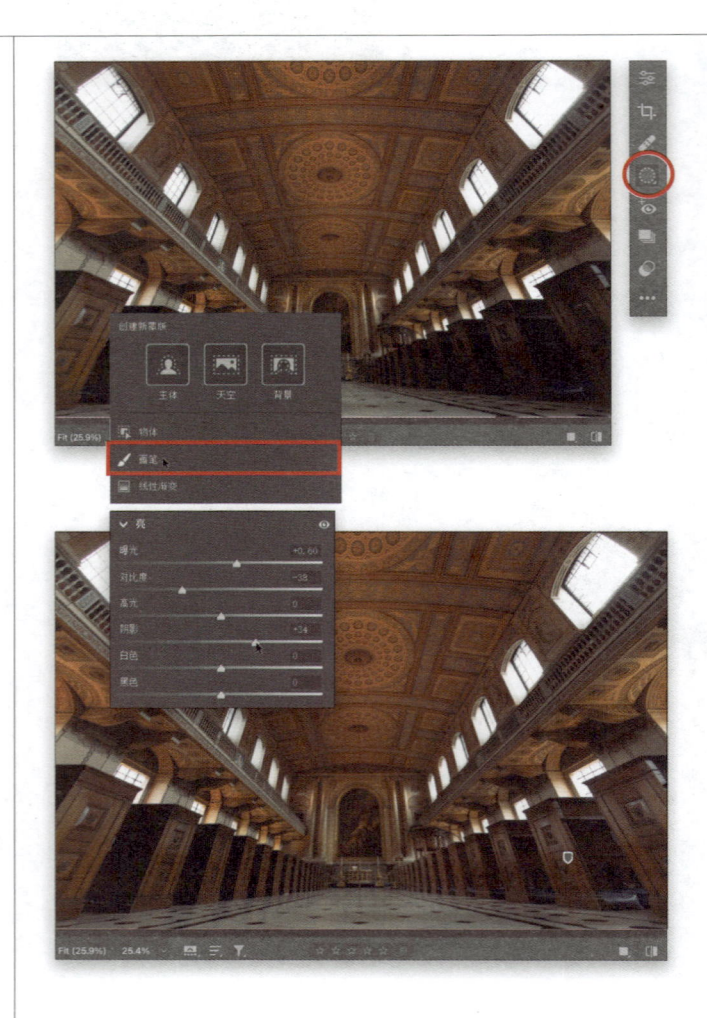

第3章 面具(蒙版)奇迹

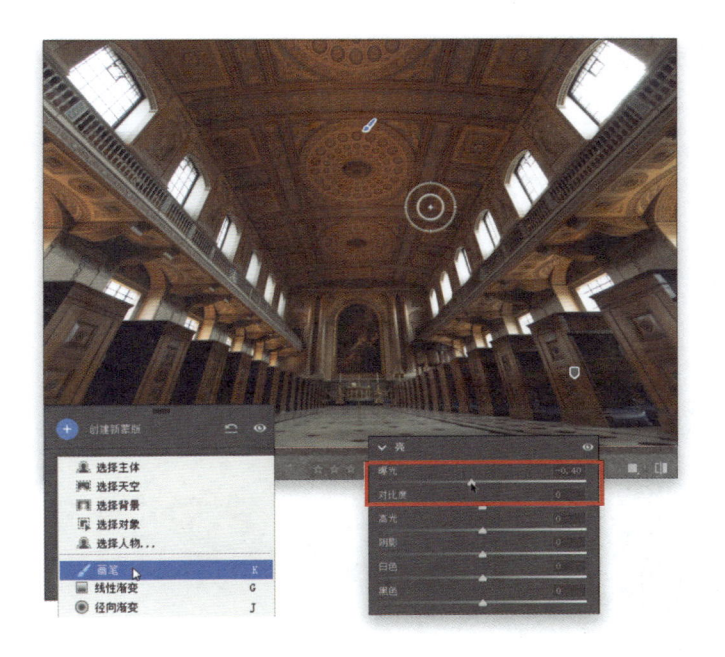

第三步：
把祭坛两侧的天花板和柱子调暗一点。在"蒙版"面板中单击"创建新蒙版"按钮，然后在弹出菜单中选择"画笔"选项。首先将"曝光"滑块向左拖动一点（可能从-0.50左右开始），然后在天花板和柱子上绘制（如图所示）。这背后的整个想法是，您选择一个曝光的起始位置，然后在这个区域上作画，然后在事实发生后输入合适的量，这就是我在这里所做的，将-0.50减至-0.40。

TIP：如何删除编辑图钉
如果您想从一个区域中移除一个图钉，只需单击它并按Delete（PC:Backspace）键。

第四步：
添加第三个蒙版来照亮祭坛上方的画作。创建另一个新的蒙版，选择"画笔"选项，将"曝光"增加到+0.50，然后在绘画上绘制以使其变亮。您可以在此处看到三个编辑图钉，它们标记了我们蒙版的三个区域：长椅、天花板和柱子，以及绘画。（注意，如果没有看到三个图钉，在"蒙版"面板的底部单击"显示叠加"复选框右侧的三个点，然后选择"显示未选定的蒙版图钉"选项。）要重新编辑其中任何一个图钉，只需单击图钉，其滑块就会立即就位，可以进行编辑。如果要查看绘制的区域，只需将光标悬停在"编辑图钉"上（如图所示）。当您把光标移离那个图钉时，它会隐藏红色蒙版，您的图像看起来很正常。不管怎样，这些都是一些非常微妙的提亮与变暗动作，但您可以看到它产生了影响，甚至现在您知道怎么做了。

087

画笔令人惊叹的自动蒙版功能

使用"画笔"工具进行蒙版时,有时很难在线条内部绘制,这就是"自动蒙版"功能的用武之地。它可以感知您正在绘制的区域的边缘,即使您的画笔的外部延伸到您正在绘制区域的外部,它也不会溢出到另一个区域,只要您遵循使其全部工作的简单规则即可。

第一步:
如果您抓住"画笔工具"(K)来创建您的蒙版,向左拖动"曝光"滑块,并开始在海滩上的沙子上作画,使其在这里的曝光变暗,当您的画笔到达人行道时,您的曝光会溢出到它身上(如图所示,我打开了红色覆盖层,所以您可以清楚地看到它是如何溢出的)。这就是"画笔工具"的"自动蒙版"功能的美妙之处——它可以帮助您在线条内部绘制,并防止您在人行道上绘制。

第二步:
通过勾选"画笔"面板底部的"自动蒙版"复选框,可以启用此蒙版画笔功能(如图所示)。打开"自动蒙版"后,它可以感知事物的边缘在哪里,防止您意外地在其他区域作画,例如人行道,在那里您可以看到它实际上把蒙版停在了人行道的边缘。

第3章 面具(蒙版)奇迹

第三步:
看看画画的地方。您可以看到画笔的边缘延伸到人行道上,但我们的曝光变暗是停留在线条内部,只是将变暗应用到我正在绘画的沙子区域。成功使用它的诀窍是知道它是如何工作的。画笔中心的小加号(+)图标决定了在绘制时哪些内容会受到影响,所以,加号经过的任何区域都会被涂上油漆。如果画笔的外侧边缘偏离沙子(就像我在这里所做的那样),也没关系,只要中心的加号没有偏离边缘。把加号盖在沙子上,沙子通常不会溢出来。

第四步:
这里有一个提示:为了从画笔中获得最佳性能,只有当您接近某个东西的边缘时才启用"自动蒙版",而不是当您在大面积(如海滩或天空)上绘制时,因为它在绘制时所做的疯狂数学运算会大大减慢画笔的速度。您可以根据需要按W键来打开/关闭它。

去除杂色的好方法

一般我不喜欢去除杂色，原因有两个：它基本上会模糊您的图像以隐藏杂色；除了其他摄影师之外，没有人注意到杂色。但是，如果我觉得这真的非常必要，我就是这样做的，因为我不想仅仅为了消除阴影区域中的一些可见杂色而模糊我的整个图像（这是通常会发现杂色的地方）。使用这种方法，我只在最需要的地方应用去除杂色，图像的其余部分不会变得模糊。

第一步：
这条走廊比看起来暗得多（这就是为什么我不得不用一台没有很好地拍摄高ISO的相机以高ISO拍摄它）。如果放大，您会看到杂色，尤其是在地板和墙上。当您将阴影打开一点或很多（使用"阴影"滑块或"曝光"滑块，或两者都使用）到图像正确曝光的位置时，您会看到所有的杂色。所以如果我必须减少图像中的杂色，我只会在需要的区域减少杂色（较亮的区域不会显示太多杂色），而不会将其应用于整个图像。

第二步：
按K键以获取"画笔工具"并创建蒙版。在"细节"面板中将"减少杂色"滑块向右拖动一段距离，然后在地板和墙壁上嘈杂的黑暗区域上进行绘制。我们的目标是找到这个滑块的最佳位置，在那里这些区域现在明显杂色更小，但也不太模糊。因此，在区域上绘制后，来回拖动滑块几次，看看是否能找到最佳点。另外，不要忘记其他滑块。在去除杂色中绘制后，如果看起来太模糊，可以添加一些锐化（拖动"锐化程度"滑块），或者向左拖动"曝光"滑块使这些区域稍微变暗，这也有助于隐藏杂色。

白平衡绘画

这是您可能不会想到的事情之一，但它不只一次拯救了我的培根。像这样绘制颜色的能力可以成为一个真正的图像保护程序。例如，当您在自动白平衡中拍摄时，它会很有帮助，除非您的拍摄对象处于阴影中，因为它们最终会变成蓝色（这就是自动白平衡在相机上的工作方式）。这就是为什么有一个阴影白平衡设置——它使颜色变暖以抵消蓝色色调。以下是如何解决这个问题的方法，前提是您没有将白平衡设置为阴影进行拍摄。

第一步：
图片中拱门上方的区域是蓝色的（是用自动白平衡拍摄的），而图片的其余部分看起来非常温暖。这就是在某些区域绘制白平衡的能力非常有用的地方，按K键可以获得"画笔工具"并创建蒙版。

第二步：
在"颜色"面板中将"色温"滑块向右拖动到黄色（此处，我拖动到+50），然后开始在拱门上方的蓝色区域上绘制。当您这样做时，它会使该地区变暖。如果开始绘制时还不够（它看起来仍然是蓝色的），向右拖动"色温"滑块。这里有一个前/后对比，您可以看到差异，以及用白平衡绘画是如何平衡颜色的。

编辑背景

您已经学会了如何让Camera Raw自动蒙版您的拍摄对象,这样您就可以调整拍摄对象的亮度并调整您想要的任何其他设置,但如果您想要相反的设置呢?如果图像中需要调整的不是您的主题,而是背景,该怎么办?只需单击一下。

第一步:
这是我们要处理的图像。我觉得背景有点太亮了,而且颜色有点平淡。在右侧的工具栏中单击"蒙版"图标(M,顶部的第四个图标,它是一个灰色圆圈,周围有一条白色虚线)以显示蒙版工具,然后单击"背景"图标(如图所示)。

第二步:
单击"背景"图标时,Camera Raw为您蒙版的区域(即整个背景)上会出现红色色调(如图所示)。

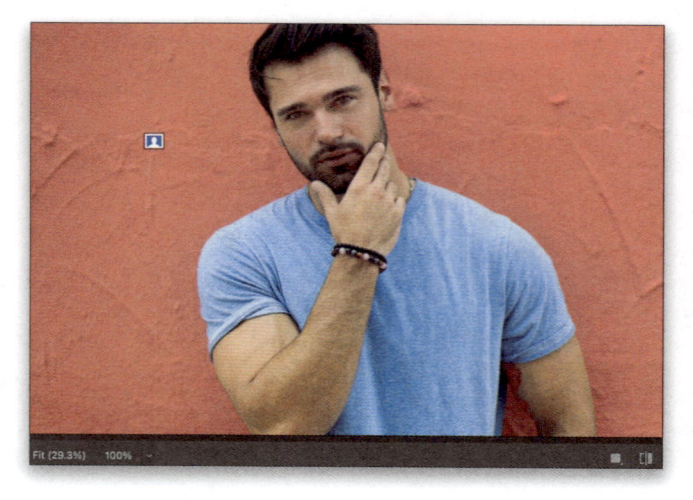

第3章 面具(蒙版)奇迹

第三步：
现在选择了背景，要使其变暗，只需将"曝光"滑块向左拖动（此处，我将其拖动到-0.75）。

第四步：
在"颜色"面板中向右拖动"色温"滑块来将颜色提升一点，以在背景中添加更多黄色（这里将其拖动到+35）。这就是使用人工智能蒙版编辑背景的简单程度。

使用色彩范围蒙版调整单个颜色

您已经了解了"亮度范围"蒙版,在该蒙版中,您可以根据其高光和阴影区域选择要蒙版的区域,但也可以根据颜色使用另一种类型的蒙版,称为"色彩范围"蒙版。它非常适合改变任何东西的颜色,或使颜色更亮或更暗(它非常适合选择天空——您只需单击并拖动天空中的矩形选择——但我无法再为天空做另一种技术)。在这里,我们将使用"色彩范围"蒙版来更改受试者上衣的颜色。

第一步:
这是我们想要改变受试者上衣颜色的原始图像。在右侧的工具栏中单击"蒙版"图标(M,顶部的第四个图标——它是一个灰色圆圈,周围有一条白色虚线),以显示蒙版工具。在底部单击"范围"下拉按钮,然后在下拉列表中选择"色彩范围"选项(如图所示)。"深度范围"在这里是灰色的,因为它只适用于文件中包含深度图的图像(通常来自手机)(例如在人像模式下拍摄的iPhone照片,以获得浅景深效果)。

第二步:
选择"色彩范围"选项时,光标将变为滴管,因此可以对要制作蒙版的颜色进行采样。您只需要把光标移到图像上,然后单击她衬衫上的某个地方。但是它只是对您的滴管下的颜色进行采样,这就是为什么我觉得我们通常会通过单击并拖动一个矩形选择来获得更好的结果,在我们想要改变的颜色区域上,就像我在她交叉的手臂下面做的那样。通过拖动该矩形,它包含了我们希望包含在"色彩范围"蒙版中的更多色调。

第3章 面具（蒙版）奇迹

第三步：
当您发布您的选择时，它会掩盖您图像中的任何颜色（如图所示），它掩盖了她的整个衬衫（上面有红色）。如果出于任何原因，您没有选择足够宽的颜色区域，您可以通过向右拖动"调整"滑块（在"色彩范围"面板中）来优化此蒙版并增加其蒙版的颜色量——向右拖动会使其选择更多的颜色；向左拖动会使其选择更少的颜色。如果您最终把它拖到右边，注意它不会开始在她的衬衫（或您试图改变颜色的任何物体）之外的图像中选择其他类似的颜色。

TIP: 可以添加多个滴管
您不局限于仅使用一个滴管对颜色进行采样。您可以按住Shift键，最多添加四个不同的区域来采样颜色，这些颜色将添加到"色彩范围"蒙版中。

第四步：
一旦您选择了她的衬衫，改变颜色也非常简单。在"颜色"面板中的"色调"渐变，将其滑块拖动到您想要的任何颜色（如图所示，我将其拖动到右侧，将她的红色上衣更改为绿色）。一旦您开始拖动滑块，当然红色色调覆盖就会消失，所以您可以清楚地看到您选择的颜色。记住，您也可以使用这项技术添加到现有的蒙版上，或者从您已经准备好的蒙版上减去（我们可能想在这里做这件事，因为它遮住了她的嘴唇，背景中还有一辆汽车，并将其变成了绿色）。

095

选择一个不是主体的对象

我们知道我们可以用Camera Raw来掩盖我们的主体、掩盖天空、掩盖背景。但是，如果您的图像中有一个物体您想调整，但它不是您的主体、天空或背景，那么还有另一个人工智能蒙版。

第一步：
在这张图中，我们想让左边大圆顶的绿色部分更暗。如果我们选择"主体"蒙版，它将选择所有建筑的整体（基本上，它会选择除天空以外的所有建筑），这就是为什么"选择对象"工具非常方便的原因，因为它适用于我们只需要选择一个区域的情况。要获得这个基于人工智能的工具，在右侧的工具栏中单击"蒙版"图标（M，顶部的第四个图标，它是一个灰色圆圈，周围有一条白色虚线）以显示蒙版工具，然后在顶部单击选择对象（如图所示）。

第二步：
有两种方法可以使用这个工具：一种方法是在您想要选择的区域上绘制。第二种方法是在打开"自动蒙版"的情况下使用"画笔工具"。这就是为什么我非常喜欢转到"物体"面板，在那里顶部有两个工具图标：第一个是使用画笔进行选择，第二个是矩形选择图标（此处用红色圈出），用于通过单击并拖动想要蒙版的对象周围的矩形来进行选择。单击此图标，然后单击并拖动大圆顶的绿色部分（如图所示）。

第3章 面具(蒙版)奇迹

第三步：
这个工具很聪明。它使用人工智能来判断您想要选择什么，并为您屏蔽它。我一直对它的效果感到惊讶，正如您在这里看到的（红色），当我松开鼠标左键时，它立即选择了圆顶的大部分，其他一切都没有被掩盖。

TIP: 快速删除所有蒙版
在"创建新蒙版"面板的右侧，您将看到一个向下的左箭头图标。如果您想删除所有蒙版并重新开始，那就是要单击的按钮。

第四步：
现在我们只选择了左侧的一个大绿色圆顶，我们可以转到调整滑块，向左拖动"曝光"滑块（到−0.80）以使中间色调变暗，向左拖动"黑色"滑块（到−26）以增加阴影区域中的黑色数量。当您在这里时，继续单击"创建新蒙版"按钮，选择"选择对象"选项，然后尝试使用此工具选择此图像中的其他区域。您可以选择任何一扇窗户，绿色圆顶表面的装饰物、左边圆顶顶部的整个尖顶、钟面。

097

关于蒙版的其他五件事

在我们继续下一章之前,这里有一些关于蒙版的更方便的小功能和技术。

(1) 可以同时增加或减少所有调整

这是一个非常棒的功能,因为它允许您降低(或增加)使用蒙版调整滑块所做编辑的强度。但是,这一个滑块不必将每个滑块降低适当的量,而是将它们全部降低,这非常方便(尤其是当您在查看编辑时,觉得自己做得有点过火时——您可以将滑块全部向后拉一点)。"数量"滑块位于"亮"面板的正上方(如图所示)。

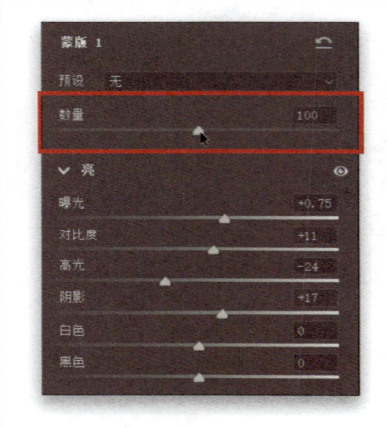

(2) 更改红色

如果您喜欢红色色调叠加,但您正在处理一个有很多红色的图像(例如红衣主教、红色汽车或坐在红色汽车上的红衣主教),您可能看不清楚这种色调,您的第一个想法可能是您必须换成不同的蒙版视图,但实际上您可以将红色色调叠加更改为几乎任何您想要的颜色。您可以在"蒙版"面板中通过勾选"显示叠加"复选框来执行此操作,该复选框会在其右侧显示一个红点(此处用红色圈出)。单击红点,调出"蒙版叠加颜色"选择器,在那里您可以单击您想要的任何叠加色调。若要将颜色重置为红色,请将滴管光标向上拖回到颜色选择器的右上角。

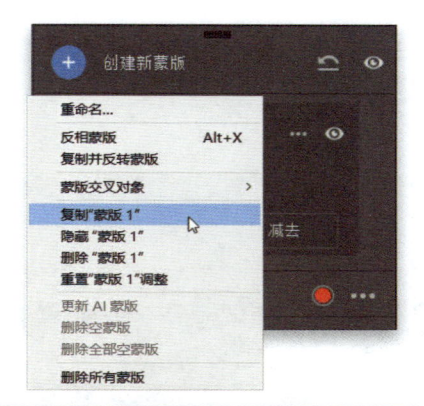

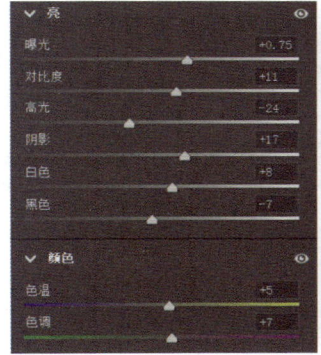

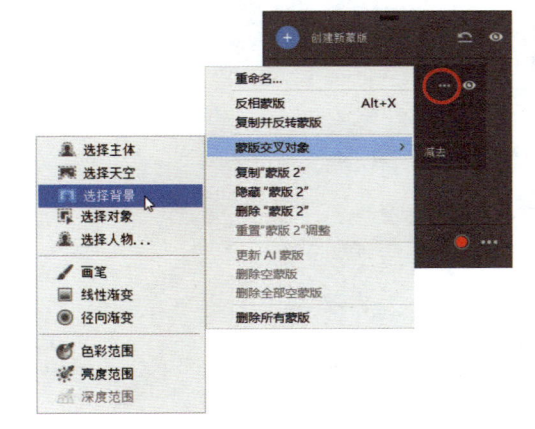

(3) 复制和移动蒙版

如果您有一个蒙版，并且您想要一个蒙版的副本，那么也许您可以在同一张图像中的其他地方使用它，在"蒙版"面板中单击您想要复制的蒙版名称右侧的三个点，然后在弹出菜单中选择"复制蒙版"选项（如图所示）。复制后，可以单击"编辑固定"按钮并将蒙版拖动到图像中所需的任何位置。注意，您不必复制一个蒙版来移动它。您可以随时单击并拖动它的"编辑图钉"。

(4) 一次重置所有滑块

如果您正在使用某个蒙版工具，并且您想将所有滑块（如左图所示）重置为零（如右图所示），并使用该工具从头开始调整，按Command+Options+R（PC:Ctrl+Alt+R）组合键即可。

(5) 将一个蒙版与另一个蒙版相交

如果有一个蒙版，并且要将其与另一个蒙版相交（留下两个蒙版重叠的区域作为结果蒙版），在"蒙版"面板中将光标悬停在要相交的蒙版上，然后单击最右侧显示的三个点。在"蒙版交叉对象"下选择要使用的蒙版工具与当前蒙版相交（如图所示，我在其中选择了"选择背景"以与当前蒙版交叉）。

Exposure: 1/320 sec | Focal Length: 30mm | Aperture Value: ƒ/4.0 | ISO: 100

第4章
校正透视问题

考虑到如今镜头的价格飞涨，您可能会认为大型相机和镜头公司已经解决了我们多年来一直在处理的所有引人注目的镜头问题。晕影、桶形失真和色差这样的事情应该成为过去，但事实并非如此。您知道我们要做什么吗？没错——买一个更贵的镜头。但是，镜片很有可能会出现与旧镜片相同的问题。这是因为整个国际镜片市场都由一个强大的国际镜片卡特尔控制。从2010年的电影《镜头的黑暗面》（Dark Side of the Lens）开始，人们就已经广泛地记录了这一点。IMDb.com将这部电影描述为"对著名冲浪摄影师米基·史密斯（Mickey Smith）的思想和世界的惊人视觉洞察。"当然，他们希望您这么想，但如果您真的看了这部电影，我想您会同意，不成文的潜台词叙事实际上是这部电影："这是一场爆炸性的揭露，揭露了一个以分裂的前苏联乌尔济克斯坦共和国为基地的腐败镜头卡特尔的卑鄙软肋，揭开了这个曾经秘密的社会的面纱，这个社会隐藏的仪式和与光明会的联系揭示了对我们神圣的一切的生存威胁，包括桶形失真、色差和晕影的真正修复。至少，这就是我从中得到的。《镜头的黑暗面》是一部必看的电影，但如果您准备进行一些网络侦查，并且您愿意在这个兔子洞里再深入一点，那么接下来您就得看2021年的纪录片《镜头中的水獭》，它是这样描述的："马尔岛是英国最大的岛屿之一，也是欧洲最大的欧亚水獭种群之一的家园。这部纪录片通过几个序列，每个序列都提供了不同的视角，深入探讨了这个迷人物种与人类之间的复杂关系。"《镜头中的水獭》纪录片实际上是"一场爆炸性的揭露，揭露了一个以分裂的前苏联乌尔济克斯坦共和国为基地的腐败镜头卡特尔的卑鄙软肋。"我不得不说，这两部相隔11年多拍摄的电影之间令人不寒而栗的相关性非常显著。您无法将其解释为巧合。总之，这就是为什么我们不能拥有美好的事物。

一些常见镜头问题的一键修复

我们的镜头会引起各种各样的图像问题，例如镜筒和枕形失真（您的图像看起来像是向观众向外弯曲，或者直线看起来像是向内弯曲）、图像角落变暗（由镜头或滤镜引起）和色差（沿着物体的边缘出现紫色或绿色条纹），它们真的会破坏一个好的图像。如果您使用最新的无反光镜相机进行RAW拍摄，其中一些问题会自动解决。无论哪种方式，它们都很容易修复，但它们仍然非常重要。我们将首先从最简单的事情开始：应用内置的镜头轮廓。

第一步：
这张照片有一些我们正在讨论的镜头问题（还有一些其他问题，例如它弯曲了，但遗憾的是，我不能把这归咎于镜头）。看一看图像角落里变暗的部分。这种边缘晕影是由镜头引起的。另外，看看地板。它不仅扭曲，而且弯曲，这就是我们在介绍中谈到的桶形失真。对于这样的镜头问题，Camera Raw中内置了一个镜头校正数据库。它会查看相机嵌入的EXIF数据，因此它确切地知道您使用的是哪种品牌和型号的镜头，您所要做的就是应用校正（如果您不是在拍摄自动应用的无反光镜机身）。

第二步：
在"光学"面板"配置文件"选项卡中，勾选"使用配置文件校正"复选框（如图所示）。只要勾选一个复选框就可以解决两个镜头的问题。现在看看角落（黑暗消失了），看看地板（它不再弯曲，很直，尽管它仍然不水平，但这是由于我拍摄时没有调平相机造成的。此外，"镜头轮廓"弹出菜单下方的两个"校正量"滑块用于微调结果（即角落需要多一点亮度）。

第4章 校正透视问题

第三步：
更改照片，这样我们就可以看看在这种情况下该怎么办，在这种情况中，我们的角落变暗，图像中出现桶形失真（看看地平线的曲率），但勾选"使用配置文件校正"复选框时，Camera Raw无法自动找到镜头轮廓，或者图像没有任何嵌入的EXIF数据（例如，如果您试图修复扫描的图像，或者从另一个文档复制粘贴的图像）。请查看此处的"镜头配置文件"弹出菜单。找不到Camera Raw此图像的配置文件，因此"建立"弹出菜单设置为"无"，"机型"和"配置文件"弹出菜单变灰。"校正量"滑块下方也有一条警告。这只是意味着您必须告诉Camera Raw您用了什么设备来拍摄照片，从而帮助它摆脱困境。

第四步：
从建立弹出菜单中，选择您用来拍摄的镜头品牌（在这种情况下，它是用佳能14mm镜头拍摄的，所以我选择了佳能）。您告诉它品牌，它就会找到轮廓并应用。但它在选择轮廓时并不总是100%准确，在这种情况下，它没有为我的14毫米镜头选择轮廓，而是选择了15毫米鱼眼的轮廓，结果看起来真的很糟糕。如果发生这种情况，我们该怎么办？单击"机型"弹出菜单，调出它认为可能是的内置配置文件，这样您就可以尝试哪一个看起来最好。在这里，我尝试了所有这些，修复晕影和桶形失真的是菜单上的最后一个——18-55毫米f/3.5-5.6 IS镜头（它修复了边缘晕影，现在地平线是直的）。您可能不会经常遇到这种事情，但如果您遇到了，现在您知道该如何处理了。

103

DIY解决其中两个镜头问题

您刚刚学会了自动解决镜片问题的方法，但还有另一种方法非常有效，需要您自己手动完成。因此，如果您不喜欢自动修复，或者只想完全控制整个过程，看看下面是如何做到的。

第一步：
这是另一张与我们讨论过的镜头问题相同的照片（同样，它是弯曲的，但我们稍后会学习如何修复）。门框有枕形失真，线条向内弯曲，它们应该是直的。要解决此问题，在"光学"面板中单击"手动"选项卡（如图所示）。

第二步：
向左拖动"扭曲度"滑块来消除向内弯曲，通过向外稍微弯曲来抵消向内弯曲（只需向左拖动它，直到框架顶部的线条看起来笔直，如图所示，我将其拖动到–8）。

第三步：

这是另一张图像，它有我们讨论过的另一个镜头失真问题——桶形失真，它看起来就像您的图像中的东西向外弯曲。看看左边的Before图片中的粉红色建筑，您可以真正看到它是如何向外弯曲的。手动修复与枕形失真几乎相同，但在"光学"面板的"手动"选项卡中，将"扭曲度"滑块向右拖动，而不是向左拖动（如图所示，我将其拖动到+18）。我基本上所做的是，我试图拉直图像中当前向外弯曲的任何物体，这些物体应该是直的，例如屋顶线或水线。

TIP:之前/之后对比

下面是调整前后的对比效果，现在看看之前图像中的粉红色建筑，尤其是它的屋顶线（以及其他建筑），它现在是直的，因为我们将"扭曲度"滑块向右拖动以消除向外的弯曲。

之前

之后

如果对象正在倾斜，如何使其直立

如果照片中的物体（如墙壁或柱子）看起来倾斜（非常常见，尤其是用广角镜头拍摄时），有两种不同的方法可以让这些物体恢复直立：使用直立功能的自动方法和手动方法。我们将从自动方法开始，通常一键修复即可（目前为止，它是我使用最多的方法，我想您也会这样做）。

第一步：
这是一张广角图像，您可以看到内墙、窗户等向后倾斜（图像底部较大，顶部较窄）。幸运的是，只需单击几下就可以修复这类问题。在"光学"面板中的"配置文件"选项卡中勾选"使用配置文件校正"复选框（如果已应用配置文件校正，则"直立"功能效果更好）。

第二步：
在"几何"面板中您将看到顶部的"直立"选项（作为一系列按钮）。我使用最多的选项是Auto按钮（A图标，此处圈出），因为它提供了最平衡的修复。第三个图标是水平按钮，如果可以的话，可以拉直您的照片。第四个和第五个图标是垂直和完整按钮，似乎会对您的图像进行过度校正。它们在很大程度上有点"过于合法"和不自然，所以我通常不会使用这些。单击"自动（Auto）"图标，您会注意到它会拉直图像（现在在看墙和窗户），而不会破坏其他一切。这种校正的副作用是现在角落里有间隙，图像看起来像是从侧面挤进来的（看起来更窄）。

第4章 校正透视问题

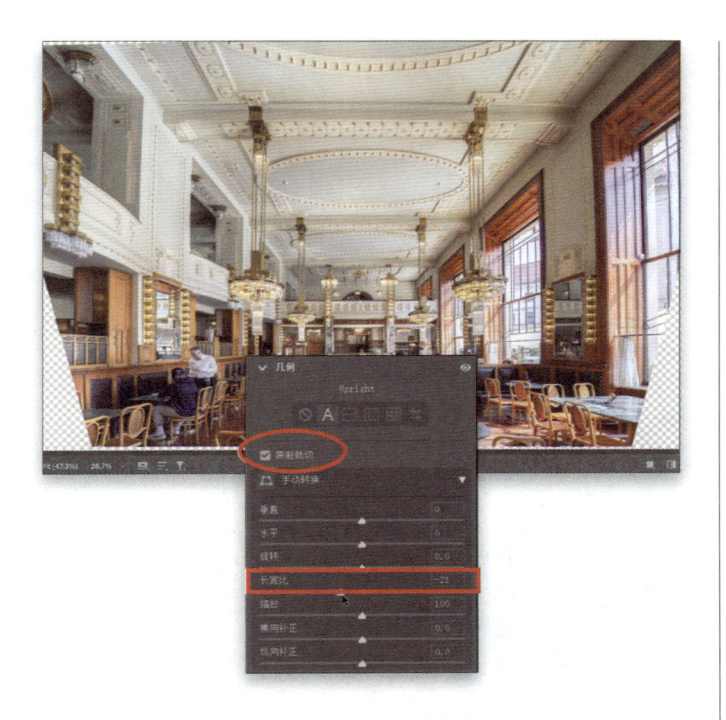

第三步：

让我们修复使用自动直立的这两个副作用。首先，让我们使用一个滑块来修复它"看起来像是从侧面挤进去的"部分。向左拖动"长宽比"滑块会将照片拉伸得更宽，向右拖动则会将其向内挤压。在这种情况下，我们需要将其恢复到原始宽度，所以向左拖动（此处，我将其拖动到 –21）。最后，为了消除角落里的缝隙，您可以使用Photoshop的"内容感知填充"，通过勾选"限制裁剪"复选框来裁剪这些角落缝隙（以及底部的小缝隙），将裁剪掉这些区域（如第四步所示）。

TIP: 应该使用Photoshop的镜头校正滤镜吗

Photoshop中有一个镜头校正过滤器，它具有与Camera Raw相同的一些功能，但我建议在这里进行校正，因为它是无损的，Camera Raw中有其他选项，它要快得多（没有进度条）。

TIP: 之前/之后对比

这里有一个前后对比，您可以真正看到墙壁、窗户和天花板在向前倾斜，在向后倾斜，但它们都被拉直了。提醒：您经常会看到我留下我拍摄的旅行摄影图像，这些图像没有经过校正，柱子向后倾斜。我只是喜欢这样，所以这是一个创造性的选择。大多数时候，我认为这样看起来更好，但在某些情况下，我觉得需要纠正——这取决于图像。

之前

之后

107

Photoshop 数码照片专业处理技法

引导式直立——如果自动直立没有成功

如果您尝试过自动直立校正，但它们似乎都不适合您的特定图像，那么试试引导式直立。方法是手动单击并拖动图像中需要水平直线和垂直直线的部分上的直线。这样，它就知道照片中应该是直的，并根据您放置这些线的位置进行校正（您最多可以在图像中放置四条线）。以下是使用方法。

第一步：

这是我们完全混乱的形象。我不得不穿过一扇高高的金属门拍摄，这样游客就可以看到这座小教堂。要使用引导式直立，在"光学"面板中的"配置文件"选项卡中勾选"使用配置文件校正"复选框（勾选此复选框，直立效果更好）。在"几何"面板中单击"导向"图标（右侧最后一个图标），然后单击并沿着图像中应该是直的物体拖动（在这里，我沿着右侧的列垂直向上拖动以添加参考线——看到红白虚线了吗？我在它旁边添加了一个红色箭头，以帮助您看到我拖动的位置）。在这一点上，什么都没有发生，在它开始之前，您需要添加第二条参考线。

第二步：

单击并沿着图像中应该垂直的其他物体拖动第二条参考线（在这里，我沿着左边的列拖动，这产生了很大的不同）。我们还没有完成，我们仍然有水平向导要到位，但这是一个良好的开端。一旦参考线就位，您可以单击并拖动它们来重新定位，您也可以单击小圆圈并拖动它们以在事后改变它们的角度，看看这对您的矫直有何影响。

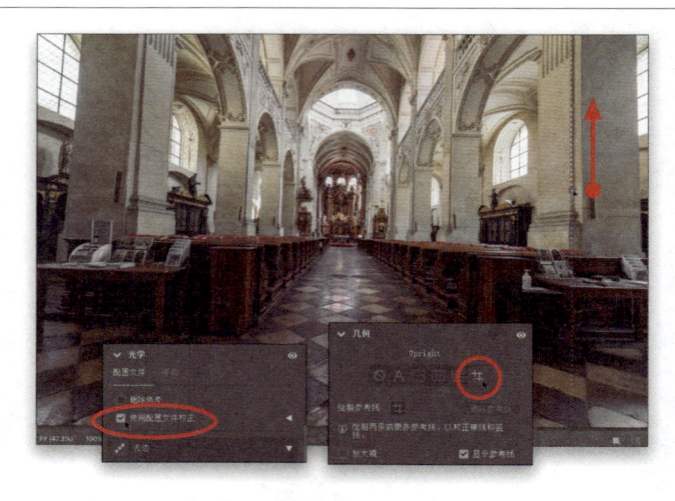

▶ 108

第4章 校正透视问题

第三步：
沿着应该是水平直线的物体拖出一条水平参考线（先做水平还是垂直引导并不重要）。在这里，我在地板上拖动了一条水平参考线（绿色虚线）。我认为这些瓷砖应该是直的，所以我用我的参考线（如图所示）将它们直接穿过菱形的中心，当它纠正时，您可以立即看到差异（您实际上不需要添加第四条参考线才能使其工作）。

TIP: 删除辅助线
如果您拖动了一条参考线，但对它的位置不满意，或者只想重新开始，您可以通过单击来选择它，然后按Delete（PC:Backspace）键将其完全删除。

第四步：
把第四条参考线（最多只能有四条）拖过过道，因为末端的两列看起来不直。如果您看一下前面的步骤，您可以看到它们是有角度的，但在这里它们被纠正了。如果您想从头开始，单击"清除参考线"按钮（如上图所示），它会为您删除所有参考线，这样您就可以再试一次。我以前不得不多次清理指南，并尝试在照片中拖动不同的物体，所以如果物体看起来不太好，不要犹豫，重新开始。此外，在许多情况下，更正会在需要裁剪的角落留下空白，或者更有可能使用"内容感知填充"来填充。

去除色彩边缘（色差）

色差是透视问题的一个奇特名称，它会在照片中物体的边缘产生一条彩色条纹。这条条纹出现在您的图像上，呈紫色、品红色或霓虹绿，有时两者都有，但一直都很糟糕，所以让我们去掉它。Camera Raw有一个内置的修复程序，效果很好。

第一步：
打开一张有色差迹象的照片。如果它们要出现，它们通常就在图像中有很多对比度的边缘（例如沿着这座大教堂两侧窗户的边缘）。在这么小的尺寸下，您不会注意到色差，但当您放大或打印图像时，它们会非常突出。

第二步：
按Z键获取"缩放工具"，放大您看到的边缘或认为边缘可能相当明显的区域（在这里，我在大教堂右侧的一个窗框上尽可能放到最大。我在第一步中用红色矩形标记了该区域，这样您就可以看到我放大的位置）。现在，您可以清楚地看到沿着这个边缘出现的绿色色差。要删除它，在"光学"面板的"配置文件"选项卡中，除了应用配置文件校正外，消除色差也是我们在该面板中要做的事。

第4章 校正透视问题

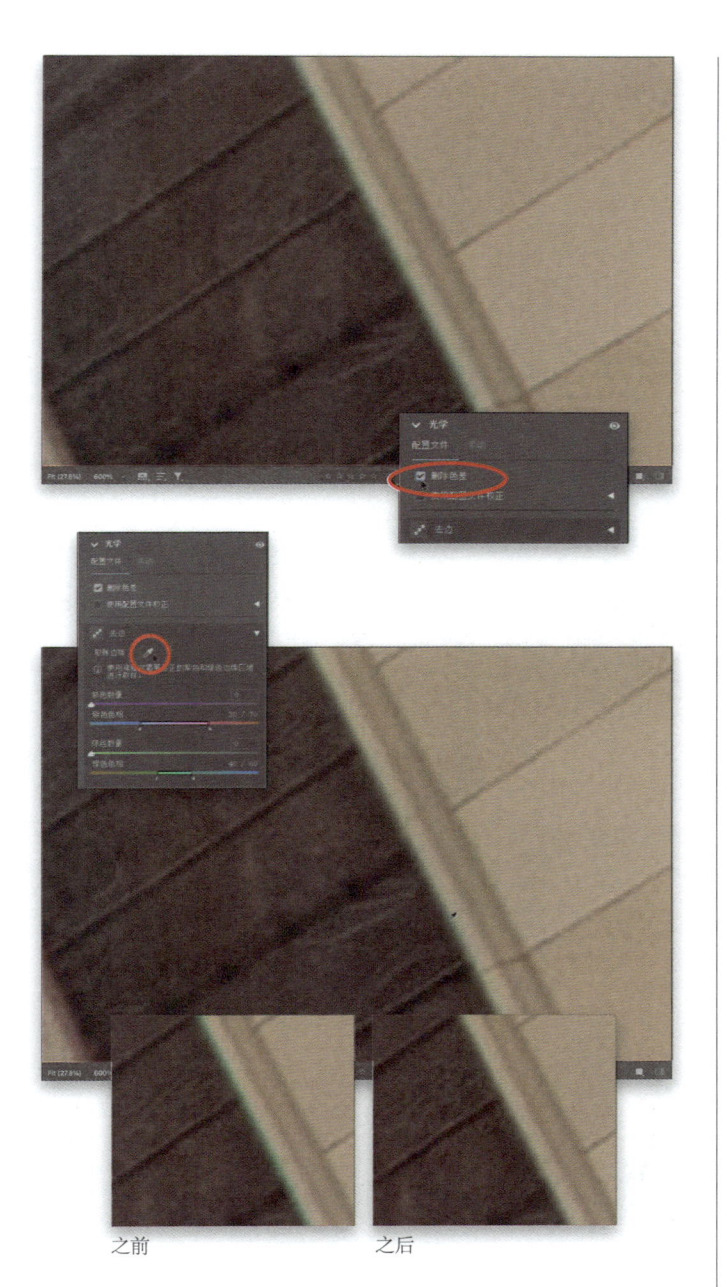

第三步：
在许多情况下，您所要做的就是勾选"删除色差"复选框（如图右下所示）——Camera Raw根据您的镜头品牌和型号移除彩色条纹，它从您拍摄时嵌入图像的元数据中学习到这一点。如果由于某种原因，图像仍然需要更多的校正（在这里，它是"好的"，但不太好——您仍然可以看到一些绿色条纹），取消勾选该复选框，因为您将使用去边控件（在"光学"面板的底部）手动删除条纹。首先，单击去边右侧的白色左三角形，以显示其余滑块。

第四步：
单击"取样边缘"图标（此处圈出），然后直接单击一些绿色边缘，它不见了，就这么简单。如果它没有全部消除，可以通过向右拖动来增加"绿色数量"滑块。如果有紫色或品红色条纹，可以使用相同的滴管工具，如果没有去除紫色，将"紫色数量"滑块向右拖动。小颜色条在那里，以防您只是拖动滑块，而不是使用滴管工具。如果您提高"数量"滑块，但它似乎没有任何作用，可能是因为您尝试删除的颜色不在默认范围内。因此，可以通过向外拖动"色相"滑块来扩展范围。

之前　　　之后

111

修复暗角（晕影）

如果您在看一张照片，照片的角落看起来更暗，那就是镜头晕影的问题。它非常常见（您最终会经常处理它），但很容易消除。不要将此与在外边缘周围均匀地添加变暗相混淆，这是我们有时添加的一种效果，而不是透视问题。我们将其应用于"效果"面板，而不是在此处更正镜头问题的面板中修复此问题。

第一步：

在这里，您可以看到角落里的黑暗区域（这是糟糕的晕影）。这通常是由相机的镜头引起的。要去除角落里的晕影，首先进入"光学"面板（如图所示）。通常，只需勾选"添加配置文件校正"复选框（在"配置文件"选项卡中）就会消除（或基本消除）这种角落晕影，但如果这不起作用（或者您的镜头没有配置文件），那么您会像我们在这里要做的那样手动修复它。因此，单击"手动"选项卡（如图所示）。

第二步：

向右拖动"晕影"滑块，直到角落中的晕影消失。移动晕影滑块后，其下方的中点滑块将可用，但仅用于消除像我们这里所述的简单边缘变暗。该滑块控制晕影修复延伸回照片的宽度，因此向左拖动会开始向照片中心进一步变亮，但晕影并不是真正发生的地方。如果您认为这对修复角落变暗没有那么大的影响，请单击面板右上角的眼睛图标几次，查看之前/之后的效果。

▶ 112

第4章 校正透视问题

解决横向透视问题

我总是告诉摄影师，当他们试图直接拍摄一些物体时，例如建筑物、房子的门，或者任何应该在正中央的物体，一定要确保它们真的就在正前方，否则会遇到水平视角的问题，图像的一侧看起来比另一侧小，或者它们看起来像是朝着一边或另一边向下倾斜。如果这种情况发生在您身上（当然也发生在我身上），下面是如何快速解决的方法。

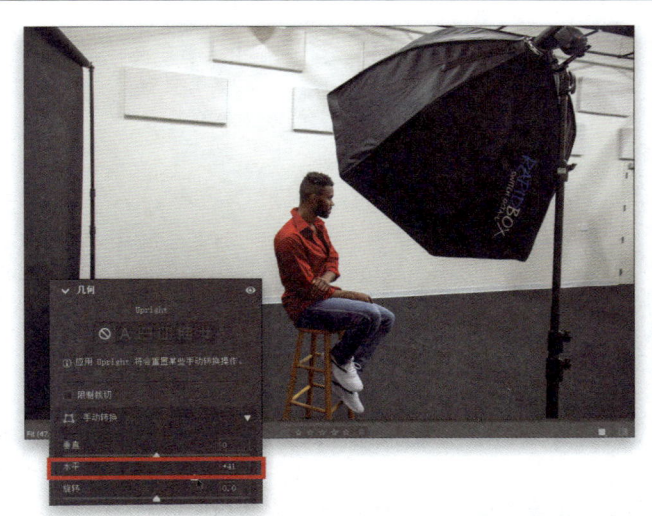

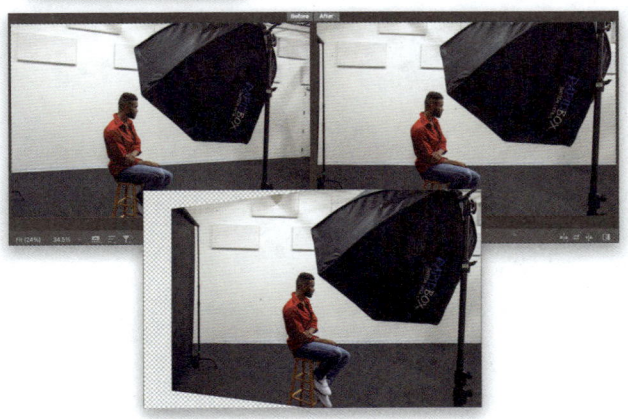

第一步：
这是我拍摄的一张照片的幕后镜头（Jason Stevens拍摄），您可以在这张照片中真正看到我所说的水平视角问题。如果您没有直接面对那堵墙，您可以看到会发生什么。看那墙上的脚板。它不是直的，照片的右侧看起来比左侧小，就像房间向右倾斜一样。要解决此问题，在"几何"面板中，在可以进行的变换列表中，向右拖动"水平"滑块，直到墙看起来平坦笔直（在这里，我必须拖动到+41才能实现这一点）。

第二步：
这是一个之前/之后的对比效果，所以当水平视角固定时，您可以看到差异。当您进行如此大的调整时（您可能不会有像这张照片那样明显的倾斜），您会有一些间隙（参见底部的照片，间隙沿着左上角、侧面和左下角）。但是，您可以执行我在这里所做的操作，即勾选"限制裁切"复选框（如前一步中的插图所示），一键将这些区域裁剪掉，或者您可以在Photoshop中打开图像，并使用"内容感知填充"来智能地填充这些空白。

113

Exposure: 0.4 sec | Focal Length: 28mm | Aperture Value: ƒ/11 | ISO: 100

第5章
图层的使用

第5章这是另一个章节,也是另一个从电影或歌曲中提供隐形章节名称的机会(尽管我认为到目前为止,我们还没有真正以歌曲命名任何章节)。您知道,写章节简介的过程比您想象的要复杂,而且写其中一个章节简介的时间通常比写一章教程的时间长。

教程是否有效并不重要,因为在这一点上,您已经买了这本书(通常情况下,它们根本不起作用,但这不是您买这本书的原因。这是为了这些简介)。

但是,这些章节的引言是复杂的。它们必须经过拼写检查,需要大约70%的语法才能达到大致水平,再加上它们需要逗号之类的东西,坦率地说,它们很麻烦。写这些简介是一个过程,我必须有正确的心态才能以这种低/高的水平写作。

所以,如果您认为当我写这些的时候,我坐在我妻子的艺术工作室里,坐在一把舒适的椅子上,铺着一条毯子,双脚抬起,在一张小边桌上够得着一杯冰上的冷健怡可乐,狗们蜷缩在地板上打盹,背景是温暖的器乐爵士乐Spotify播放列表,阳光在佛罗里达州温暖的一天充满了房间,伙计,您离这儿很远。

这很令人失望,因为我们现在在这里,这是什么,就像第5章一样,我认为现在我们已经很接近了,就像最好的芽一样。好吧,为了让您一窥我的写作生活到底是什么样的(这样我们就可以把它联系起来),以下是我如何写这些简介。

首先,我通常在国家公园,可能是约塞米蒂国家公园,我盘腿坐在树下,穿着一件手工编织的危地马拉潘乔,约塞米蒂瀑布在背景中轻轻咆哮,一只小鹿在捡起我为她精心准备的橡子和苹果后蹦蹦跳跳。我写作的原声音乐是用琵琶演奏的La Compagna的《幻想曲》。我一边品尝野生浆果、核桃和其他健康零食,一边用桦树上雕刻的手工制作的环保杯子从瀑布里啜饮凉爽的淡水。

章节简介写这么多内容的一个原因是我不在笔记本电脑上写作。我专门用Caran d'Ache Ecridor复古钯涂图层自来水笔在厚度为90克/平方米的A4大小的Clairefontaine Triomphe信纸上手写。所以,如果当您想到我写这些章节简介时,您就是这样想的,您完全"理解我"了。我们之间的亲密关系有时很可怕。通常很难知道您从哪里开始,我从哪里开始真相。

图层入门

图层是Photoshop中最强大的功能之一，因为它们可以做很多事情。一个图层可以让您在图像上添加一些东西，并将其放置在您想要的任何位置。例如，如果您想在婚礼书页面上添加一个图形或字体，或者您想将两张照片混合在一起以获得美术效果，您可以通过分图层来实现。此外，从修复问题到特殊效果，我们都使用图层。以下是有关图层如何工作的基本信息。

第一步：
打开一幅图像，如果您在"图层"面板中查看（如果它还没有打开，可以在"窗口"菜单下找到），它将显示为"背景"图层（如图所示）。让我们在这里添加一些文字以显示在我们的图像上。

第二步：
从工具箱中获取"横排文字工具"（T）（如图所示），然后单击图像并开始输入。这将创建一个文字图层，您可以在"图层"面板中看到它（它是堆叠在"背景"图层上方的图层，字母"T"缩略图使您一眼就知道这是一个文字图层）。输入短语"always and forever"（如图所示）。我使用的字体名为Cezanne，但您可以使用任何您想要的脚本字体（您可以从界面顶部的选项栏中选择字体和字体大小。您会看到一个字体弹出菜单和一个大小字段，您可以在那里输入您想要的点大小。您也可以在这里选择颜色）。

116

第5章 图层的使用

第三步：

一旦您将文字放置到位，它就会浮动在背景上方其单独的图层上，因此您可以通过切换到工具箱中的"移动工具"并单击并拖动它来轻松地重新定位它（"移动工具"是工具箱中最顶部的工具）。如果您看一下这里的字体，它的左边有点难以阅读，因为它与沙发融为一体，所以让我们在字体后面放一个白色的条，让它脱颖而出。要添加新的空白图层，单击"图层"面板底部的"创建新图层"图标（此处用红色圈出）。现在，从工具箱中获取"矩形工具"（M），然后单击并左右拖动一个薄而宽的网格。把它比文本大一点，就像您在这里看到的那样。接下来，我们想用白色填充这个矩形，所以我们需要将白色设置为我们的前景颜色。

第四步：

按D键将前景和背景颜色设置为默认设置。使黑色成为前景色，白色成为背景色。但是，我们需要交换这两种颜色，因此白色是前景颜色，黑色是背景颜色（您可以在工具箱底部附近看到它们的样例）。要执行此操作，只需按X键。现在，要用白色填充矩形选择，按Option+Delete（PC:Alt+Backspace）组合键，然后按Command+D（PC:Ctrl+D）组合键取消选择。这个白色条现在覆盖了我们的文字，因为它位于"图层"面板中的"文字"图层的"上方"（新娘图像位于图层堆栈的底部，文字图层位于其顶部，白色条位于文字图层的上方。我们需要白色条出现在我们的文字图层后面，而不是覆盖它，所以我们只需要更改图层的顺序。

117

第五步：
在"图层"面板中单击顶图层（白色条"图层1"），然后将其向下拖动到"文字"图层下方。现在，该文字再次可见，因为"文字"图层位于图层堆栈的顶部（如图所示，在"图层"面板中）。因此，堆叠顺序发生了变化。新娘仍然在"背景"图层上，白色条图层现在在中间，文字图层在上面。让我们继续重命名图层1（白色条），这样更容易跟踪。在"图层"面板中，直接双击"图层1"，它会高亮显示，这样您就可以输入新名称（我把我的名称命名为"White Bar"）。文字图层会自动用您输入的前几个单词来命名，所以除非您真的想重命名，否则不必重命名它们。

第六步：
我们可以将白色条保持为纯白色，但图层的一个好特性是能够改变其"不透明度"。让我们把白色条做得透明一点，这样您就可以看到它后面的图像。它仍然可以让字体更容易阅读，如果它有点透明，它就不会阻挡太多的照片。要执行此操作，在"图层"面板的右上角，您将看到"不透明度"，默认情况下，它的数值为100%，如果您单击其下拉按钮，就会出现一个滑块，您可以将该滑块向左拖动以降低白色条的"不透明度"（在这里，我将其降低到60%）。现在您可以透过白色条看到一点，所以它没有覆盖"背景"图层上的大部分图像。

第5章　图层的使用

第七步:
看起来我们的文字和白色条在图像中可能有点太高了，所以让我们解决这个问题。从"工具箱"中获取"移动工具"（V）（此处用红色圈出），然后在图像窗口中（不在"图层"面板中，它已经是我们的活动层）直接单击白色条并将其向下拖动（如图所示）。要使其完全垂直向下拖动，请在拖动时按住Shift键。接下来，我们将对文字图层执行相同的操作。

第八步:
要移动文字图层，必须在"图层"面板单击该图层，使其成为活动图层（因此，我们现在所做的事情将影响文字图层，而不是我们一直工作的白色条形图层）。单击文字图层后，在"移动工具"仍处于选中状态的情况下，单击并直接向下拖动图像上的文字，使其再次位于白色条上。现在我们已经把它放在下面了，让我们尝试一些不同的方法：如果您把文本向右拖动一点，让它完全覆盖在她的裙子上（就像您在这里看到的那样），我们根本不需要那个白色的条，所以让我们去掉它。我们可以通过单击"图层"面板中图层缩略图左侧的眼睛图标来隐藏它，或者我们可以按Delete（PC:Backspace）键将其删除，或者我们可以单击并将该图层向下拖动到"图层"面板底部的垃圾桶图标（此处用红色圈出）。现在您知道了如何添加新图层、添加文字图层、重新排序图层、更改其不透明度以及删除它们。

119

… Photoshop 数码照片专业处理技法

混合两幅或多幅图像（图层蒙版简介）

我相信您已经看到了很多例子，其中一幅图像平滑无缝地融合到另一幅图像中。多亏了图层和图层蒙版，这非常简单。当您添加图层蒙版时，您会告诉Photoshop"我只想显示这个图层上的一部分内容"，然后您可以使用"画笔工具"或"渐变工具"来选择您想看到的图层部分和隐藏的图层部分。使用大的软边画笔或"渐变工具"，可以使图像之间的混合非常平滑。正如我们要注意的那样，图层蒙版中以黑色显示的任何部分，图像的该部分都将被隐藏（隐藏），而以白色显示的所有部分都将可见（显示）——"黑色隐藏，白色显示"。这很快就会更有意义。

第一步：
我们将在这里把三幅图像融合在一起。我通常会选择一幅作为我的"基本"图像，在这种情况下，我选择了这张餐厅菜单的图像。

第二步：
打开要与菜单图像混合的第一幅图像——在本例中，它是一张香槟酒瓶的照片。我们需要将此图像复制到菜单图像上，最简单的方法是将此图层复制并粘贴到另一幅图像中（您可以在文档之间复制并粘贴图层）。唯一的问题是，它不允许复制和粘贴"背景"图层，所以我们只将这个"背景"图层转换为常规图层。我们只需单击"背景"一词右侧的小锁定图标即可完成此操作（如图所示）。单击一下，它就是一个常规图层（我知道，它似乎应该比这更复杂）。现在，按Command+C（PC:Ctrl+C）组合键将该图层复制到内存中。

第5章 图层的使用

第三步：
返回菜单图像并按Command+V（PC:Ctrl+V）组合键将此香槟酒瓶图像粘贴到菜单图像上。当然，当您这样做时，香槟酒瓶的图像会掩盖菜单，这没关系（这就是它应该如何工作的）。我们将添加一个图层蒙版来在两个图像之间创建平滑的混合，只需简单单击三次：单击"图层"面板底部的"添加图层蒙版"图标（此处用红色圈出）。然后从工具箱中获取"渐变工具"（G）（它也用红色圈出）。最后使用"渐变工具"，单击它，使顶层的香槟酒瓶图像透明，然后拖动到您希望它可见的位置。在这里，我单击了瓶子的右边（我希望菜单在那里可见），然后拖到瓶子上，它在菜单和香槟瓶之间进行了平滑的转换。

第四步：
查看上一步中的"图层"面板，现在您将看到原始香槟酒瓶图层缩略图右侧的第二个缩略图。这是图层蒙版缩略图。看到右边是黑色的吗？这将向您显示瓶子图像的一部分被隐藏（隐藏），当它逐渐变为左侧的白色时，瓶子变得可见（露出）。这就是为什么我们说"黑色隐藏，白色显示"。那个瓶子似乎离图像有点太远了，所以从工具箱顶部获取"移动工具"（V），单击瓶子，然后向左拖动一点，这样它就不会离图像太远了（如图所示）。接下来，让我们添加第三幅图像。

Photoshop 数码照片专业处理技法

第五步:
让我们打开一张新鲜番茄和马苏里拉卡普雷斯沙拉的图片。首先，在"图层"面板中单击锁定图标，将其转换为常规图层（执行此操作时，名称将更改为"图层0"，锁定图标将消失，如图所示）。现在我们可以通过按Command+C（PC:Ctrl+C）组合键将复制该层。

第六步:
返回菜单图像文档，然后按Command+V（PC:Ctrl+V）组合键将沙拉图层粘贴到我们的菜单文档中。使用"移动工具"，将图像向右滑动（如图所示）。图像的左边有一个硬边，它不会混合，所以在下一步中，我们将使用图层蒙版和渐变工具创建平滑的混合。

第5章 图层的使用

第七步：
单击"图层"面板底部的"添加图层蒙版"图标，然后从工具箱中再次获取"渐变工具"。现在，单击希望顶层图像透明的"渐变工具"，然后拖动到希望其可见的位置。在这里，我单击盘子（我希望那部分是透明的），然后我把它拖到西红柿中间，它会在菜单和沙拉之间形成平滑的刻度。

第八步：
在这里，您可以看到图像的平滑混合，这要归功于图层蒙版上的渐变。现在，让我们再次使用"移动工具"，将香槟酒瓶和沙拉向边缘拖动一点，这样它们就不会超过图像太多。这是最后一张图片，以及您对用于混合的图层蒙版的介绍。您也可以用同样的方式使用"画笔工具"。如果您画成黑色，它会隐藏您画的任何区域。如果您想在这里看到更多的西红柿，您可以把它们涂成白色。使用一个大的、边缘柔软的画笔来保持所有边缘柔软并平滑地混合。

123

图层混合模式入门

图层混合模式非常棒，因为它们可以让您选择您正在处理的图层与它下面的图层的混合方式。当您的图层混合模式设置为"正常"时，它不会混合——这个图层上的任何东西都会掩盖它下面图层上的东西。但是，当您选择混合模式时，现在它会混合，而且根据您选择的混合模式，它看起来会有所不同。除了普通模式，还有26种不同的混合模式，在您的日常工作中，您实际上只会使用其中的四种：正片叠底、滤色、叠加和柔光。有时您会使用其中一个，也许是为了特效或修饰任务，但在大多数情况下，只是这四个。以下是它们的工作方式。

第一步：
您需要有一个图层才能使图层混合模式工作，因此打开一幅图像，然后按 Command+J（PC：Ctrl+J）组合键复制"背景"图层（您可以在"图层"面板中看到个新图层，默认情况下命名为"图层1"）。现在，在"图层"面板的左上角您将看到一个默认设置为"正常"的弹出菜单（如红色矩形所示）。

第二步：
要查看不同的层混合模式，请单击并按住"正常"，然后会显示混合模式的弹出菜单（如图所示）。要查看应用图层混合模式后顶层的外观，请滚动此菜单中的任何混合模式，您将看到每个混合模式的结果显示在屏幕上。您也可以按上/下箭头键滚动菜单以对每个菜单进行采样。这里选择了"正片叠底"混合模式，这是一种将图像中的颜色相乘的模式，使其看起来更暗。当我编辑图像时，我经常使用这种模式，看看它会看起来更暗、更引人注目。

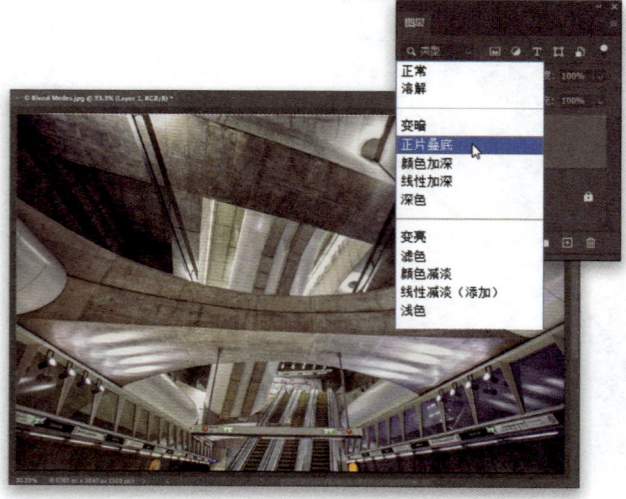

第5章 图层的使用

第三步：
这是四种最常用的混合模式中的另一种——滤色。它使您的图像看起来更加明亮（如图所示）。这是一个很好的方法，可以快速查看您的图像在明亮的高调外观下会是什么样子。如果应用混合模式并认为它太强烈（在这种情况下，它太亮），您可以简单地降低该图层的"不透明度"值（在"图层"面板的右上角附近），以减弱过于强烈的效果。

TIP: 查看图层混合模式的另一种方法
您不必单击并按住弹出菜单，您可以滚动并尝试任何混合模式，方法是按Shift++组合键向前滚动，或按Shift+-组合键向后滚动。

第四步：
切换到"叠加"模式，它为您的图像添加了很多对比度（如图所示）。最后一个混合模式就是柔光。这是一个相当弱的版本的叠加。如果有第五种最流行的图层混合模式，那可能是"颜色"，它可以让您在图像中添加一种颜色，而不必用颜色覆盖图层——颜色会与下面的图像混合。

125

需要了解的五个图层知识

在我们继续之前，这些知识都是您想知道的，因为我们在日常的图层工作中使用了很多这样的知识。

（1）如何复制图层

要复制图层，单击"图层"面板中的图层，然后按Command+J（PC:Ctrl+J）组合键。无论是常规图层还是"背景"图层，都可以使用此方法。如果复制"背景"图层，它会将复制的图层命名为"图层1"（如图所示）。如果您继续复制图层，它不会把它命名为"图层2"。而是会把它称为"图层副本1"。

（2）移动多个图层

如果您想同时移动图像中的多个图层，有两种方法：单击要移动的第一个图层，然后按住Command（PC:Ctrl）键单击要同时移动的其他图层，以选择它们（这里按住Command键单击了三个图层，三个图层都高亮显示）。当拖动图像中的任何图层时，所有选定的图层都会作为一个单元移动。该方法仅在选中时才移动。如果您想要更永久，可以单击所需图层，然后单击"图层"面板底部的"链接图层"图标（此处圈出）。这些图层将保持相互链接，直到您再次单击该图标。

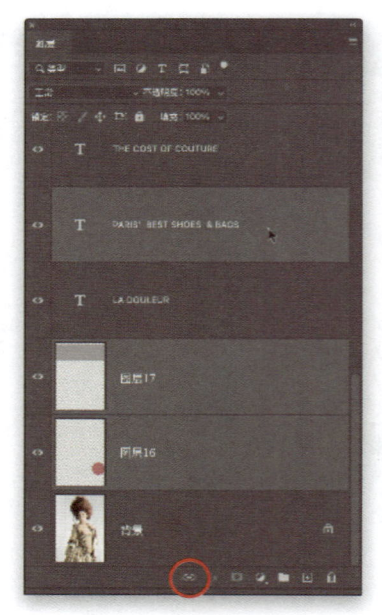

第5章 图层的使用

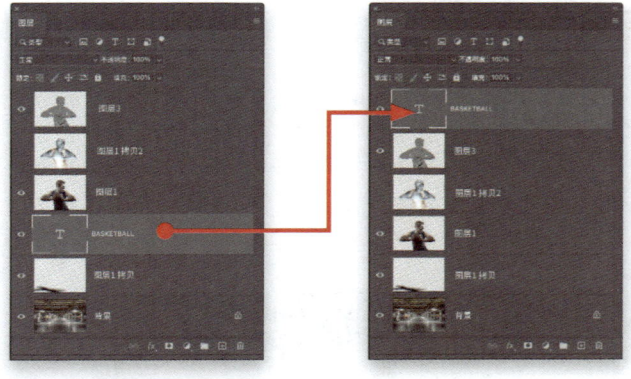

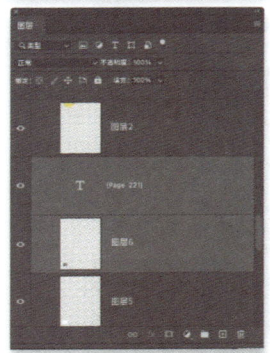

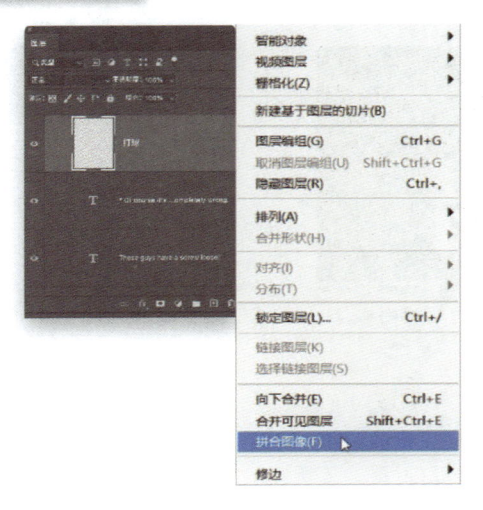

(3) 快速移动图层堆栈中的图层

如果要将特定图层快速移动到图层堆栈的顶部（如图所示），单击该图层，然后按Command+Shift+]（右括号键，Ctrl+Shift+]）组合键。您可以使用相同的快捷方式将任何图层移动到堆栈的底部，但只需使用左括号（[）键。

(4) 如何合并两个或多个图层

如果您有两个图层，想合并成为一个，单击顶层，然后按Command+E（PC:Ctrl+E）组合键。如果要将两个以上的图层合并在一起，按住Command（PC:Ctrl）键单击要合并为一个图层的图层，然后按相同的快捷键。

(5) 如何拼合图像

当您处理完图层后，想要拼合图像（保持与当前图像相同的外观），在"图层"面板的弹出菜单（位于面板的右上角）中选择"拼合图像"选项（如图所示）。

127

添加投影和其他图层效果

关于添加图层效果（如投影或光亮），有趣的（也是重要的）是，它不仅将效果应用于对象（在这种情况下，我们将投影应用于吉他），而且将效果应用到整个图层。因此，您在该图层上所做的任何事情都会添加一个投影。例如，如果您选择"画笔工具"，在吉他图层上画了几个红色笔画，这些笔画将与您应用于吉他的投影完全相同。这就是为什么它们被称为"图层效果"而不是"效果"。无论您选择什么，它都会应用于整个图层。

第一步：
打开一个您想应用投影的图像（在这种情况下，它是一把吉他。您可以从书的配套网站下载同样的练习图像。URL可以在书的简介中找到）。由于吉他在"背景"图层上，我们不能给它添加图层效果——从技术上讲，它还不是"真正的"图层，但我们可以解决这个问题。执行"选择"|"主体"命令，它将选择我们的主体（在这种情况下，是吉他）。按Command+J（PC:Ctrl+J）组合键将所选吉他放在自己的单独图层上，减去白色背景，因为我们只选择了吉他本身（如图所示，在"图层"面板中。您在第1层缩略图上看到的棋盘图案显示了该图层上透明的区域——吉他周围的所有区域）。

第二步：
应用投影（或10种不同图层效果中的任何一种），单击"图层"面板底部的"添加图层样式"图标（fx）（左侧第二个），然后在弹出菜单中选择"投影"选项（如图所示）。

128

第三步：

选择"投影"选项时，"投影"选项将显示在"图层样式"对话框中（如图所示），并将放置投影应用于该图层上的任何对象。默认设置是很久很久以前做的，当时文件分辨率要低得多，所以这些设置非常微妙，您可能甚至看不到添加了投影（如图所示，别担心，您可以从现在开始设置自己的默认设置，但目前，您的投影几乎是不可见的）。

第四步：

我们要做的第一件事是选择我们想要的投影。有"角度"和"距离"设置可以确定正确的角度，否则有更好的设置方式：一种视觉方式，您可以把投影准确地放在您想要的地方，而不需要数学运算。只需将光标移到"图层样式"对话框之外，直接移到图像上，然后单击并拖动图像，将投影向右拖动到您想要的位置。在这里，单击吉他（因为投影在默认设置下隐藏在其后面），并将投影向下向右拖动，所以我们现在至少可以看到它。一般来说，投影离对象越远，它在背景之外显示得越高。您会注意到投影是硬边的，所以我们需要在下一步中将其软化一点。

第五步：
"大小"滑块控制投影的柔和度。在这里，将"大小"滑块（柔和度）增加到133像素，您可以看到投影看起来更柔和（最高可达2000像素）。拖动"不透明度"滑块控制放置投影的暗度，这里将"不透明度"从35%（默认值）增加到43%，以使投影更暗。勾选"使用全局光"复选框将以相同的角度和距离应用相同的投影。如果要更改任何图层的角度或方向，则应用放置投影的所有其他图层也将全部移动。

第六步：
关闭投影效果。在"图层样式"对话框左侧的效果列表中取消勾选"投影"复选框（如图左下所示）。单击"确定"按钮关闭对话框。在"图层"面板中，单击"背景"图层使其成为活动图层（如图右下所示），按D键将前景颜色设置为黑色，然后按Option+Delete（PC:Alt+Backspace）组合键将"背景"图层填充为黑色。这样，一旦我们应用它，我们就可以清楚地看到外发光。当我们在这里时，"图层"面板中的"效果"出现在吉他层缩略图的正下方（让您知道应用了图层样式），下面是效果的名称。

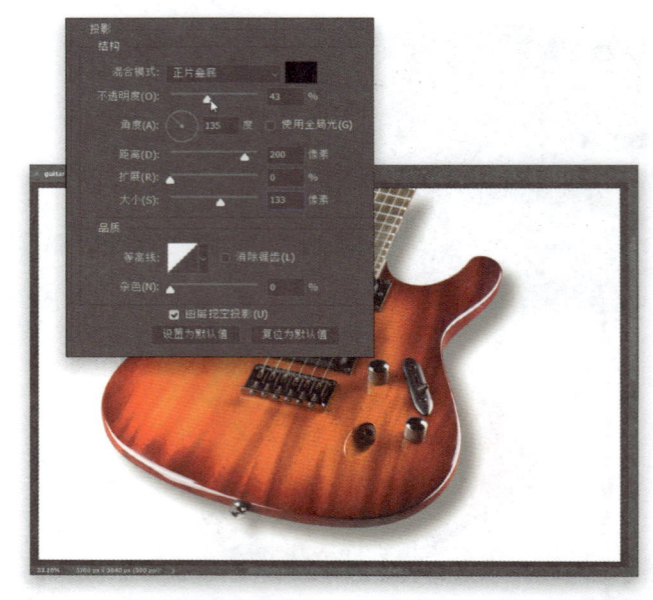

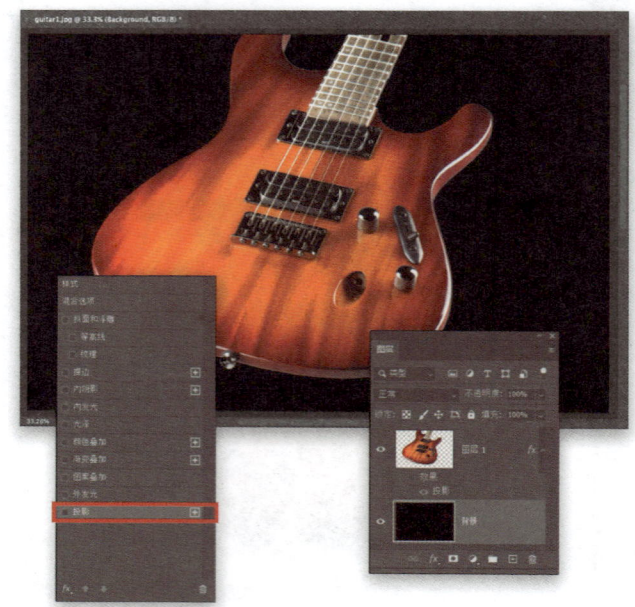

130

第七步：

要应用外发光图层样式，在"图层"面板中单击"图层1"，然后再次单击"添加图层样式"图标，选择"外发光"选项，它将应用外发光效果，您几乎看不到这种效果，因为（再次）默认值是很久以前为分辨率低得多的图像创建的。如果您找到了一些您更喜欢的设置，单击"图层样式"对话框底部的"设置为默认值"按钮，现在您的新设置就是新的默认设置。因此，当您应用外发光时，它将应用新的默认值，而不是Adobe的旧默认值。其他图层样式也是如此。下面让我们稍微调整一下外发光。

第八步：

要增加光晕的大小，向右拖动"大小"滑块（此处，我将其拖动到196像素）。若要使光晕更加可见，则增加"不透明度"值（如我在此处所做的，增加到75%）。各种图层样式有很多共同点，一旦您学会了如何使用其中一种，其他图层样式就会有很多熟悉的滑块和复选框。在"图层"面板"效果"下可以看到，它现在显示两个图层样式已应用于该图层（如果需要，您可以应用全部10个）。但是，也可以看看外发光的左边——它有一个眼睛图标。这让您知道效果是可见的。投影在这里没有眼睛图标，因为我们之前通过取消勾选"样式"列表中的复选框来隐藏它。通过单击这些眼睛图标，或者单击"效果"旁边的眼睛图标，可以直接从"图层"面板显示或隐藏效果，以隐藏/显示所有效果。单击"确定"按钮并应用这些效果后，可以返回"图层样式"对话框进行更改，方法是在"图层"面板中图层样式的名称上双击。

调整图层上某个对象的大小

在下一章中,您将学习如何调整图像文档的大小,但如果您不想调整文档大小,只想调整其中一个图层上的内容,该怎么办?这非常容易,但如果您以前没有做过,那就不太容易理解了。

第一步:
打开一幅图像,它有一个"背景"图层和一个对象,还有某种文字,或者在背景图像上方的自己的图层上有一张照片。在这种情况下,我们有一个护照印章图形,它出现在"背景"图层上方的自己的图层上(如图所示)。这就是我们要调整大小的对象。在"图层"面板中单击图章的图层,使其成为活动图层。

第二步:
要缩小此图形图像的尺寸,按Command+T(PC:Ctrl+T)组合键会出现"自由变换"边界框——您会知道它已经就位了,因为它在图层上的任何地方都放置了控制手柄(如图所示)。要使图章更小(按比例缩小),单击任意角控制柄并向内拖动(如图所示)。拖动得越远,该图层上的戳记就越小。您可以缩小尺寸,几乎不会有明显的清晰度损失,但如果您把东西做得更大(大20%或30%以上),它可能会开始看起来有点柔软和像素化。完成调整大小后,按Return(PC:Enter)键将其锁定。

组织图层

当您创建一堆图层时,您的"图层"面板开始变得很长,最终会上下滚动一个长列表,只为找到想要的图层。当您有一堆图层时,有一种非常简单的方法可以减少混乱,让您的"图层"面板恢复一些理智。

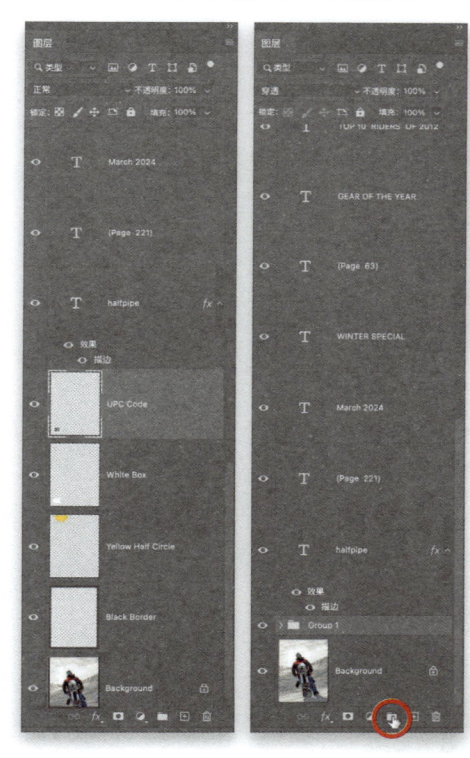

第一步:
我在这里处理的文档中有21个图层。如果您看一下左边的"图层"面板,您可以看到一个长长的滚动图层列表,但不需要很长时间就可以得到21个图层(我有50~60个图层的文档)。就像我们的计算机上有文件夹来保持组织一样,我们也可以有用于图层的文件夹,它们被称为"组"。因此,文件夹中的一堆图层被称为一个"图层组"。

第二步:
要创建一个图层组,在"图层"面板中通过按住Command键+单击(PC:Ctrl键+单击)来选择组中需要的图层。然后,在面板的底部单击"创建新组"图标(它看起来像一个文件夹),然后将这些选定的图层放入一个组(如图所示,在中间,我选择了所有图形图层并将它们放入组)。默认情况下,它的名称为"组1",但我建议将其重命名为更有帮助的名称(只需直接双击"组1",它会高亮显示文本,这样您就可以输入新名称)。在"图层"面板中,您可以看到它的样子,我把所有的文字图层都放在一个组中并重命名了它。现在很容易上手。要查看组内部(查看其所有图层),只需单击其名称左侧的向右小箭头即可展开该组。要从组中删除图层,只需单击该图层并将其拖出文件夹。

调整图层

调整图层不仅可以"撤销"您所做的任何色调调整（如使图像变亮或变暗，或添加对比度等），还可以让您永远编辑这些内容。想想看：当您在Photoshop中工作时，您有一定数量的撤销，但是，当您关闭该文档并稍后重新打开它时会发生什么？那些撤销不见了，这只是这些非破坏性调整图层的好处之一——您可以将它们用作永久性的撤销。因此，如果您在一周或一年后重新打开同一个文档，您仍然可以编辑甚至完全撤销这些色调的更改。

第一步：
要查看可以作为调整图层应用的调整，单击"图层"面板底部的"创建新调整图层"图标（半白半黑圆圈）。在弹出菜单中选择所需的调整（我在此处选择了"曲线"选项），然后显示"属性"面板，其中包含该调整图层的选项（如右侧所示）。创建一个调整图层会在"图层"面板中添加一个带有小图标的新图层，这样您就可以知道应用了哪个调整（您可以在下一步中看到小曲线图标）。

第二步：
调整图层的一个很好的功能是它们带有图层蒙版，因此如果您只想对图像的一部分进行调整，可以使用"画笔工具"或"渐变工具"。若要重新编辑曲线（或您选择的任何调整），双击此图层，然后"特性"面板将重新打开，并保留上次应用的设置，以便您可以对其进行编辑，也可以通过将图层拖动到"图层"面板底部的垃圾箱图标上来完全删除该图层。可以使用该图层的"不透明度"设置更改调整量，也可以通过更改其图层混合模式来更改其外观。此外，因为这是一个图层，当您将文件保存为PSD格式（Photoshop文档）时，调整图层会与它一起保存，所以它会给您一个永久的撤销。

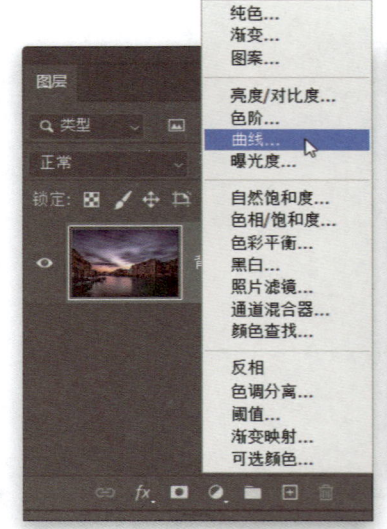

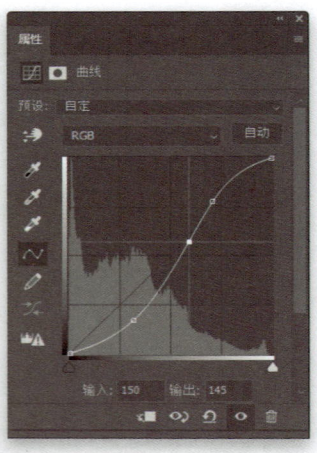

智能滤镜图层

智能滤镜图层很像调整图层，但这些图层并不是只给您无限可编辑（或可删除）的色调调整，例如曲线和色阶，而是让您对Photoshop的大多数滤镜做几乎相同的事情，包括将Camera Raw用作滤镜。创建智能滤镜图层后，应用的滤镜将具有与调整图层相同的所有功能，最重要的是，它也是非破坏性的——它始终是可撤销和可编辑的，或者您可以将其完全删除。

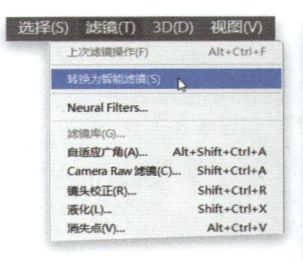

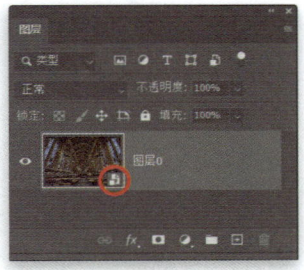

第一步：
要创建智能滤镜图层，执行"滤镜"｜"转换为智能滤镜"命令，它将您的常规图层（在本例中为我们的背景图层）转换为智能对象图层。您会在图层缩略图的右下角看到一个小页面图标，让您知道它是一个智能对象图层。现在，您可以从"滤镜"菜单应用Photoshop的任何滤镜。

第二步：
选择了"Camera Raw滤镜"，它可以让您像应用滤镜一样应用Camera Raw。在Camera Raw中，单击B&W按钮，对第一步中缩略图中的彩色图像进行快速黑白转换，并调整了其他一些设置。在"图层"面板中，您可以看到图像图层的正下方有一个图层蒙版，所以我可以通过在蒙版上绘画来保留部分图像的颜色。通过单击"智能滤镜"左侧的眼睛图标来隐藏这个滤镜，如果双击"Camera Raw滤镜"，它会重新打开Camera Raw滤镜窗口，我以前的所有设置都保持不变。我也可以通过将该图层拖动到面板底部的垃圾桶图标上来完全删除该图层（因此是非破坏性部分），并且我可以将该文档保存为PSD格式，以保留该可编辑功能以供将来使用。同样，这些非常像调整图层，但适用于滤镜。

制作简单的复合对象

制作一个复合对象，把您的拍摄对象（或一张照片的一部分）放在完全不同的背景上，非常受欢迎，而且非常容易。有几件事您需要注意，您可以做一些小技巧来帮助最终的合成看起来逼真，但它们确实会产生很大的影响。在这里，我们将创建一个简单的合成，让Photoshop为我们选择主体（由它完成所有工作），我们将主体复制并粘贴到不同的背景上，然后我们使用一个小的颜色技巧将其组合在一起。

第一步：
这是我们的背景图片，有一个对焦的前景区域（灯泡就在前面），它们后面的背景很好，而且不对焦，所以它会成为合成的逼真背景。打开一个背景图片（可以在这本书的配套网页上下载这张图片。可以在书的简介中找到下载链接）。

第二步：
让我们打开要合成到背景上的主体图像。在这种情况下，我们的拍摄对象是在一卷灰色无缝纸上拍摄的，当您试图将某人从背景中移除时，Photoshop喜欢这样的中性色（或任何纯色墙）。这就是为什么我经常在灰色无缝纸上拍摄的原因之一——这让我很容易将拍摄对象从背景中移除。执行"选择"|"主体"命令（如图所示），Photoshop将使用其人工智能功能识别照片中的人，并为您、头发和所有人在照片周围进行选择，它做得相当不错（尽管在后面的章节中，我们将深入探讨如何将棘手的头发选择提升到一个更高的水平，但对于像这样的日常事物，选择主体做得很不错）。

第5章 图层的使用

第三步：
既然我们的主体已经选定，按Command+J（PC:Ctrl+J）组合键将她放在"背景"图层上方自己的单独图层上。当原始"背景"图层仍然可见时，很难看到我们的主体是孤立的，在"图层"面板中单击背景图层左侧的眼睛图标，将其隐藏起来（如图所示）。现在我们在透明的背景上看到我们的主体（她所在的灰白色棋盘表示透明区域）。您会注意到它在她的头发上做得很好，但在下一步，我们将做一个我多年来一直在使用的小技巧，填补任何空白，特别是边缘的空白，并使选择更加有力。

第四步：
复制主体图层两次（这样总共有三个图层），按Command+J（PC:Ctrl+J）组合键两次。这"建立"了任何倾向于沿着头发边缘脱落的像素，并且它在填充操作方面做得很好（如图所示）。在这么小的尺寸下，它可能不会那么明显，但当您在自己的计算机上尝试时，您会真正看到我所说的区别。这是非常值得做的。现在我们有了这个构建，我们想将这三个主体图层组合成一个图层，按住Command（PC:Ctrl）键，然后在"图层"面板中单击其他两个主体图层（图层1拷贝和图层1拷贝2）。选择所有三个图层后，按Command+E（PC:Ctrl+E）组合键将它们组合成一个图层。现在，通过按Command+C（PC:Ctrl+C）组合键将主体图层复制。

第五步：

让我们回到背景图像文档，并按Command+V（PC:Ctrl+V）组合键将我们的主体粘贴到背景上。从"工具箱"顶部获取"移动工具"（按V键），然后单击并在图像中向上拖动，使她的帽子顶部伸出框架顶部（如图所示）。在"图层"面板中，您会看到一个新的图层，上面有她。现在，如果您看图像的右侧，您会发现她的头发末端周围有一点光晕或刘海，但我们可以做一些快速的操作，在这种情况下通常会有所帮助。

第六步：

执行"图层"｜"修边"｜"去边"命令。"去边"对话框出现时，输入3像素的宽度作为起始值（如图所示），单击"确定"按钮，看看这是否有效。如果还不够，按Command+Z（PC:Ctrl+Z）组合键撤销，然后用更大的数字（如5像素或10像素）重试。在这种情况下，虽然它确实有帮助，但并没有完全修复，所以让我们撤销它，然后尝试另一种方法。执行"图层"｜"修边"｜"去除白边"命令（如图所示），它会用较深的颜色替换那些较浅的边缘像素。在这种情况下，效果很好，但这取决于图像。

第5章 图层的使用

第七步：
接近合成的结尾时，我会做一个小动作，将主体与背景统一起来，这有助于使主体看起来更像是在那个场景中。我所做的是，我对整个图像进行调色，它真的把事情结合在一起。我们将使用Camera Raw中的配置文件来实现这一点，但首先，我们需要将两个图层合并为一个"背景"图层，因此当我们应用效果时，它会同时应用于这两个图层。因此，在图层面板中激活主体图层的情况下，按Command+E（PC：Ctrl+E）组合键将其与下面的"背景"图层合并。执行"滤镜"|"Camera Raw滤镜"命令。当其窗口出现时，在"配置文件"弹出菜单右侧的"编辑"面板中，单击带有三个小方块+一个放大镜的图标。这将打开配置文件浏览器（如图所示）。有四套配置文件，只需将光标悬停在缩略图上，您就可以看到其中任何一套的实时屏幕预览。在这里，我浏览了艺术效果系列的个人资料，我最喜欢的是"艺术效果04"（如图所示）。当您单击它时，它会将这种色调应用于整个图像，这有助于在视觉上统一前景和背景中的主体。

第八步：
应用效果后，将其关闭。在"效果"面板中将"晕影"滑块向左拖动一点，以巧妙地使图像周围的外边缘变暗（在这里，我将其拖动到–18）。单击"确定"按钮关闭Camera Raw，我们就完成了简单的合成。

139

四个更重要的图层技术

这些是您想知道的更多事情，让您的图层使用更加完整（这将使您不必在网上搜索来找出如何做到这一点）。

(1) 创建一个看起来像压扁了的图层（但没有）

有时，您想将效果应用于整个图像，但又不想使图像变平，从而失去拥有所有图层的灵活性。此快捷方式在图层堆栈的顶部创建一个新图层，看起来像图像的扁平版本（如图所示），因此您可以对其应用滤镜或效果。在它下面，是所有原始图层。如果您出于任何原因需要返回，您可以隐藏这个合并的图层，甚至删除它，在它下面，您的原始图层仍然存在。快捷方式是按Command+Options+Shift-E（PC:Ctrl+Alt+Shift+E）组合键。

(2) 跳过"图层"面板，直接跳到您想要的任何图层

这是我每天使用的快捷方式，因为当您想换到不同的图层时，它可以省去您去图层面板的行程。只需按住Command（PC:Ctrl）键，然后在图像本身（而不是在"图层"面板中）右击要处理的对象，它就会跳到该图层。在这里，单击碗，它立即成为"图层"面板中的活动图层。现在，只需在图像上快速单击命令（PC:Ctrl+单击）就可以了。

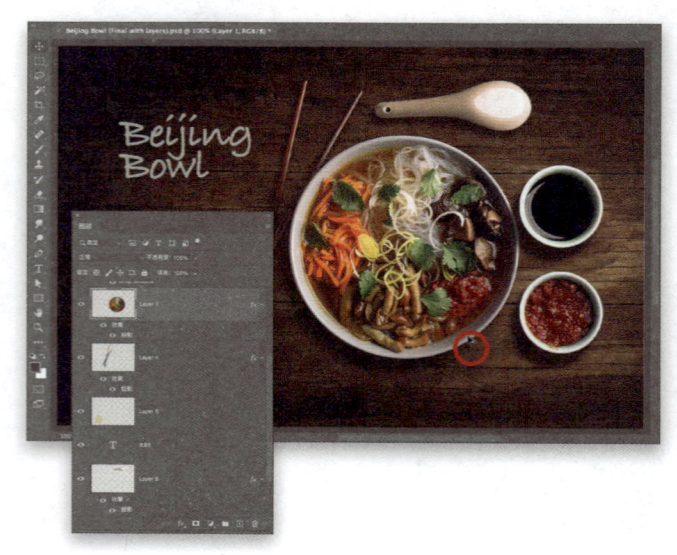

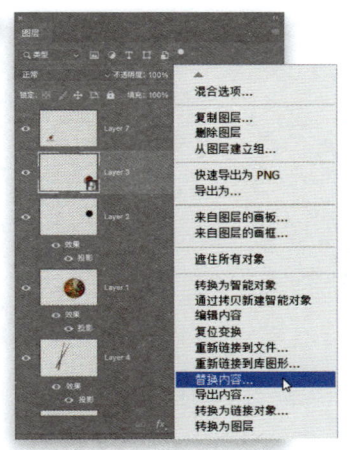

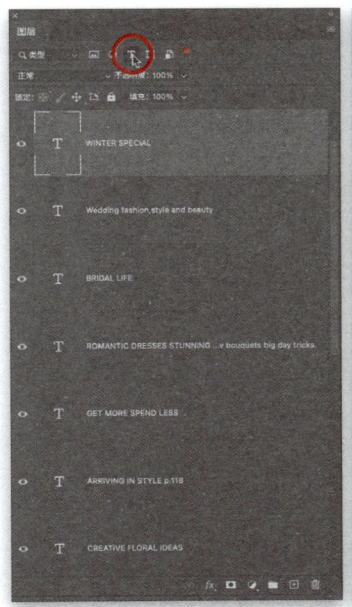

(3) 置入嵌入的对象

我们研究了创建一个智能对象图层，如果您对图层应用了滤镜，您可以随时返回并编辑该滤镜，甚至删除它。当您在一个图层上调整某个物体的大小时，会有另一个很大的好处。缩小某个图层的大小不是问题，但如果您把它放大，您的图像可能会变得模糊和像素化。但是，如果使用"置入嵌入对象"（在"文件"菜单下）将图像带到文档中，它将成为智能对象图层，并将原始高分辨率文件的副本置入文档中。这样，如果您将该图层上的图像放大，它会调用置入的高分辨率版本，从而保持质量。它们对于制作模板也非常方便，您可以右击智能对象层，在弹出的快捷菜单中选择"替换内容"选项，然后选择不同的图像，它将以完全相同的大小和位置显示在文档中。

(4) 只需查看所需图层（过滤图层）

一旦您有了很多图层，在"图层"面板中的物体可能会看起来很乱，但您可以使用一个过滤器来帮助减少混乱。面板顶部的一行图标只允许您看到特定类型的图层。假设您只想查看您的文字层（没有其他图层）。单击"文字图层"图标（如图左侧所示），现在您只能看到文字图层。这些图标用于过滤（L到R）图像图层、调整图层、文字图层、路径图层和智能对象图层。另一种过滤方式是使用类型弹出菜单。在这里（右边），我选择只看到具有投影效果的图层。您甚至可以按图层的名称进行搜索（从弹出菜单中选择"名称"，会出现一个文本字段供您输入图层的名称）。右边的红色开关可以打开/关闭过滤器。

Exposure: 1/160 sec | Focal Length: 14mm | Aperture Value: *f*/8 | ISO: 200

第6章
几种选择方式

在第2章的章首部分,我介绍了如何为那一章取了一个完美的名字,但现在我必须从头开始(是时候拿出我的自来水笔和Clairefontaine文具了)。不过,我必须承认,这很简单,这要归功于2016年由Mason Dye和Ryan Munzert主演的《自然选择》,您必须承认,对于一个关于选择的章节来说,这个名字太完美了。他们是这样描述的:"在上新高中时,青少年们同学之间萌芽的友谊会导致重大后果。"这是给青少年的一个教训,很明显:不要上新高中。您看,这是您买这本书时没有想到的那种富有洞察力的见解。现在您在想,这本书可能真的是今年的特价书,因为您当时在想"我要学习Photoshop",虽然还不确定这是否真的会发生,但您会成长,而不是因为您在读这本书时会吃很多零食。

主要是因为您通过阅读这些简介来拓展思维,这些简介只能被视为合法的自助章节简介。这就像文学上的LSD,但我不能说这是准确的,因为我从来没有尝试过LSD,但是我在披头士乐队的一些歌曲中听说过它,这里最重要的是,没有人需要因为这些章节简介而入狱。

如果您真的被捕了(有理由认为您可能会被捕,因为我的一小部分章节介绍读者在阅读其中一篇后立即被捕),您所要做的就是告诉法官,"这不是我的。我只是为朋友读的。"这很管用。现在,如果法官出于任何原因似乎不愿意释放您,我有一个行之有效的解决方案,但您需要提前知道我不是律师,因此这不应被视为法律建议。

我要做的是,悄悄地给法官滑动一个信封,里面装满了前几章的章节简介。不要做出任何突然的举动。慢慢地把信封滑过长凳。花点时间仔细考虑您在阅读这些章节简介时所经历的一切后,这个国家没有一个法官对您的处境感到同情、理解,甚至怜悯。您仍然会进监狱,但至少他们会因为把您关在监狱里那么久而感到难过。

Photoshop选择内容

当您在Photoshop中进行调整时，它会影响整个图像，所以如果您添加对比度，它会将其添加到整个图像中。但是，如果您只是想影响您形象的一部分呢？您必须告诉Photoshop您想影响图像的哪一部分。这曾经是一个100%手动的过程，但现在，多亏了一些很酷的内置人工智能魔法，Photoshop可以为您提供很多选择。它可以以识别各种各样的东西，例如人、物体和天空——大多数我们可能想要编辑的东西。以下是如何让人工智能为您做一些艰苦的工作的方法。

第一步：
要选择图像的主体（在这种情况下，我们想选择一个人，我们的主体也可以是一个物体，例如天空中的喷气式飞机、桌子上的瓶子或足球等），请在顶部执行"选择"|"主体"命令（如图所示）。

TIP: 取消您的选择
完成选择后，如果您想返回到编辑整个图像，请按Command+D（PC：Ctrl+D）组合键取消选择您的主体（或您现有的任何选择）。

第二步：
Photoshop的人工智能可以快速分析图像，并围绕其认为的主体进行选择，大多数时候，它都做得很好，就像在这里一样。这是人工智能，虽然它不是100%准确，但大多数时候都很好。好的，您看到我们主体周围的虚线了吗？这是选择边界，它会显示图像的哪些部分被选中。在Photoshop图像窗口中，该选择边界实际上会移动。这看起来有点像蚂蚁出发去野餐，所以这个选择边界通常被称为"蚂蚁线"。您也会听到它被称为"字幕选择"，就像剧院字幕周围的灯光追逐一样。

第6章 几种选择方式

第三步：
既然我们的主体被选中了，我们在编辑方面所做的任何事情都只会影响到所选的区域（既然一个人被选在这里，我们所做的一切只会影响她）。按Command+L（PC:Ctrl+L）组合键调出"色阶"对话框（它允许您使用"输入色阶"直方图下的三个滑块来调整高光、中间色调和阴影区域）。当我们将其向左拖动时，右侧的白色三角形会使高光变亮，中间的灰色三角形控制中间色，左侧的黑色三角形控制阴影。单击中间的灰色中间色调滑块并将其拖动到左边（如图所示），将我们拍摄对象的中间色调调亮到她所在的背景亮度附近，背景亮度相当亮（在这里，我把它拖过去，直到中间色调字段显示为1.50）。由于她被选中了，请注意，这只会影响她，而不会影响图像的其余部分。

第四步：
单击"色阶"对话框中的"取消"按钮，这次让我们把背景调暗，而不是让主体变亮。我们仍然有我们的主体选择。要选择照片的其余部分，我们将通过返回"选择"菜单并选择"反选"选项来反转选择。现在，我们没有选择我们的主体，而是选择了除她之外的所有内容（请注意，蚂蚁线现在都在图像的边缘）。按Command+L（PC:Ctrl+L）组合键再次调出"色阶"对话框，但这次，向右拖动"中间调"滑块使背景变暗，使其与主体的整体色调相匹配（如图所示，我将其向右拖动到0.43）。所以，这就是我们在背景上的工作方式——我们选择主体，然后反转选择。

145

Photoshop选择天空

尽管今天天气很好,但是天空仍然无法与我们眼睛看到的色调范围相匹配。因此,当我们将曝光设置在前景上时,天空往往会变得过于明亮或缺乏对比度或细节。幸运的是,Photoshop可以使用它的人工智能为您选择天空,所以您所要做的就是添加一些色调,让天空呈现出最好的一面。

第一步:

原始图像是有点平淡的天空。当图像第一次在Camera Raw中打开时,继续并单击Auto按钮(在"编辑"面板中),使其有一个合适的开始位置,然后单击"打开"按钮。现在我们可以让天空变得更有趣了。在Photoshop中打开后,执行"选择"丨"天空"命令(如图所示)。它的人工智能可以快速分析图像,并在天空中进行选择(如下一步所示,它非常擅长选择天空)。您会看到"蚂蚁线"在我们的天空周围,所以我们准备开始编辑。选择了我们的天空,我们所做的任何明智的编辑都只会影响天空。

第二步:

按Command+M(PC:Ctrl+M)组合键调出"曲线"对话框(它可以调整高光、中间色调和阴影区域,但比我们在上一个项目中使用的简单级别调整更灵活)。您可以在这里使用一些内置的预设来开始,因此从对话框顶部的"预设"弹出菜单中,选择"增加对比度(RGB)"选项(如图所示)。这会为您第一次打开"曲线"时看到的对角线添加调整点,从而增强高光和阴影以增加对比度(如下一步所示,这会使线条具有"S"曲线形状)。

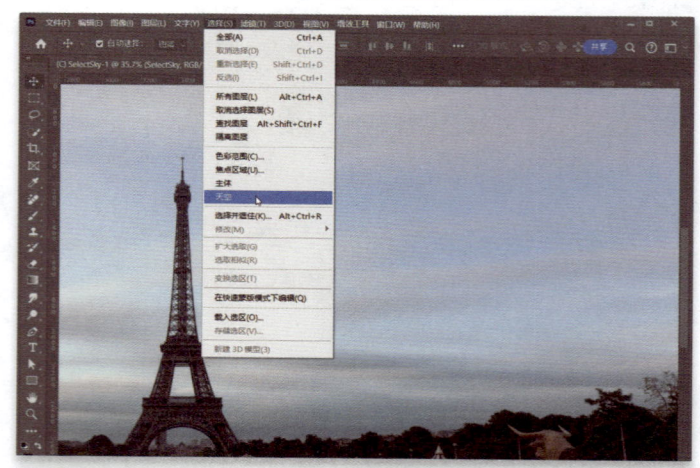

第6章 几种选择方式

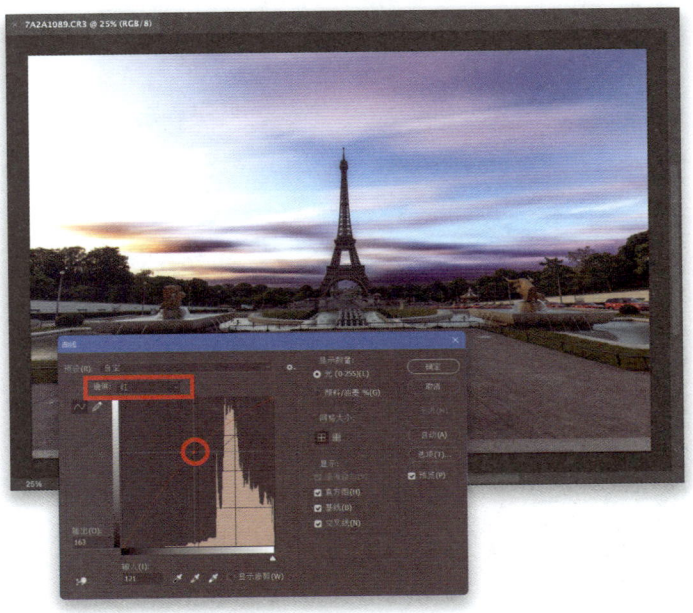

第三步：
接下来使中间色调变暗（这是对天空的一个典型调整），因此直接单击线的中心（称为"曲线"）以添加一个调整点，然后单击并朝右角对角向下拖动该点以使中间色调暗化（如图所示）。看看这有多大的不同。将这片天空与第二步中的天空进行比较，您可以真正看到中间色调变暗和增加对比度是如何帮助改变天空的外观的。我的选择在这里仍然有效，我只是通过按Command+H（PC:Ctrl+H）组合键暂时隐藏了它。

TIP: 选择前景
编辑完天空后，可以使用天空选择来选择前景。选择天空后，执行"选择"｜"反选"命令，此时将选择前景而不是天空。

第四步：
这些变化会影响天空的整个色调范围，但如果您只想调整一种颜色，例如在天空中添加更多的红色，该怎么办？您也可以使用"曲线"来完成此操作。对话框左上角附近有一个"通道"弹出菜单，用于调整红色、绿色和蓝色通道的设置。从弹出菜单中选择"红"选项（如图所示），现在我们对曲线所做的任何更改（与我们在上一步中调整的RGB曲线不同）都只会影响红色。因此，再次单击对角线的中心，在中间色调中添加一个调整点，但这一次，将其向左斜向上拖动，以提升红色通道中的中间色调，您可以看到它是如何将一些红色引入天空的。注意，如果我们向下向右拖动，它会从中间色调中去除红色，为我们的天空增添绿色。

147

仅通过单击选择对象

看看下面我和我的好友埃里克·库纳在我们每周的摄影播客《网格》片场的照片（就像我在那里为我们的节目制作插头的方式一样？谢谢，这是一份礼物）。如果我选择了对象选择工具，它会选择我和埃里克（嗯，大多数情况下——在这种情况下，它做得并不完美），但如果我只想选择埃里克，或者只选择我们的一台笔记本电脑，或者桌子，或者前面的显示器，或者桌子上的中餐外卖盒呢？这就是我们使用"对象选择"工具的时候。您只需单击并拖动它围绕一个对象，它就会使用AI为您选择它。但是，它实际上做了一件更神奇的事情：它分析照片，并自动为您分离出所有的东西，所以您所要做的就是将光标移动到某个东西上，如果它能选择它，它就会高亮显示。您所要做的就是单击。

第一步：

打开图像，然后从工具箱中获取"对象选择工具"（如图所示，快捷方式是W键或Shift+W组合键，具体取决于您的工作空间）。一旦您有了它，请确保选项栏中的"对象查找程序"复选框被勾选，然后等几秒钟，让它在幕后完成疯狂的人工智能操作。在它的右边，您会看到一个小的弯曲箭头图标在工作时旋转（只需要几秒钟），然后您就可以开始指向图像中的对象了。

第二步：

现在，将光标移动到桌子前面的显示器上，它将以粉红色覆盖显示（如图所示），让您知道它只需单击就可以在这个对象周围进行选择。所以，要让它创建这个选择，您只需在粉红色区域内的任何地方单击一次。

148

第6章 几种选择方式

第三步:
将光标移到桌子上,您可以看到它认出了这个物体。如果我单击这里,它会选择桌子,然后当我进行编辑时,这些编辑只会影响桌子。现在,如果它错过了高亮显示您将光标移动到要选择的对象上的内容(就像它对背面右侧墙上的时钟所做的那样),您可以使用此工具单击并拖动它周围的矩形,它会为您选择对象。事实上,人工智能在识别图像中可以选择的东西方面做得非常出色。它没有错过太多。它甚至把书放在桌子上,咖啡杯,后面的显示器,它分别选择了埃里克和我。它比选择主体做得更好。

TIP: 矩形选择或套索选择
选项栏中有一个模式弹出菜单,您可以选择单击并拖动要选择的对象周围的矩形,或者使用自由形式的套索工具。这是您的选择。

第四步:
如果您不是在挖掘粉红色的叠加颜色,您可以通过单击选项栏上的装备图标来选择另一种颜色,在"叠加选项"部分,您可以从14种不同的颜色选项中进行选择,以及您是否更喜欢选择周围的轮廓而不是叠加。在这里,我将色调叠加颜色更改为亮黄色,然后我将光标移动到中餐外卖盒上,果不其然,它识别了它。现在,我只需单击一下,就可以在它周围进行选择,这样我就可以编辑外卖盒,使其变暗或变亮,锐化它等等。这些人工智能选择——一些非常惊人的技术。

手动选择：矩形或圆形区域

除了您刚刚学到的令人惊叹的人工智能选择工具，还有一些手动选择工具。您会想在您的工具箱里有一堆不同的选择技术，因为每个图像都是不同的，适用于一幅图像的可能不适用于另一幅图像。因此，我们将从一些最简单、最基本的选择工具开始，用于进行矩形、圆形、椭圆形和单行/单列选框的选择。

第一步：
要进行矩形选择，请从"工具箱"中选择"矩形选框工具"（如图所示），或者按M键（Adobe对选择的称呼是"选框"。因为称其为选框比称其为真正的选择工具更复杂，给工具起复杂的名字是Adobe的乐趣）。

TIP:绘制选框进行选择
默认情况下，矩形选框工具生成矩形。如果要生成正方形，只需在拖动时按住Shift键即可。椭圆选框工具也是如此。默认情况下，它会生成椭圆。如果您想要一个完美的圆圈，请按住Shift键。

第二步：
我们将从这里选择一个矩形开始，单击门左上角的光标并向右下角拖动，直到您的选择覆盖整个门，然后释放鼠标左键。您已经有了一个选择，现在所做的任何事情都只会影响选定矩形中的内容（换句话说，它只会影响门）。

第6章 几种选择方式

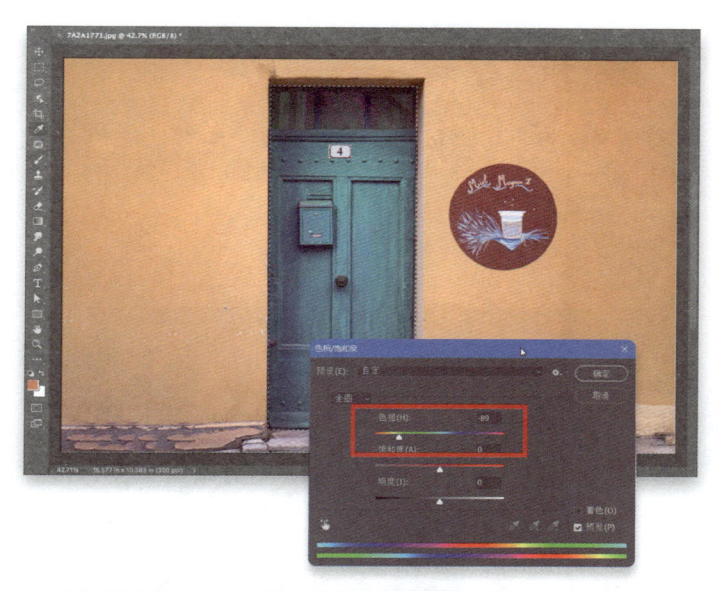

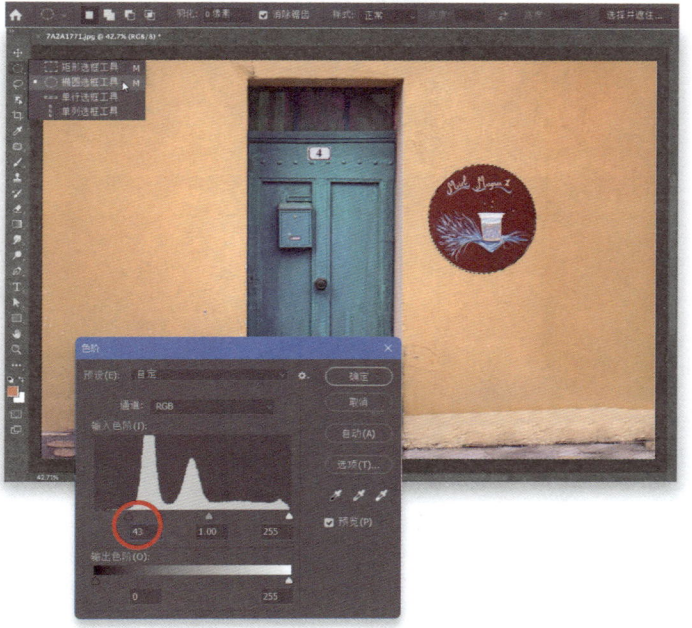

第三步：
现在我们已经选择了门，让我们更改它的颜色。按Command+U（PC:Ctrl+U）组合键调出"色相/饱和度"对话框（如图所示）。若要更改门的颜色（色调），只需拖动"色相"滑块。在这里，我将其向左拖动到-89，以将门的颜色更改为蓝绿色，然后按Command+D（PC:Ctrl+D）组合键取消选择。

TIP: 添加到您的选择
要将另一个区域添加到当前选择中，只需按住Shift键，然后使用任何选择工具（矩形选框、椭圆选框等），所选内容都将添加到原始选择中。

第四步：
接下来，让我们让门右侧的圆形徽标更暗，当然，要做到这一点，我们需要选择它。因此，从工具箱中获取椭圆选框工具（如图所示，或按Shift+M组合键），在徽标左上角附近单击，然后拖动一个圆形选择。很可能第一次它不会完美地覆盖圆圈，但这里有几个技巧会有所帮助：如果您的选择接近徽标的大小，可以按上/下/左/右箭头键将其推到您想要的位置，使其更容易获得合适的尺寸。当您拖动您的选择时，按住空格键，您可以在拖动时重新定位您的选择，这让您很容易获得合适的大小。选择后，按Command+L（PC:Ctrl+L）组合键调出"色阶"对话框，然后向左拖动阴影"色阶级别"滑块以使徽标变暗（如图所示）。

151

用"魔棒工具"按颜色和色调进行选择

"魔棒工具"已经在Photoshop中存在了很长时间,它仍然存在,因为有时它只是完成选择工作所需的工具。就像在这种情况下,我们想让时钟表面的背景更亮,但我们不想弄乱时钟的数字或指针,只想弄乱它后面的背景。所以,我们只需要选择背景区域。魔棒工具根据颜色和色调进行选择,所以如果您单击数字、记号和指针后面的米色,它只会选择颜色相似的东西,而不会选择那些黑色区域。

第一步:

从工具箱中获取"魔棒工具"(如图所示,或者按Shift+W组合键,直到您拥有它)。就像我上面提到的,我们只想选择时钟表面的背景,而不是它的数字、记号或指针。同样,魔棒工具非常适合这一点,因为它根据色调和颜色进行选择,并且当您单击某个区域时,它选择的颜色数量由选项栏中的"容差"设置决定。默认的"容差"值为32,但如果单击某个区域,但该区域的选择不足,请输入一个更大的数字,如48。如果它选择得太多,请输入20(这通常是我设定的值,因为对于大多数情况来说,32似乎有点太高了)。

第二步:

使用"魔棒工具"在时钟的米色区域单击一次,它就会选择背景(如图所示)。如果它没有选择整个背景,您可以按Command+D(PC:Ctrl+D)组合键取消选择,然后增加容差量并重试,或者按住Shift键并单击未被选中的区域,将其添加到初始选择中。注意,它没有在此处选择指针、记号或数字,因为它只选择连续的颜色和色调。但是,它没有选择一些数字内部的区域,例如10中的0,或者8、9或6中的圆形,所以我们需要添加这些区域。

第三步：
让我们在一些数字中添加那些缺失的区域。按住Shift键（记住，这是我们按住以添加到现有选择中的键），然后选择"魔棒工具"，在数字中的每个缺失区域内单击一次。在这里，我在数字8的底部圆圈内点击Shift键，将该区域添加到我们的选择中（如图中红色圆圈所示）。

第四步：
无论何时使用选择，都可以通过按Command+H（PC:Ctrl+H）组合键隐藏选区的蚂蚁线。这并没有取消选择那个区域，它仍然是被选中的，它只是将蚂蚁线隐藏在视线之外，所以它们不会分散注意力。现在我们已经选择了时钟的背景，我们可以使其变亮。按Command+L（PC:Ctrl+L）组合键调出"色阶"对话框，然后向左拖动中间色调的"输入色阶"滑块（灰色中间色滑块），使钟面变亮（如图所示）。按Command+D（PC:Ctrl+D）组合键完成后，不要忘记取消选择，因为即使它在视图中隐藏，时钟背景仍处于选中状态。还有一件事：如果接下来您想把数字变暗怎么办？您可以单击数字1上的魔棒工具来选择它，然后按住Shift键并单击数字2来添加它，以此类推，直到添加所有12个数字。

Photoshop 数码照片专业处理技法

羽化选择的边缘

当您对照片中的选定区域进行调整并取消选择时，您经常会在调整后的区域周围看到一条硬边，使编辑看起来相当明显。这就是为什么知道如何羽化那些硬边很重要。您有点"隐藏您的轨迹"，所以您的编辑与它们周围的区域融合在一起。

第一步：
假设我们想快速照亮受试者的脸和周围的区域。首先从工具箱中获取"椭圆选框工具"（如图所示，或者按Shift+M组合键即可）。做一个足够大的椭圆形的选择，覆盖她的脸和周围的一些区域，就像您在这里看到的那样。

第二步：
按Command+L（PC:Ctrl+L）组合键调出"色阶"对话框（您也可以单击"图层"面板底部的"创建新的填充或调整图层"图标，选择"色阶"选项，然后在"属性"面板中进行这些调整，而不是在此处看到的"色阶"对话框中。这是一样的，只是一个较小的界面）。将直方图下方的中间调"输入色阶"滑块向左拖动到1.46左右（如图所示），然后单击"确定"按钮。按Command+D（PC:Ctrl+D）组合键取消选择时，您会看到椭圆周围有一条粗糙的边缘。这就是为什么我们需要羽化边缘，这样明亮的椭圆形和它周围的区域之间就会有一个平滑的混合。按Command+Z（PC:Ctrl+Z）组合键撤销提亮，因为这次我们要羽化边缘。

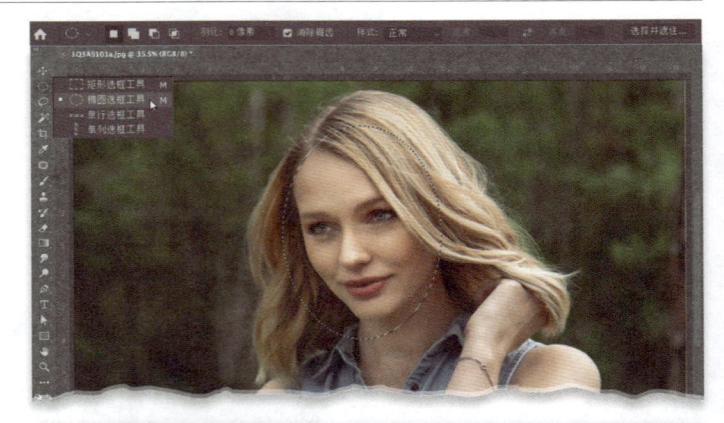

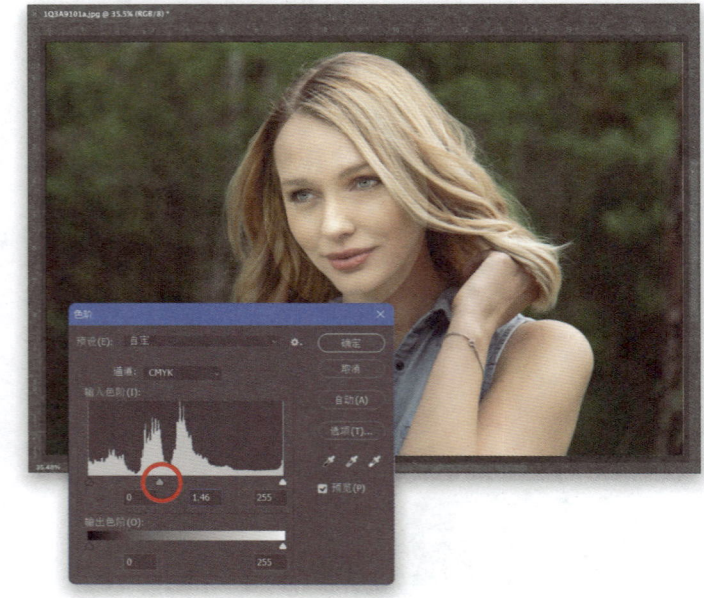

154

第三步：
再次使用"椭圆选框工具"在同一位置拖出另一个大小相似的椭圆形选区，完成后，执行"选择"｜"修改"｜"羽化"命令（如图所示），打开"羽化选区"对话框，您可以在其中输入所需的羽化半径。输入的数字越高，椭圆的边缘会变得越柔软、越宽。因此，在此处输入100像素，然后单击"确定"按钮。

第四步：
按Command+L（PC:Ctrl+L）组合键再次调出"色阶"对话框，并应用相同量的中间色调增亮（将中心滑块拖动到1.46）。再次取消选择，此时不再有椭圆形的硬边，并且我们应用的增亮与图像平稳地融合在一起。在现实生活中，这不是用来照亮受试者面部的技术——有更精确的方法，您会在书中看到。我只是用这个例子来说明为什么羽化选择的边缘如此重要，以及如何做到这一点。

使用"快速选择工具"进行轻松选择

当我需要快速选择要调整的内容时,这是我的常用工具之一。这个工具的优点在于使用起来非常容易。您只需在您想要的人或物体上作画,它就会自动感知边缘的位置,让选择东西变得轻而易举。

第一步:

打开要选择对象的照片。在这个例子中,我们想选择右上角的浅黄色雨伞,这样我们就可以改变它的颜色。现在,从工具箱中获取"快速选择工具"(如图所示,或者按W键)。这个工具的工作原理是在您想要选择的区域上绘制,所以在这里我在浅黄色的雨伞上绘制,它会自动感知边缘的位置,这样它就不会溢出到其他雨伞上。默认情况下,该工具处于"添加到选区"状态,这意味着如果在某个区域上绘制,可以在不同的区域上绘制并将其添加到最初选择的区域中。

第二步:

既然选择了雨伞,我们就可以很容易地改变它的颜色。按Command+U(PC:Ctrl+U)组合键调出"色相/饱和度"对话框,然后向左拖动"色相"滑块,将其颜色更改为蓝色(如图所示)。"快速选择工具"在选项栏中有一个"增强边缘"复选框,默认情况下,它是取消勾选的,但如果您想要更好的结果,请勾选它(并保持打开状态)。

TIP: 如果选择过多

如果任何选择工具选择的内容过多(超出线外),可以通过按住Option(PC:Alt)键并在这些区域上绘制来删除这些多余的区域。

156

第6章 几种选择方式

保存您的选择

您花了几分钟（甚至更长时间）来整理一个选择，一旦您取消选择，它就会消失。（您可以从"选择"菜单中选择"重新选择"选项，将其恢复一次，前提是您在此期间没有做出任何其他选择，但永远不要指望它。）以下是如何保存您精心挑选的内容，并在需要时将其恢复到位。

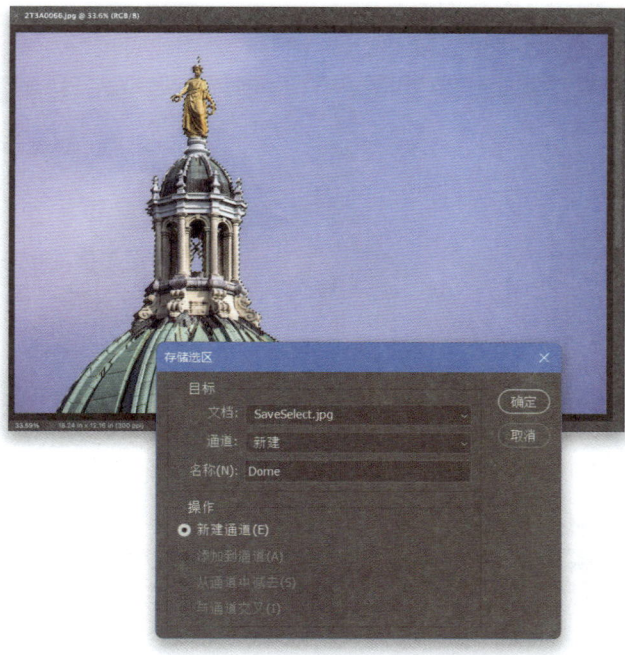

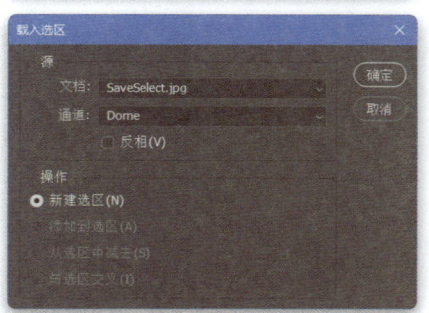

第一步：

这里使用"选择主体"进行了初步选择，但它包含了一些不应该包含的区域。例如，它选择了可以通过圆顶顶部的柱子看到天空的空间，还选择了雕像手臂下方的区域。使用了"魔棒工具"（Shift+W）并按住Option（PC：Alt）键在其中单击一次，可以将这些区域从选择中删除。还可以切换到"套索工具"（L），按住Shift键，添加它错过的任何区域（它错过了雕像肩膀上的一些区域）。下面执行"选择"｜"存储选区"命令以打开"存储选区"对话框（如图所示），可以为该选区命名（我只有在保存多个不同的选区时才会这样做。否则，默认情况下，它将被命名为"Alpha 1"），然后单击"确定"按钮。

第二步：

此选区现在将与其文档一起保存，因此，如果我们需要将此完全相同的选区（经过调整的选择）恢复原位，我们可以执行"选择"｜"载入选区"命令。当"载入选区"对话框出现时，选择"Alpha1"（或任何您命名的选择，我将我的选区命名为Dome），单击"确定"按钮，我们的选择就回到了原位。

157

完美地选择头发

您必须在Photoshop中进行的大多数选择工作都很容易，而且您通常可以使用快速选择、魔棒、套索或钢笔工具来完成其中的大多数工作，但最让我们头疼的是选择头发。多年来，我们想出了各种各样的技巧，包括复杂的通道技术，但当Adobe推出一项名为"选择并遮住"的功能时，所有这些都被抛到了九霄云外，它属于"Photoshop魔术"的标题。

第一步：

这是我们的照片，我们想把拍摄对象放在不同的背景上，同时尽可能多地保持她的头发完好无损。我们不需要每一根小飞散的头发，但"选择并遮住"功能可以让我们保留大部分头发。现在，您可能会想："我们不是在第5章做了这样的事情吗？"是的，但我们做的是初学者版本，头发的选择不到位。"选择主体"做得很不错，但在我们使用"选择主体"后，当我们需要正确选择头发时，"选择并遮住"是下一步。

第二步：

从工具箱中获取"魔棒工具"或"快速选择工具"。执行此操作时，任一工具的一组选项都会显示在选项栏中，在其右侧，您会看到"选择主体"按钮（如图所示）。通常，单击这个按钮时，它会使用内置的机器学习来选择您的主体，但实际上您可以通过单击它的下拉按钮并在下拉列表中选择"云（详细结果）"选项来获得更好的结果（如果您有互联网连接），云使用Adobe的云进行计算，给您更好的结果。这需要额外的几秒钟（因为整个云计算），但结果是值得的。

第6章　几种选择方式

第三步：
现在，我们已经做好了选择（如图所示），它实际上看起来很不错。在这一点上看起来很好，但一旦我们更上一层楼，使用"选择并遮住"功能，您就会更好地了解"选择主体"的云渲染的真实外观。要进入"选择并遮住"窗口，请单击"选择并遮住"按钮（如图所示，它位于"选择主体"按钮的右侧）。

第四步：
当"选择并遮住"窗口出现（如图所示）时，在"视图"弹出菜单（靠近"属性"面板的左上角）下，您将看到您可以选择的一系列不同的视图来帮助您查看头发蒙版。我推荐的是"叠加"（V），它为您提供了红色色调的叠加（如图所示），使您可以很容易地看到您的图像和它错过的任何区域（我在这里放大了一点）。您可以看到，在左边，她的头发上有很多白色的小缺口。因此，虽然选择主体做得很好，但它并不"花钱"，这就是我们在选择并遮住的原因——它有我们需要的工具来弥补这些空白。

第五步：
在窗口左侧的工具栏中，单击从顶部向下的第二个工具。这是"调整边缘画笔工具"（R），我们使用它来消除那些白色间隙。按右括号键几次，使画笔相当大（如果按左括号键，画笔会变小）。把您的画笔刷得又大又好看，然后在她头发上的白色缝隙上画画，但要小心不要让画笔的中心碰到她的头发。画笔中心的小十字线需要远离背景（就像您在这里看到的），否则它会开始擦除她的头发，而不仅仅是白色的缝隙。

第六步：
现在让我们在她的另一侧做头发，因为它有类似的白色缺口。如果需要，可以从工具栏中获取"抓手工具"（H），然后单击并将图像拖动到另一侧，也可以按空格键临时切换到"抓手工具"，然后使用它单击并拖动。无论哪种方式，一旦到了那里，切换回"调整边缘画笔工具"，并在此处的白色间隙上绘制（如图所示）。

第6章 几种选择方式

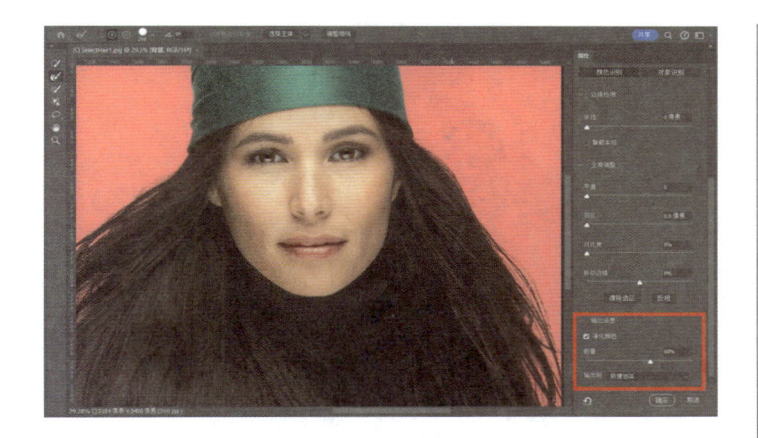

第七步：
一旦我们把这些空白画好，我们就可以使用一种设置来帮助填补更多的空白。在"属性"面板底部的"输出设置"部分，勾选"净化颜色"复选框，然后将"数量"滑块拖动到100%，然后查看头发边缘的外观。有时，当它达到100%时，它开始看起来有点"斑驳"，所以您可能不得不降低"数量"（在这里，我将其降低到60%）。最后，从下面的"输出到"弹出菜单中选择"新建图层"选项，这样我的主体就可以在"背景"图层上方的透明背景上结束。如果您对图层蒙版非常满意，如果您认为您将手动调整蒙版，那么自动添加图层蒙版是一种选择。

第八步：
单击"确定"按钮，使用我们现有的"输出到"设置，以下是我们得到的，我们在自己的图层上选择的主体具有透明背景（如图所示）。它还自动从视图中隐藏"背景"图层，以便您可以清楚地看到最终选择的外观。如果您看她的头发边缘，特别是左边，您可以看到一些像素掉到了应该有头发的透明位置。这种情况经常发生，如果您打开/关闭背景图层几次（单击眼睛图标曾经所在的位置），您可以真正看到脱落的部分发生在哪里。在下一步中，我们将做一些事情来帮助解决这个问题。

161

第九步：

我们将使用在第5章中做一个简单合成时学到的相同技巧（因为它工作得很好），那就是将这一图层复制几次，这样它就建立了它后面的像素。连续按两次Command+J（PC:Ctrl+J）组合键（总共三层我们的主体），它就很好地填充了这些丢失的像素（如图所示）。完成后，按住Command（PC:Ctrl）键并单击所有三个主体图层以选择它们（如图左下所示），然后按Command+E（PC:Ctrl+E）组合键将所有三个图层合并为一个图层（如图右下）。这保持了所有三层的像素积累，如果将它们组合成一层，则更容易管理。按Command+C（PC:Ctrl+C）组合键将这一层复制。

第十步：

剩下的过程非常像我们之前做的简单合成，所以打开我们想要放置主体的背景图像。对于这个特定的背景图像，让我们应用一个滤镜，使其看起来像是有一个浅而模糊的景深，这与肖像图像看起来差不多。要应用它，执行"滤镜"|"Neural Filters"命令。当其窗口出现时，在"Neural Filters"面板底部附近，单击"深度模糊"的切换开关（如果需要下载，请单击"下载"按钮）。我使用了默认设置来获得您在这里看到的效果，但如果您想要更模糊的东西，只需向右拖动"模糊强度"滑块即可。完成后，单击"确定"按键，然后按Command+D（PC:Ctrl+D）组合键取消选择（注意，在整本书中，我们将再次研究Neural Filters）。

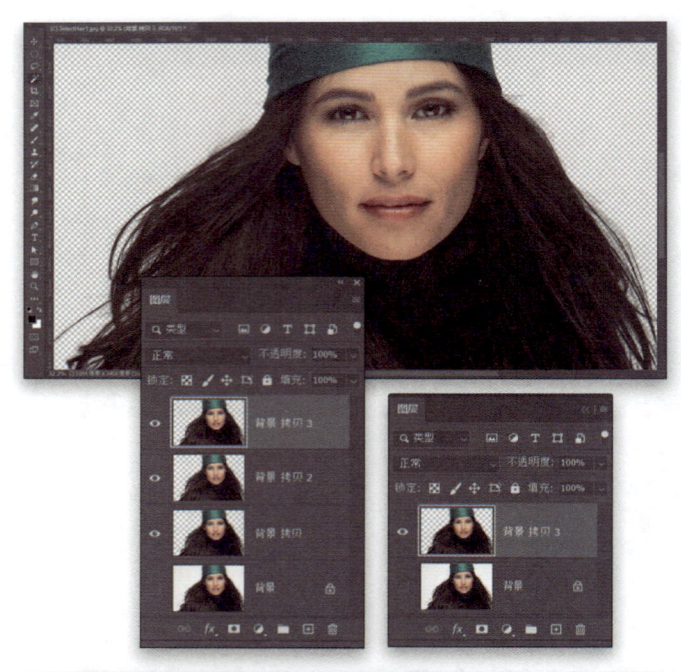

第十一步：

按Command+V（PC:Ctrl+V）组合键将我们的主体图层粘贴到背景上，它将显示为自己的独立图层（如图左下所示）。我们的主体图层的尺寸比背景图像的尺寸大一点，所以我们需要缩小她的尺寸。按Command+T（PC:Ctrl+T）组合键调出"自由变换"，然后单击其中一个角点（我在这里抓住了右下角点）并向内拖动以向下缩放图层。当它看起来大致正确时，按Return（PC:Enter）键锁定调整大小，然后按Command+E（PC:Ctrl+E）组合键将主体图层与"背景"图层合并（如图右下所示），这样我们就可以同时对两者应用效果。

第十二步：

就像我们在第5章中对简单合成所做的那样，我们将对整个图像应用色调，以帮助在视觉上统一主体和背景。执行"滤镜"｜"Camera Raw滤镜"命令以打开其窗口。在"编辑"面板的"配置文件"弹出菜单右侧，单击带有三个正方形+一个放大镜的图标以打开"配置文件浏览器"（如图所示）。向下滚动到创意档案的现代收藏，然后通过单击来展示它们。您可以将光标悬停在任何缩略图上，以查看应用该特定配置文件后的屏幕预览。在这种情况下，单击"现代03"可为我们的图像应用非常温暖、几乎呈褐色的外观。完成此操作后，缩略图下方会出现一个"数量"滑块，要增加颜色效果的强度，只需将其向右拖动即可（此处，我转到150）。现在，只需单击浏览器左上角的后退箭头即可完成操作。

按颜色（或按高光或阴影）选择

这是您选择工具中的另一个好工具，它被称为"色彩范围"，因为它可以让您根据颜色或一系列相似的颜色来选择一个区域（我知道，魔棒工具也可以让您这样做），但它比魔棒工具有更多的功能，而且它也有一些隐藏的天赋值得了解。

第一步：

要按颜色进行选择，请执行"选择" |"色彩范围"命令以打开"色彩范围"对话框（如图所示）。顶部的"选择"弹出菜单是我们选择如何进行选择的地方，默认为"取样颜色"。让我们把它留在那里，因为我们将使用那些小滴管（就在"存储"按钮下面）来单击我们想要选择的区域中的颜色。左边的第一个滴管是我们首先单击我们想要的颜色区域的滴管。第二个滴管的右下角有+（加号），让我们添加到初始样本中。第三个，右下角有−（减号），如果它选择太多，我们可以删除一个颜色区域。

第二步：

单击第一个滴管，然后单击图像中要选择的区域（在本例中，我单击了右侧铁锈色的建筑，如图所示）。如果在"色彩范围"对话框的预览区域中查看，将看到所选内容的黑白预览。同样，您可以使用第二个滴管添加更多区域，当您单击添加这些区域时，预览将更新。如果勾选对话框顶部附近的"本地化颜色簇"复选框，通常会得到更准确的选择，但它也有点像颜色之间的羽化。

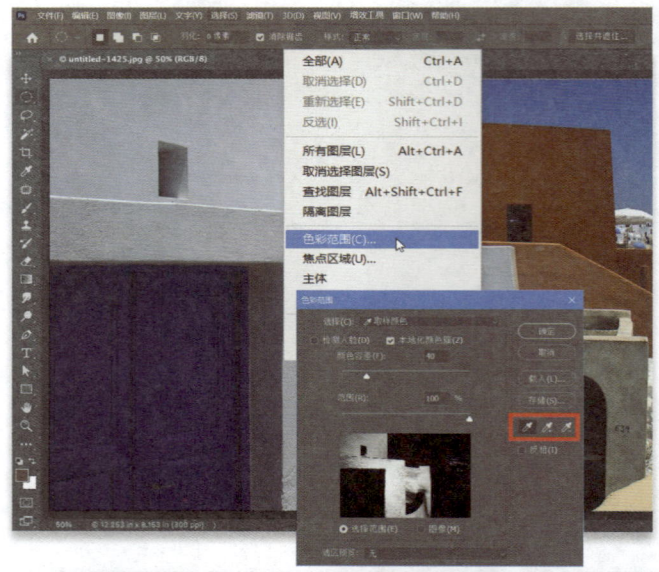

第6章 几种选择方式

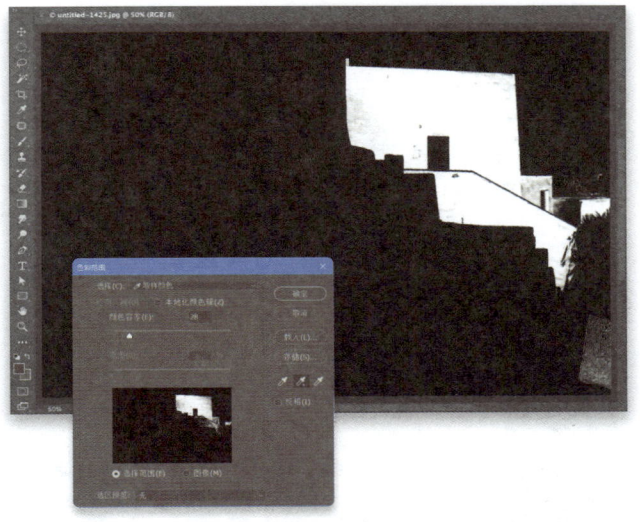

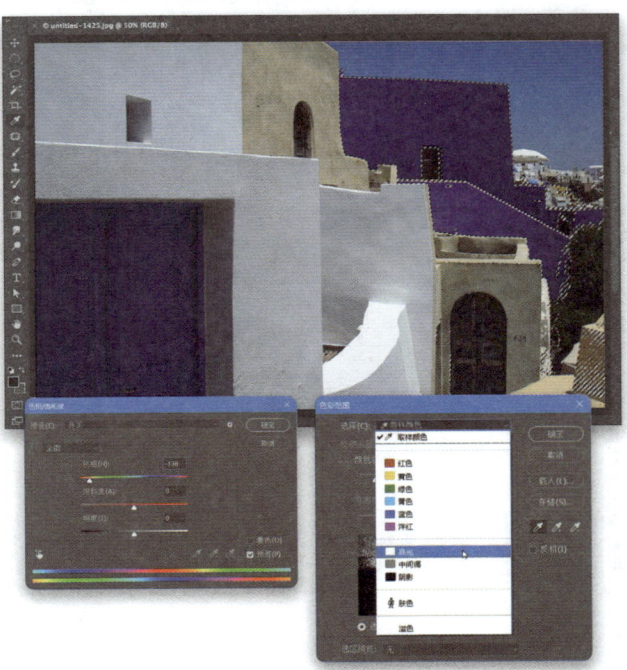

第三步：
对话框底部是"选区预览"弹出菜单，您可能会发现在此处选择"灰度"很有帮助，这样您的整个图像就会显示蒙版（如图所示）。通过这种方式，您可以比对话框中的微小预览更容易地看到正在选择的内容。在这里取消勾选"本地化颜色簇"复选框，您可以看到边缘有多清晰（对于这种类型的图像更好）。"范围"滑块只有在勾选"本地化颜色簇"复选框时才会出现，正如Adobe所描述的："……它控制一种颜色必须与要包含在选择中的采样点相距多远或接近多远。"颜色容差滑块有点像"魔棒工具"的"容差"滑块——向右拖动得越远，它包含的颜色就越多。

第四步：
单击"确定"按钮，它将选择应用于我们的图像（如图所示）。现在，我们可以使这些区域更亮或更暗，或者在这种情况下，打开"色相/饱和度"对话框（按Command+U（PC:Ctrl+U）组合键），并向左拖动"色相"滑块（如图左下所示）以更改建筑的颜色。还记得在介绍中，我提到色彩范围有一些隐藏的天赋吗？这些隐藏在其"选择"菜单下。您可以选择"高光""中间调"或"阴影"选项，它将仅为您选择这些区域。如果您想调整受试者的皮肤，甚至可以选择"肤色"选项。在其中一张图像上尝试此操作，打开"色彩范围"对话框，选择"高光"，单击"确定"按钮，然后按Command+J（PC:Ctrl+J）组合键将图像中的高光仅放在它们自己的单独图层上。然后，在"图层"面板中，将该图层的混合模式更改为"滤色"以仅亮显高光，然后使用"不透明度"滑块控制它们的亮度。

删除徽标后面的白色背景

这是我经常被摄影师问到的问题，他们想在图像上添加他们的商业或摄影标志，用于品牌、水印或其他用途，但他们不想要标志后面的白色背景，他们只想要标志本身。您不仅可以在Photoshop中做到这一点，而且如果您想在Lightroom内使用透明背景的徽标，这项技术将让您做到这一步（Lightroom将尊重透明度）。这个标志项目之所以出现在选择章节中，是因为有一种选择技术可以实现它。以下是如何在没有白色背景的情况下只获得您的徽标的方法。

第一步：
这是我在一年一度的全球摄影展上做的一件T恤设计（感谢Margie Rosenstein）。标志后面有一个纯白的背景，但我们只想把标志本身放在透明背景的图层上，这样我们就可以把它放在图像上。首先从工具箱中获取"魔棒工具"（或者按Shift+W组合键，直到您拥有它），然后在白色背景区域的任何位置单击一次（此处，我单击了它的右上角，就在徽标区域之外），它选择了徽标的外部（"魔棒工具"只选择具有传染性的颜色，所以当它碰到徽标主要部分周围的灰色圆圈时就停止了）。

第二步：
执行"选择"|"选取相似"命令（如图所示）。它的作用是，到目前为止，在第一步中，我们选择了部分白色背景。现在，通过选择"选取相似"，我们告诉Photoshop"选择所有与已经选择的颜色相似的颜色"。我们选择的是白色背景，所以Photoshop会选择我们图像中每隔一点的白色（如图所示，白色的每一个角落都被完美地选择了）。

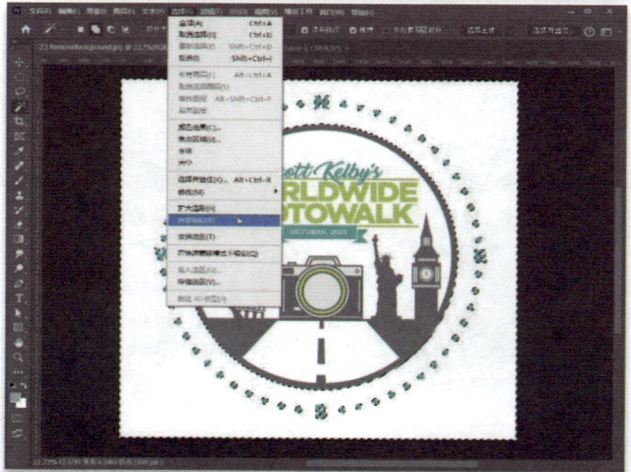

第6章 几种选择方式

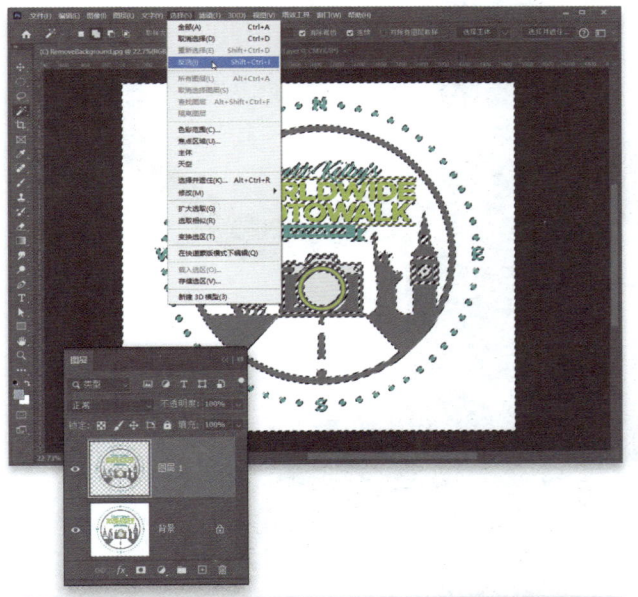

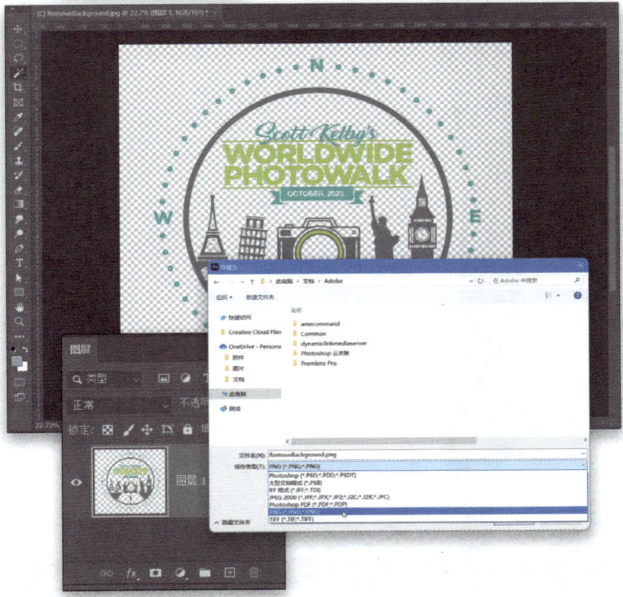

第三步：
执行"选择"｜"反选"命令（如图所示）。这将选择切换到白色背景的反面，就是徽标。我们首先单击白色背景，使用"选取相似"将白色背景的其余部分添加到选择中，然后反选该选区，只选择徽标。接下来，我们需要将这个徽标设置在自己的独立图层上，所以在选择好徽标后按Command+J（PC:Ctrl+J）组合键。现在，它在自己独立的图层上（如在图层面板中所示）。

第四步：
我们不再需要"背景"图层了，在"图层"面板中单击并将其拖动到面板底部的垃圾桶图标上以将其删除。这将留下您在这里看到的内容——我们的徽标位于透明背景上。如果您想把这个标志放在Photoshop中的图像上，只需按Command+C（PC:Ctrl+C）组合键复制这个层，切换到另一个文档，然后按Command+V（PC:Ctrl+V）组合键粘贴它，就会没有白色背景。现在，将此文件保存为Photoshop的原生格式（PSD），因此，如果您将来需要此徽标，它将已经有了透明的背景，您就可以使用了。如果要将此徽标带到Lightroom中并保持透明度，请将文件保存为PNG格式（如图所示，在"存储为"对话框中），当您将其作为身份证带到Lightroom中时，它将保持透明度。

167

Exposure: 1/160 sec | Focal Length: 14mm | Aperture Value: ƒ/8 | ISO: 200

第7章
黑与白、双色调以及更多

摄影师詹妮弗·普莱斯（Jennifer Price）关于黑白摄影的一句名言一直萦绕在我心头。她说："我喜欢黑白照片的地方在于，它们更像是在看书，而不是看电影。"这句话太棒了。但是，詹妮弗可能只是说，因为她没有看过2012年那部引人入胜的中国动作片《黑与白，第1集：突击黎明》，IMDb.com上是这样描述的："一个对死亡无所畏惧的警察，可以为一个真相做任何事情，而一个最害怕死亡的歹徒，却因为他的冒险行为而受到生命威胁——这一切都是为了爱。一个警察和一个歹徒可以成为您从未想象过的伟大伙伴。"以下是我的想法：在IMDb输入这部电影信息的人使用了谷歌翻译。不管怎样，任何一部在电影片名中真正列出"黑与白"这一短语的电影都是鼓舞人心的，人们想知道，如果它在美国的电影院上映，原片名是《痞子英雄之全面占领》，它是否会取得同样的全球票房成功。现在，我必须承认，即使我不得不在这个标题上使用谷歌翻译（我的普通话有点生疏），我不得不说，我看到字面翻译实际上是："如果您的照片不太好，把它转换成黑白，没有人会知道区别。"真实的故事（把它输入谷歌翻译自己看）。无论如何，我想检验一下詹妮弗的话，所以在互联网上搜索了几周后，我终于找到了一本《黑与白，第1集：突击黎明》的印刷本，我很高兴地发现这是英文译本。好吧，不出所料，詹妮弗是对的，这本书好多了（所有的页面和文本都是黑白的，这进一步证明了她的理论）。所以，然后我缩小了对标题中有"白色"或"黑色"两个词的电影的搜索范围，我发现了一部永远改变了我对黑白摄影看法的电影。这是20世纪80年代的电影《白色食人女王》，由艾尔·克利弗和萨布丽娜·西亚尼主演。这是一个关于"一个男人在食人部落失去了一只手臂和他的家人，十年后回来带回他十几岁的女儿，却发现她成长为一个美丽的金发女人，成为食人族的女王。"告诉我，这是一部关于黑白摄影的引人入胜、情感脆弱的电影，比不上《皮子英·熊首补曲》：《全面开展》。

使用富有创意的配置文件进行"造型"

这些与预设不同(在某些方面更好),因为当您使用预设时,它只是将滑块移动到预设位置以创建外观。如果在应用预设后移动滑块,则会更改刚刚应用的外观。但是,创意配置文件(会影响图像的颜色和色调)应用此外观而不移动任何滑块。所有滑块仍设置在原来的位置(可以是默认设置,也可以是应用配置文件之前移动滑块的位置)。我通常在编辑过程结束时应用这些创意配置文件(可以在Camera Raw中找到),除非我用它们来创建黑白图像,在这种情况下,我会在开始时使用它们。无论哪种方式,我都喜欢这些简单的一键配置文件给我们的最终外观,我经常使用它们来添加一些额外的东西。

第一步:
创意配置文件存在于Camera Raw中,因此如果您的图像已经在Photoshop中打开,执行"滤镜" | "Camera Raw滤镜"命令来应用它们。进入Camera Raw窗口后,在"编辑"面板的"配置文件"弹出菜单右侧,您将看到一个带有三个小方块+一个放大镜的图标(如图所示)。单击该图标显示配置文件浏览器,您将在其中找到45种不同的创意配置文件(包括17种仅适用于黑白的配置文件。本章稍后将介绍更多信息)。

第二步:
跳过顶部的配置文件(收藏夹、Adobe Raw和相机匹配),进入下面的创意配置文件,然后单击打开(我单击了此处的"艺术效果")。您会看到一排排的配置文件缩略图,这些缩略图可以让您预览效果。如果您将光标悬停在任何缩略图上,它会在您的图像本身上显示缩略图的外观(在这里,将光标悬停在"艺术效果05"上),这就是我使用这些缩略图的方式。我也经常在这一点之前/之后进行分屏,这样我就可以同时看到原图和悬停在上面的缩略图(如图所示,要做到这一点,只需按Q键)。如果需要放大,请按Command++(加号,PC:Ctrl++)组合键。

第7章 黑与白、双色调以及更多

第三步：
这就是您"试镜"不同外观的方式——只需将光标悬停在不同的缩略图上，然后尝试不同的收藏，看看您打开的图像对您来说什么好看（在这里，我将光标悬停在现代收藏中的一个配置文件"现代04"上，它有点偏蓝）。要应用配置文件，只需单击即可。

TIP: 将配置文件另存至收藏夹
要将配置文件添加到收藏夹集合，只需将光标移动到其缩略图上，然后单击缩略图右上角的星形图标，即可添加该配置文件。

第四步：
单击缩略图（现代05）以应用它后，将显示一个"数量"滑块（如图所示），您可以通过向右拖动该滑块来增加轮廓的强度，或者通过向左拖动来减少轮廓的效果。

TIP:之前/之后对比
这是显示原始图像调整之前/之后的对比，然后应用"现代05"配置文件后将"数量"减少到57。

之前　　　　　　之后

Photoshop 数码照片专业处理技法

即时黑白转换

一些最好的技术是最简单的，在引入黑白配置文件之前，这是我的常用方法。当我想要一个非常快速、简单、好看的黑白转换时，我仍然会使用它。

第一步：
首先按D键将前景颜色设置为黑色，将背景颜色设置为白色。接下来，在"图层"面板的底部，单击看起来像黑白饼干的图标，然后在弹出菜单中选择"渐变映射"选项（如图所示）。只需简单地应用这个黑白渐变图，就可以获得比单击Camera Raw的"编辑"面板中的"黑白"按钮，或者在Photoshop的"图像"菜单下的"模式"下选择"灰度"选项更好的转换效果。

第二步：
选择了"渐变映射"选项后，一个漂亮的、对比鲜明的黑白图像已经准备好了。

172

第7章 黑与白、双色调以及更多

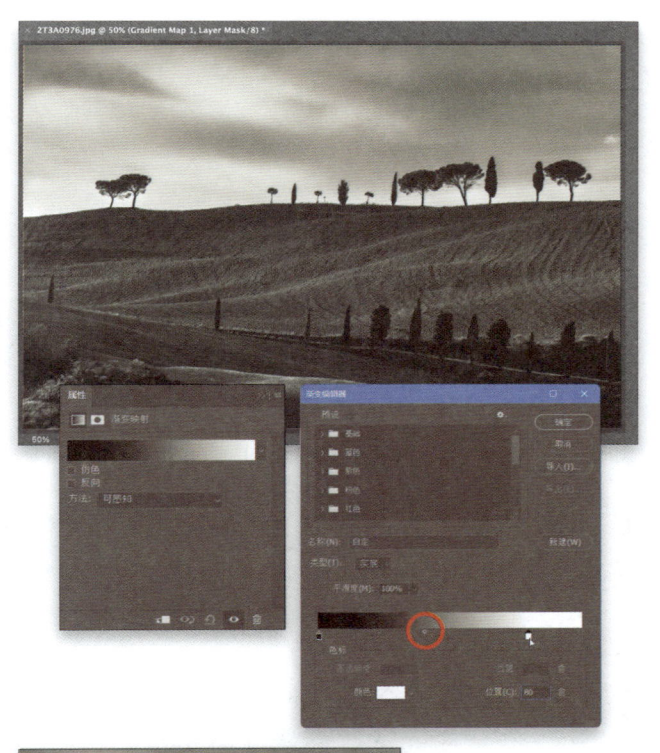

第三步:
如果您在添加"渐变映射"调整图层时打开的"属性"面板（如图左下所示）中查看，您将看到一个小的渐变条。单击该渐变条上的任意位置以显示"渐变编辑器"（如图右下所示）。现在，要调整这张黑白图，单击渐变条左侧下方的黑色滑块或右侧下方的白色滑块，然后在渐变中心正下方添加一个菱形（此处用红色圈出）。单击并向左拖动该菱形以使中间色调变亮（就像我在这里所做的那样），或者向右拖动以使其变暗。如果需要较暗的阴影，向右拖动黑色滑块。如果您想增加高光，向左拖动白色滑块（就像我在这里所做的那样）。注意，拖动时您不会在图像中看到这些变化，但释放鼠标左键后会看到这些变化）。如果您想调整图像，这就是调整图像的方法。完成后，在"渐变编辑器"中单击"确定"按钮。

之前

之后

TIP:之前/之后对比
这里，在左上角，是如果我们转到Camera Raw滤镜（或在Camera Raw中打开Raw图像）并单击"编辑"面板中的B&W按钮，黑白转换的外观。它看起来很平坦，毫无生气。右下角是使用您刚刚学习的渐变映射方法后的版本，它看起来对比度更强，富有生机。

173

转换为黑白

除了调色之外，还有17种黑白配置文件非常方便，可以作为创建黑白图像的起点。但是，不仅仅是使用这些配置文件——它们只是为我们的成功做好了准备。此外，如果您从彩色图像开始并将其转换为黑白图像，您将拥有更大的灵活性。所以，我总是用彩色拍摄，即使我知道我要拍摄的将是白纸黑字。

第一步：
首先在Camera Raw中打开一个彩色图像（如图所示）。您可以调整一个已经是黑白的图像，但正如我上面提到的，如果您像我们在这里做的那样从彩色图像开始，您会对转换的外观有更大的灵活性。我们将使用B&W配置文件进行基本转换，打开"编辑"面板，在配置文件弹出菜单的右侧，您将看到一个带有三个小方块＋一个放大镜的图标（此处用红色圈出）。

第二步：
单击该图标以显示配置文件浏览器，然后向下滚动到黑白集合。将光标悬停在每个缩略图上，即可查看每个黑白转换的屏幕预览。选择"黑白07"，它在使天空变暗方面做得很好，所以我单击了它作为我的起点。

第7章 黑与白、双色调以及更多

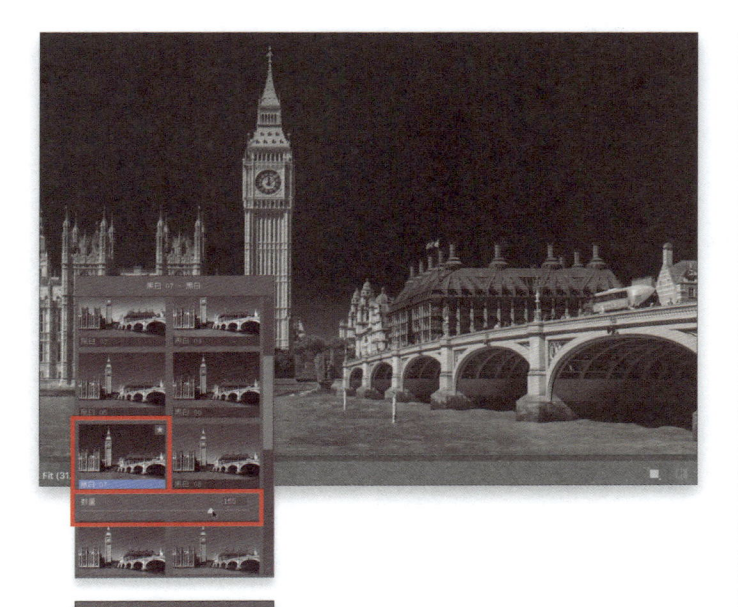

第三步：
应用创意配置文件后，可以拖动配置文件下方的"数量"滑块控制其强度。在这种情况下，如果将"数量"滑块向右拖动一点（如图所示，我将其拖动到155），您可以使天空几乎变黑，以获得几乎红外的效果（如图所示）。在本教程中，我们不坚持这种黑色天空的外观（我只是想让您看看"数量"滑块可以做什么），所以将其重置为100，然后单击浏览器左上角的后退箭头。

第四步：
现在我们已经转换为黑白，我们可以通过"黑白混色器"面板来调整图像的各区域。这听起来有点奇怪，但您要移动这个面板中的颜色滑块来调整黑白图像中的不同区域。这里有一个很好的想法：天空是蓝色的，为了使天空更亮或更暗，我们可以拖动蓝色滑块（根据天空的颜色，可能还有浅绿色，甚至紫色滑块）。我总是告诉人们要做的是来回拖动每个颜色滑块几次，看看它们到底调整了图像的哪些部分。这就是我在这里所做的。我向后拖动第四个，看看是什么控制了什么，如果我认为它看起来更好，我就把它留下。如果不是，双击滑块将其重置为零。这些滑块让我把天空调暗一点，把水调暗一点，然后把桥上的双层巴士带出来（您可以在这里看到我的设置，左上角）。

175

第五步:

当您和摄影师谈论出色的黑白图像时，您会听到他们谈论很多高对比度的黑白图像。这意味着白人更白，黑人更黑。在"亮"面板中将"对比度"滑块向右拖动（在这里，我将其拖动到+53）。然后，按住Shift键，"白色"滑块将变为"自动白色"。直接单击自动白色，它为我们设置了白点（在这里，它将其设置为+51）。对自动黑色做同样的事情。在这种情况下，单击自动黑色不会移动滑块，这意味着我们的黑点设置正确，所以它保持在零。如果您觉得需要更多对比度，在"曲线"面板中单击第二个"调整"图标（灰色圆圈），然后从底部的"点曲线"弹出菜单中选择"中对比度"或"强对比度"选项（如图右下角所示，我在此处选择了"强对比度"选项）。

第六步:

回到"效果"面板，这样我们就可以增加"纹理"和"清晰度"的数量。我的经验法则是，我通常会在某个地方应用大约一半的"清晰度"，因为"清晰度"滑块会有点扰乱整体色调。虽然它的用量很小，但如果您添加太多清晰度，事情可能会开始看起来很糟糕。这里将"纹理"滑块拖到+19，将"清晰度"滑块拖到+10。

第7章 黑与白、双色调以及更多

第七步：
我通常会在黑白照片上添加一个画龙点睛的地方——让它们看起来更像"胶片"——就是在图像中添加一些颗粒。因此，在"效果"面板中向右拖动"纹理"滑块（要查看添加的实际颗粒量，您需要放大一点）。在这里，我将其拖动到12，但没有神奇的数字——它只是取决于图像。我希望颗粒非常微妙。我想看看颗粒，但看看就足够，不足以让它挡住去路。

TIP:之前/之后对比
这是一个前后对比图，显示了通过单击"编辑"面板中的B&W按钮将彩色照片转换为黑白照片的效果，而不是使用您刚刚学到的方法进行转换——从B&W配置文件开始，然后添加对比度、纹理和清晰度以及颗粒。我可能有点太过分了，因为天空变暗了，但我真的想要那种超高对比度的黑白外观。如果您想让天空更灰，当您在B&W混色器面板中时，不要向左拖动蓝色滑块太远（或者根本不要拖动）。

之前

之后

更丰富的黑白配色

如果您知道专业人士是如何获得那些深邃、丰富的黑白照片的话，您可能会惊讶地发现，您看到的不仅仅是普通的黑白照片。相反，它们是四色调或三色调——黑白照片由三四种不同的灰色或棕色组成，看起来像是一张平面的黑白照片，但这些照片似乎有更大的深度。幸运的是，您不必是专家就可以开始使用这些四色调或三色调，因为Photoshop中内置了一堆非常好的预设。您只需要知道去哪里看。

第一步：
打开您想应用四色调或三色调效果的照片（"四色调"是指最终的照片将使用四种不同的墨水混合在一起以达到效果。三色调使用三种墨水）。这里一张原始的彩色图像，我们要将其转换为四色调。

第二步：
创建四色调前，我们首先将图像转换为灰度模式。单击Camera Raw中的B&W按钮，打开B&W配置文件。执行"滤镜"|"Camera Raw滤镜"命令。在"编辑"面板中的"配置文件"弹出菜单右侧，单击带有三个小方块+一个放大镜的图标以打开"配置文件浏览器"，然后从黑白创意配置文件集合中单击一个对您来说不错的配置文件。在这里，我选择了"黑白04"。现在，单击"确定"按钮关闭"Camera Raw滤镜"。

第7章 黑与白、双色调以及更多

第三步：
执行"图像"|"模式"|"灰度"命令，将图像转换为灰度（它会询问您是否要放弃颜色信息，单击"放弃"按钮）。执行"图像"|"模式"|"双色调"命令（如图所示）。当您处于RGB模式时，此模式将变灰，这就是为什么我们必须转换为灰度级的原因。当"双色调选项"对话框出现时，默认设置会给您一个单色，但我们将使用顶部"预设"弹出菜单中的内置预设，在那里您会找到137个预设。它们是由双色调、三色调和四色调组成的吗？相反，它们先按Pantone颜色编号排列，然后按字母顺序排列，这是Adobe版本的杜威十进制。

第四步：
让我们从选择一个四色调预设开始。选择"Bl WmG9 CG6 CG3"，"Bl"代表黑色，三组字母/数字是用于制作四色调的其他三种颜色的PMS（潘通匹配系统）预设。如果您看到四个独立的集合，那就是一个四色调集，另一个最受欢迎的是"Bl 541 513 5773"。还有一个不错的三色调，使用黑色和两种灰色"Bl WmGray 7 WmGray2"。完成后，将图像转换回RGB模式（在"图像"菜单下的"模式"下），以便共享、打印等。

179

颜色分级

颜色分级在好莱坞很受欢迎，因为他们多年来一直在电影中添加颜色(阴影、中间调和/或高光) (例如《黑客帝国》《死侍》《饥饿游戏》《巴黎午夜》或《独唱:星球大战故事》等电影)。然后它在电视上变得很大(例如《权力的游戏》《绝命毒师》《行尸走肉》《使女的故事》)，现在它在静态图像中也很重要。它是时尚和肖像摄影的主要内容，现在它在旅行和风景摄影中越来越受欢迎。这是您通常会在编辑过程结束时添加的内容有点像是一个收尾或增甜的动作。最后，您还可以使用"颜色分级"功能来创建"分割色调"效果。

第一步：

"颜色分级"会在图像中已经存在的颜色上添加颜色，先进行所有正常编辑，我们通常会在编辑过程结束时或接近结束时添加颜色分级作为最后一步。完成编辑后，在"颜色分级"面板（如图所示）的"调整"选项中单击"三向模式"图标（三个圆，如果尚未选择），三个色轮都可见（如图所示）。三个色轮允许您将色调应用于阴影、中间调或高光区域。

第二步：

让我们从为阴影区域添加色调开始。单击阴影色轮（左下角色轮）中心的小圆，并将其拖动到阴影中所需的颜色。在这种情况下，我们正在向蓝色拖动。向控制盘的外侧边缘拖动得越远，蓝色色调就越丰富、越饱和。如果将圆向后拖动到控制盘的中心，则饱和度会降低，如果将其向后拖动到中心，则根本不应用色调。拖动那个小圆后，色轮的外缘会出现一个小点，这样您就可以更容易地移动到不同的色调，而不会干扰饱和度。

第7章 黑与白、双色调以及更多

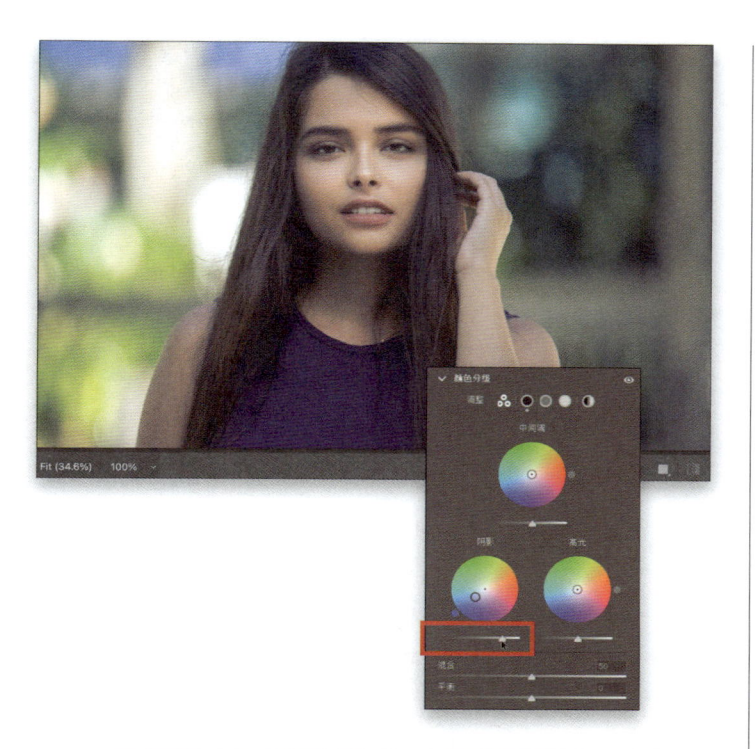

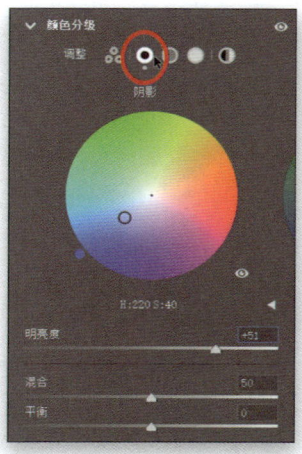

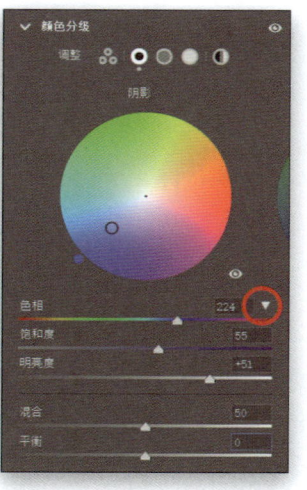

第三步：
拖动小圆选择色调（色调的颜色），并将其向色轮的边缘拖动控制颜色的饱和度。如何选择颜色的亮度呢？拖动色轮正下方的滑块。将此亮度滑块向右拖动得越远，颜色就越亮。在这里，我把它拖到右边，它照亮了阴影中的蓝色色调（如图所示）。向左拖动会使颜色变暗。

第四步：
"颜色分级"面板的默认视图同时显示三个色轮，如果您想一次处理一个色轮（使用更大的视图和更多的微调选项），在"调整"选项将看到阴影色轮的黑点（如图所示）、中间调色轮的灰点和高光色轮的白点。每个色轮的"亮度"滑块仍在那里，但在其右上角，您将看到一个小的面向左的三角形。如果您单击它，会展开面板，为每个控件提供一个滑块，如果您不喜欢在色轮周围拖动小圆，这很方便——您可以改为使用这些滑块。让我们继续看中间部分。

TIP: 隐藏色轮的效果
当您在较大的单色轮视图中时，可以通过单击并按住色轮右下角的眼睛图标来隐藏应用于该单独区域的色调。

181

第五步：

回到默认视图，在那里我们同时看到所有三种颜色的色轮，所以再次单击"三向模式"图标。中间调色轮是顶部的中心色轮，因此单击此色轮中心的圆，然后将其拖动到橙色色调（如图所示）。在这种情况下，不要拖到边缘。然后，让我们通过将色轮下面的亮度滑块向右拖动一点来提高橙色色调的亮度（如图所示）。

TIP: 如何创建分割色调

要创建传统的分割色调外观，只需使用"阴影"和"高光"色轮，而忽略"中间调"色轮。这就是它的全部。

第六步：

使用"高光"色轮（右下角的色轮）设置高光色调。单击中心的小圆并将其向外拖动到红色色调（如图所示）。我们将亮度滑块留在此处（我们不需要使高光太亮）。继续向右拖动滑块，看着背景中的亮点开始绽放，这也是我们不打算在这张照片上使用它的原因之一。就像整本书中任何东西的滑块一样，这一切都取决于图像。在另一张照片上，它可能看起来很棒。让我们继续讨论我们还没有涉及的另外两个控件，它们也很重要。

第7章 黑与白、双色调以及更多

第七步：
"颜色分级"面板底部的两个滑块控制两件重要的事情："混合"滑块控制阴影、中间调和高光之间混合的平滑程度，向右拖动得越远，混合就越平滑，我通常把这个滑块放在中间，保持默认设置下。"平衡"滑块控制颜色的平衡是偏向阴影和较暗的中间调（通过向左拖动），还是偏向上中间调和高光（通过向右拖动）。如果您来回拖动几次，您会看到它是如何影响您的图像的，当我对这张照片进行处理时，我喜欢它的外观，"平衡"向阴影中的蓝色和中间调中的黄色倾斜了一点（我把它向左拖动到－13）。

TIP:之前/之后对比
这是添加了"颜色分级"效果的前后对比。您可以看到增加亮度滑块是如何帮助图像变亮的。如果您创建了一个您真正喜欢的颜色组合，别忘了将其保存为Camera Raw预设，这样您就可以再次获得完全相同的外观，只需单击一下即可应用于不同的图像。

之前

之后

183

双色调让疯狂变得简单

不要让这种技术整齐地放在一个页面上的事实让您认为它不是一种摇摆技术,因为这是我使用过的最好、最快的双色调技术(也是我在自己的工作流程中唯一使用的技术)。我曾经做过一个更复杂的版本,但后来我的朋友特里·怀特向我展示了他从他的一个朋友那里学到的一种技术,他很喜欢他的双色调,我已经用了很多年了。

第一步:
在Camera Raw中打开全彩图像,然后使用其中一个黑白配置文件将其转换为黑白。对于这个特殊的图像,我选择了"黑白11"进行黑白转换(如图所示)。

第二步:
要创建双色调,在"颜色分级"面板"阴影"色轮中将中心的圆圈向外拖动一点,使其变成深橙色或棕色——只需拖动一点即可将饱和度保持在较低水平(如图所示)。您将完全忽略中间调和高光的色轮。最后,尝试将色轮下方的"阴影"亮度滑块向左拖动以使阴影色调变暗。

为黑白照片上色（使用 Neural Filter）

这更像是Adobe在Photoshop中添加的人工智能魔法，包含在一组名为Neural Filters的实验滤镜中。这是一个测试场，Adobe可以让您尝试他们正在开发和改进的新滤镜，其中一个滤镜在黑白照片的着色方面做得非常出色。它非常容易使用，因为它可以为您完成所有的工作。

第一步：
打开一张黑白照片（这张照片是我对我哥哥杰夫穿着海军制服的旧照片进行的扫描）。要给这张照片上色，执行"滤镜"|"Neural Filter"命令（它就在滤镜菜单顶部附近），打开"Neural Filters"窗口（如图所示）。在滤镜面板中，单击"着色"的切换开关以将其打开（如果需要，单击"下载"按钮）。

第二步：
就像我在介绍中所说的，这个滤镜是基于人工智能的，所以您所要做的就是打开它，它就会完成它的任务（如图所示）。尽管它应用了标准的着色，但您可以从右侧面板的"调整"部分显示的"配置文件"弹出菜单（见图右下方）中选择不同的样式和颜色偏差。如果选择轮廓，可以拖动"轮廓强度"滑块或多或少地应用该外观。在"配置文件"弹出菜单下方，还有一个"饱和度"滑块，以及用于调整颜色平衡的滑块（如图左下方所示），在这些滑块下方有两个用于减少噪声的滑块。在底部的"输出选项"部分，有一个复选框，如果您希望照片的彩色版本显示在原始图像上方的单独图层上，则勾选该复选框。

185

隐藏的摄影调色外观

早在几年前，Adobe就委托摄影师Steve Weinrebe基于经典的暗室颜色组合，创建了一套自定义的照片调色外观，并将其包含在Photoshop中。但是，早在2020年，当Adobe更新他们的内置渐变集时，出于某种原因，他们埋葬了这些宝石。它们仍然在这里，但除非您知道去哪里找，否则您永远找不到它们，这很遗憾，因为它们真的很好，使用起来很简单（只需要加载一次即可随时使用）。让我们挖掘这些"坏男孩"，我会向您展示把它们加入您的调色库是多么容易。

第一步：
执行"窗口" | "渐变"命令以打开"渐变"面板。单击右上角的四条水平小线（此处用红色圈出），然后从底部附近出现的弹出菜单中选择"旧版渐变"选项（如图所示）。

第二步：
按D键将前景和背景颜色设置为默认的黑色和白色。在"图层"面板中单击"创建新的填充或调整图层"图标（它是左侧的第四个图标，看起来像一个半白半黑的圆圈），然后在弹出菜单的底部附近选择"渐变映射"选项（如图所示，在左侧）。一旦选择"渐变映射"选项，它就会应用默认的黑白渐变。接下来，在"属性"面板（创建调整图层时会打开该面板）中，直接在渐变条上单击一次（如图右侧所示）。

第7章 黑与白、双色调以及更多

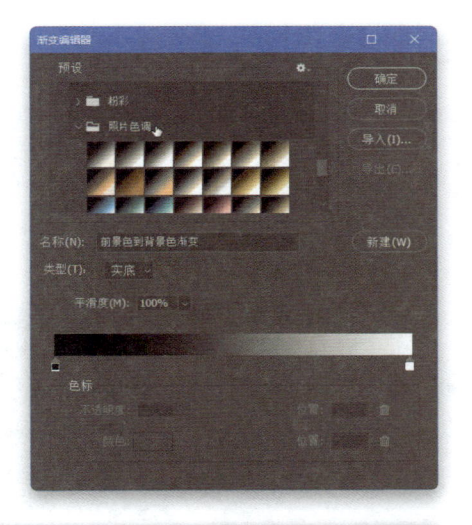

第三步：
单击"属性"面板中的渐变条将显示"渐变编辑器"（如图所示），如果向下滚动到"预设"列表的底部，您将看到"旧版渐变"文件夹（这些是2020年更新前Photoshop中的渐变）。单击该文件夹将其打开，然后打开其中的照片色调文件夹（如图所示）。这样做的好处是，从现在起，摄影色调渐变将在这里——您只需要做一次。Photoshop将把它们和其他遗留渐变一起保存在该文件夹中，从现在开始为您加载。

第四步：
加载完成后，单击这些渐变中的任何一个，看看它应用到您的图像上的效果。您可以开始单击，直到您找到一个您喜欢的。这是一个叫"钴铁色2"的效果（它在第四排）。现在，您几乎是在橱窗里挑选您喜欢的造型——单击一个渐变，如果它不是您想要的造型，单击下一个。这是一个调整图层，您可以通过简单地降低调整图层的"不透明度"来降低效果的强度（在"图层"面板中）。您也可以改变图层混合模式——就像我在这里做的那样，我把它改成了"变亮"——用这些不同的色调外观给您更多的灵活性。

使用LUT（颜色查找表）创建时尚调色

如今，在时尚摄影中，调色效果几乎无处不在，而创建这些外观的另一种方法是使用颜色查找表（LUT）调整图层。受电影制作和视频中使用的查找表的启发，这些LUT可以立即重新映射图像中的颜色，以创建一些非常酷的颜色效果。没有太多的控件可以玩，您可以选择一种外观，也可以不喜欢它的效果——但它可以作为调整图层使用，所以您可以控制调色的量，并使用图层混合模式来编辑外观。

第一步：
这是我们的原始彩色图像。在"图层"面板中单击"创建新的填充或调整图层"图标（左起第四个图标），然后在弹出菜单中选择"颜色查找"选项（如图所示）。

第二步：
打开"属性"面板中的"颜色查找"选项。在3DLUT文件弹出菜单上单击并按住（不要只是单击，否则会打开一个窗口），然后会出现一个LUT菜单（如图所示）。从B&W到传统的电影造型再到分体式调色，应有尽有。在这里，我选择了"Crisp_Winter.look"（我建议全部尝试，因为根据图像的不同，它们看起来可能非常不同）。如果效果看起来过于强烈，在"图层"面板中降低该图层的"不透明度"。您也可以按Command+I（PC:Ctrl+I）组合键反转调整图层的图层蒙版，这会将LUT效果隐藏在黑色图层蒙版后面。只需使用"画笔工具"（B），并将前景颜色设置为白色，只在图像中希望此外观出现的部分绘制效果。

第7章 黑与白、双色调以及更多

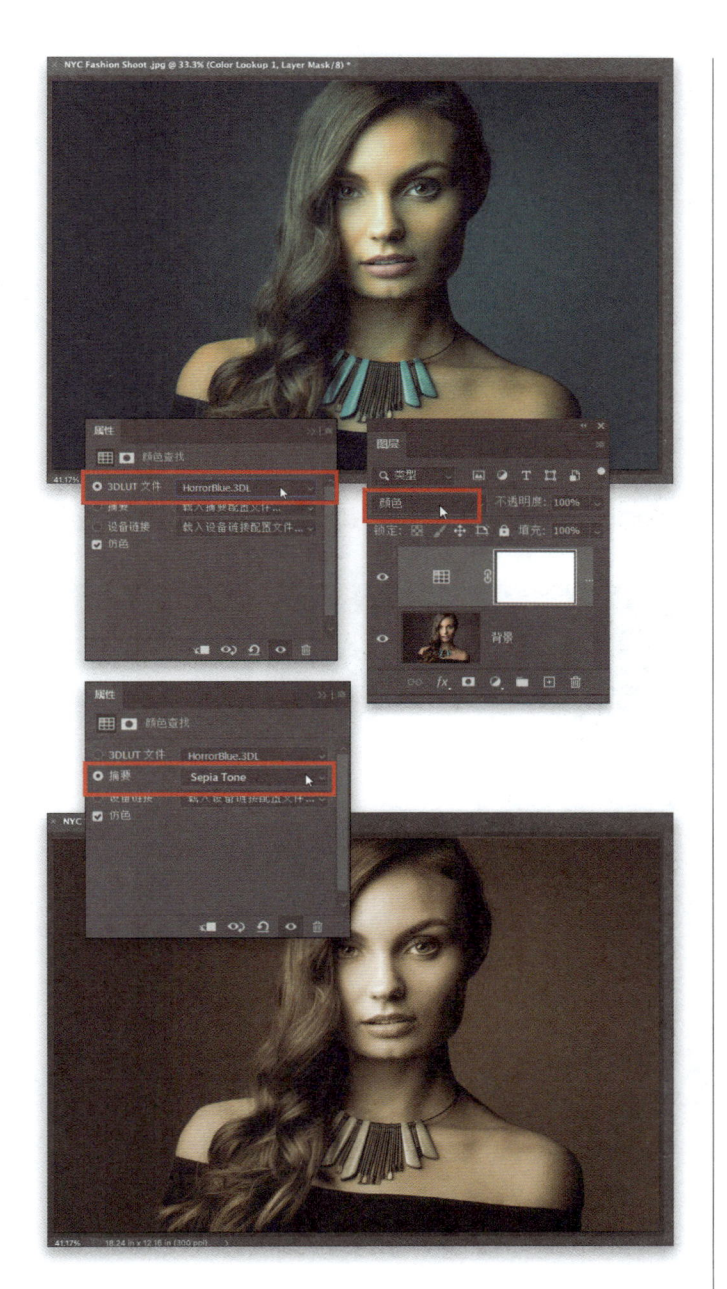

第三步：
再次单击并按住3DLUT文件弹出菜单，但这一次，选择"HorrorBlue.3DL"（如左下所示）。同样，这个"颜色查找"调整图层的好处在于，您可以更改其图层混合模式，因此要获得此处所示的外观，在"图层"面板中选择"颜色"选项（如图右下所示）。在"特性"面板的底部有一个眼睛图标，它可以打开/关闭"颜色查找"调整图层。如果单击面板底部左侧的第一个图标，则效果只会影响其正下方的图层（而不是像正常情况一样影响其下方的所有图层）。上一个图标（带箭头的眼睛）是之前/之后，这与用眼睛图标打开/关闭图层相似。下一个图标（弯曲箭头）只是将整个面板重置为默认值。

第四步：
现在，将层混合模式设置回"正常"，然后转到"属性"面板中的下一个设置：摘要。单击弹出菜单查看您的选择。在这里，我选择了"Sepia Tone"，我认为这是这张照片的另一个不错的外观。最后一组名为"设备链接"，只会弹出另一个"打开内容"窗口，因此我们将跳过该窗口。

189

创建自己的自定义预设

每当您创建了一个对您来说很好看的外观（一系列编辑），并且您认为您可能想将这些相同的编辑应用于其他类似的图像时，这就是制作自己的自定义预设的最佳时机。这样，下次您打开一张想要有同样效果的照片时，您就不必经历所有这些步骤。只需单击一个按钮，所有这些设置都会立即应用，让您在任何时候都能获得即时的一键效果。

第一步：

这是一张RAW图像，我在Camera Raw中进行了一系列编辑，使整体色调更加平衡（前景很暗，天空很亮）。首先，添加了一个配置文件来给它一点调色——我应用了"艺术效果 06"。然后，在"编辑"面板中增加一点曝光，增加很多对比度，降低一堆高光，增加一堆阴影（因为城市是背光的），然后增加白色以保持云层白色，并降低黑色。我添加一些纹理和清晰度来展现细节，并增加了自然饱和度来增加颜色提升。最后，我在"效果"面板中添加了一个-12的晕影，使周围的边缘变暗。下面我想将这些编辑保存为自定义预设。

第二步：

按Command+Shift+P（PC:Ctrl+Shift+P）组合键调出"创建预设"面板。现在，只需勾选您想要包含在预设中的调整的复选框（就像我在这里所做的那样）。我的大多数编辑都是在"编辑"面板中完成的，但我也添加了那个小插曲，所以勾选"效果"复选框。我还想加入"艺术效果06"创意简介，所以我也勾选了它。现在，给您的预设一个名称（就像我在这里所做的那样，将其命名为"紫雨"），然后单击"确定"按钮将所有这些设置保存为您自己的自定义预设。

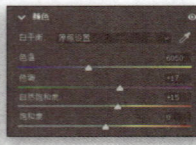

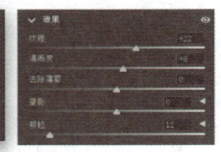

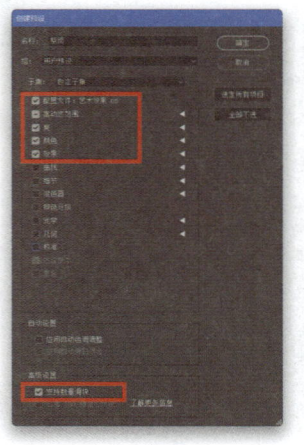

第三步:
保存预设后，它将显示在"预设"面板中的"用户预设"组中（如图所示）。要进入此面板，可以按Shift+P组合键或单击窗口右侧Camera Raw工具栏底部附近的"预设"图标（两个重叠的圆圈，如图所示）。现在，让我们在不同的图像上尝试我们的预设（一个色调相似的图像，前景较暗，天空较亮，如图所示）。

第四步:
要应用预设，只需在"预设"面板中单击它（如图所示），我们保存的所有设置现在都应用于当前打开的图像。下面是单击自定义预设后的前/后对比效果。注意，每张照片的曝光可能不同，因此在应用预设后，您可能需要稍微增加或减少曝光设置，以获得与创建预设时相似的外观。

之前　　　　　　　　　　　　之后

Exposure: 1/160 sec | Focal Length: 14mm | Aperture Value: f/8 | ISO: 200

第8章
裁剪和调整大小

我唯一的希望是，有一部关于麦田怪圈的电影可以作为章节标题，因为我不认为我会找到一首标题中有crop的歌曲，如果我找到了，我不确定我是否想听。所以，首先，让我们来看看crop电影。我升级了我们家的Wi-Fi，所以我现在的下载速度达到了1000Mbps。"您真的得到那么多吗？"没有，从来没有。一次也没有，尽管这就是我所付出的。"好吧，谁是您的互联网提供商？"我认为我公开这么说是不专业的。"这是光谱，不是吗？"是的。"我就知道。"嘿，我们是怎么来回讨论的？"嘿，您是从'玩手机'开始的。"没错。我至少可以分享一下电影的片名吗？"当然，但您会打电话给Spectrum询问您的下载速度吗？"可能不会。您最终永远处于等待状态，然后当您最终与代表交谈时，他们告诉您重新启动路由器，我已经做了十几次了，然后他们进行线路检查，告诉您一切看起来都很清楚，然后您告诉他们Speedtest.net说您的下载速度接近435Mbps，然后他们问您是否通过以太网硬连接到路由器，您说，"不，这是我的手机，"然后他们说，"好吧，就在我们的网站上，它说我们引用的1000Mbps是通过互联网直接连接，而不是Wi-Fi。"这时我问："谁的手机有直接的以太网连接"，他们说，"什么？什么？！！"然后他们挂断了我的电话。当然，我永远记不起与我交谈的特工的名字，他们可能在内布拉斯加州奥马哈郊外的一个六层呼叫中心，如果我记得他们的名字，然后打电话回来找探员，他们会说那个特工不在那个办公室，我应该去奥兰多呼叫中心，但她不允许给我那个号码，最终，她也提到了裁剪和调整大小，然后挂断了我的电话。这是一个恶性循环。我现在可以看电影片名了吗？

"当然。我刚才没听了，所以听吧。"谢谢。不管怎么说，信不信由您，2004年有一部电影叫《作物》，讲述的是一个家伙在给Spectrum Internet打了一长串电话，问他为什么没有得到他所支付的下载速度后，压力很大，然后开始变得越来越大。"真的吗？"没有。

裁剪图像

在这里，我们将介绍常见的裁剪方法，在Photoshop中裁剪照片有很多不同的方法，我们将在本章中介绍所有这些方法。

第一步：
按C键从"工具箱"中获取"裁剪工具"，图像周围会出现一个顶部、底部、侧面和角落都有控制柄的裁剪边框。现在，只需单击其中一个控制柄并开始向内拖动，即可开始向图像中心裁剪（要裁剪的区域将变暗）。如果您想在裁剪中保持图像比例不变，只需在拖动任何裁剪控制柄的同时按住Shift键。如果裁剪错误，您可以通过单击并拖动边框内的任何位置来在边框内重新定位图像。

第二步：
单击其中一个裁剪手柄后，您在裁剪边界内看到的"三等分"叠加网格出现在照片上方。如果您看到不同的叠加（或想要不同的叠加），只需单击选项栏中的"叠加选项"图标（位于"拉直工具"的右侧），就可以选择不同的叠加。您也可以通过按O键来循环浏览它们。此弹出菜单中有三种叠加设置：自动显示叠加（它只在实际裁剪时显示）、总是显示叠加（一旦开始裁剪，即使没有裁剪也可见）和从不显示叠加。

第三步：

另一种裁剪方法是在使用"裁剪工具"时单击并拖动（即使裁剪边界已放置），以创建任意大小或比例的自定义裁剪——只需单击并拖动即可。此外，当您有裁剪边界时，如果您需要旋转照片，只需将光标移动到边界之外的任何地方。执行此操作时，光标将变为弯曲的双向箭头。只需单击并向上或向下拖动，图像将沿您选择的方向（而不是裁剪边界）旋转。这使得这个过程更加容易（尤其是当您试图拉直地平线或建筑物时）。也会出现一个带有旋转角度的小弹出窗口（如图中红色圆圈所示）。

第四步：

要锁定裁剪，您可以按Return（PC:Enter）键、单击选项栏右侧的复选标记图标（如图所示），切换到左侧工具箱中的任何其他工具，或右击裁剪边界内，然后在弹出的快捷菜单中选择"裁剪"选项。此外，如果您改变了对裁剪的看法，您可以按Esc键，或单击选项栏中的"否"图标（复选标记图标左侧）。"否"图标的左侧是"复位"图标，它将裁剪边界重置为开始的位置。在我们继续之前，您可以在选项栏中选择其他选项。如果单击齿轮图标，您会看到一个弹出菜单，其中包含如何查看裁剪区域的选项（如图所示）。如果您想更改裁剪边界（称为"裁剪屏蔽"）外区域的暗度/亮度，以及是否要打开/关闭它，这基本上就是您要设置的地方。

第五步：
如果您想裁剪到特定的大小或比例，选项栏左端的弹出菜单中会有一个预设裁剪大小的列表（如图所示，只需单击"比例"按钮即可查看）。现在您可以选择您想要的裁剪比例（在这里，我选择了1:1的正方形比例），然后您的裁剪边界会调整到这个大小或比例（如图所示）。

TIP:水平/垂直翻转裁剪
如果要翻转现有的裁剪（从水平裁剪到垂直裁剪，反之亦然），只需按X键。

TIP: 跳过按住Shift键
关闭任何打开的图像，选择"裁剪工具"，然后从选项栏左端的弹出菜单中选择"原始比例"选项，就可以跳过按住shift键，但仍保持裁剪比例。现在，这是您的默认设置。

第六步：
除了使用预设之外，只要在左侧的弹出菜单中选择"比例"选项，就可以在选项栏的两个大小字段中输入所需的任何物理大小或比例（如图所示，在"比例"弹出菜单的右侧）。要清除您在这些字段中输入的任何数字，只需单击其右侧的"清除"按钮。

第8章 裁剪和调整大小

第七步：
您也可以使用"裁剪工具"在图像周围添加空白（称为"画布区域"）（从技术上讲，它将是您的背景色设置的任何颜色，所以如果您希望画布区域为白色，请按D键将其重置为白色）。使用"裁剪工具"后，请确保在选项栏左端的弹出菜单中选择了"比例"选项，然后单击"清除"按钮以清除宽度和高度字段，否则裁剪边界将被限制为图像的纵横比（在这种情况下，我们希望底部比侧面和顶部大）。现在，抓住裁剪手柄并向外拖动边界以添加画布区域。在这里，我按住Option（PC:Alt）键，然后单击并向外拖动右下角手柄，这在整个图像周围添加了空白。然后，我把底部的中央把手向下拖了一点，在我的方形裁剪图像周围添加了一个美术海报垫的外观。

第八步：
您可以决定您的图像中被裁剪掉的部分是永远消失了，还是只是隐藏了，所以如果您后来改变主意，裁剪掉的区域可以被恢复回来。您可以勾选选项栏中的"删除裁剪的像素"复选框来选择此选项（如图所示）。打开它，当您裁剪时，边界外的区域会被永远裁剪掉。但是，如果禁用该选项，它会将那些裁剪掉的区域嵌入到文件中，即使您无法看到它们，除非您再次单击"裁剪工具"，然后单击并拖动裁剪边界。然后这些区域重新出现（当然是变暗的），您可以按照自己的意愿重新定位裁剪边界。这些都是裁剪的基础，但由于这是Photoshop中最常用的功能，所以它很重要。

197

修复拐角空白

如果您有一个需要拉直的图像当您将裁剪旋转到图像笔直的位置时，图像最终会比原始图像小。它越弯曲，图像就越小。或者，如果您调整它的大小，使其在拉直后保持相同的大小，那么您会在四个角都出现白色间隙。这两个选项都不太棒，这就是为什么有一个功能可以解决这个问题，而且只需要复选框。

第一步:

这是我们的图像，您可以看到它非常弯曲，所以我们要把它拉直。按C键从工具箱中获取"裁剪工具"，图像周围会出现裁剪边界（如图所示）。

第二步:

将光标移动到裁剪边界之外，它将变成一个双向箭头（如图所示）。只需单击并沿要旋转裁剪的方向拖动即可拉直图像（将显示一个由水平线和垂直线组成的网格，以帮助您对齐图像）。现在，您可以看到的问题是当我们锁定作物时，图像会小得多，此时还不能按Return（PC:Enter）键。

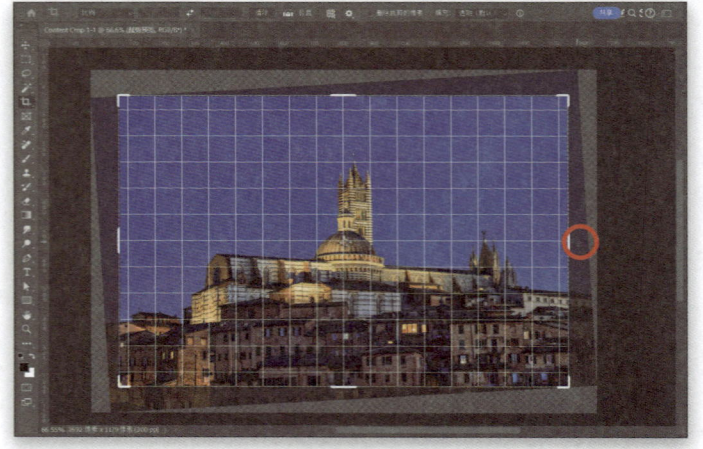

第8章 裁剪和调整大小

第三步:
为了避免图像变小，在旋转后，我们将把裁剪手柄拉回到图像的边缘。但是，您可以看到，如果我们现在锁定裁剪，我们的所有角落都会有白色的缺口（如图所示），这是我在介绍中提到的关于修复弯曲图像的第二件很棒的事情。要解决这个问题，只需在选项栏中单击"填充"按钮，在列表中选择"内容识别填充"选项（如图所示）。这使用了Photoshop最酷的技术来分析白色空白周围的区域，并使用它们智能地填充这些空白。

第四步:
选中该选项后，现在按Return（PC:Enter）键锁定作物。在短短几秒钟内，它就使用"内容感知填充"技术填补了这些空白，它通常做得非常出色（如图所示）。我们只需进行选择，就可以避免拉直图像的两种不利影响。

199

Photoshop 数码照片专业处理技法

创建自己的自定义裁剪工具

尽管这是一种更先进的技术，但创建自己的自定义工具并不复杂。事实上，一旦您设置了它们，它们将为您节省时间和金钱。我们将创建所谓的"工具预设"。这些工具预设是一系列工具（在本例中为裁剪工具），我们的所有选项设置都已到位，因此我们可以创建5×7、6×4或我们想要的任何尺寸的裁剪工具。当我们想裁剪到5×7时，我们所要做的就是获取5×7裁剪工具预设。

第一步：
按C键以获取"裁剪工具"，然后转到"窗口"菜单下，选择"工具预设"以显示"工具预置"面板。您会发现已经有五个"裁剪"工具预设。（确保面板底部的"仅当前工具"复选框处于勾选状态，这样您只能看到"裁剪工具"的预设，而不能看到每个工具的预设。）

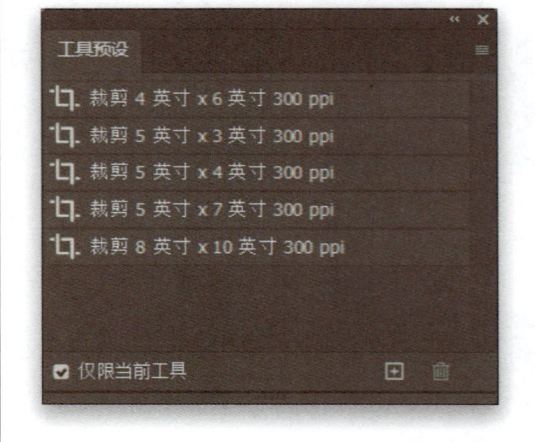

第二步：
转到选项栏，在弹出菜单设置为"比例"的情况下，输入要创建的第一个工具的尺寸。在本例中，我们将创建一个裁剪工具，裁剪成全景大小的图像，因此在宽度字段中输入24，然后按Tab键跳到高度字段，输入6（如图所示，标记为A），然后按Return（PC:enter）键。注意，如果要在工具预设中包括分辨率，请从弹出菜单中选择"宽 × 高 ×分辨率"。在弹出菜单右侧的字段中输入您的高度、宽度和分辨率，然后按Return键（如图所示，标记为B）。

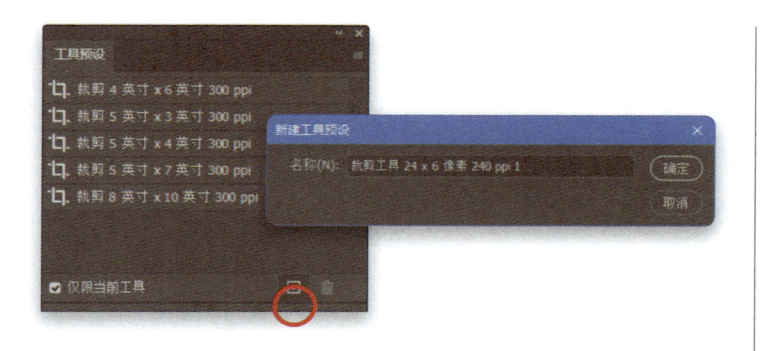

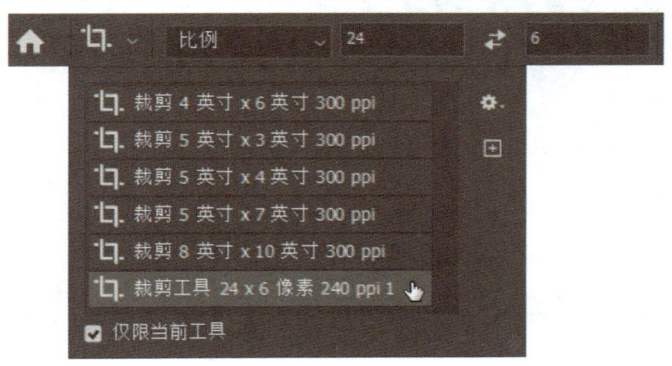

第8章 裁剪和调整大小

第三步：
在"工具预设"面板中，单击面板底部的"创建新工具预设"图标（在垃圾桶图标的左侧，它在左侧圈出），将打开"新建工具预设"对话框，您可以在其中命名新预设。将其命名，单击"确定"按钮，然后将新工具添加到"工具预设"面板（如图所示）。继续此过程，在"裁剪工具"的选项栏中输入新尺寸，然后单击"创建新工具预设"图标，直到您为最常用的尺寸创建了自定义裁剪工具。注意，如果工具预设的名称是描述性的（例如，在名称中添加"高"或"宽"），则会有所帮助。要更改预设的名称，请直接双击其名称，并输入新名称。

第四步：
很可能您的自定义裁剪工具预设不会按照您想要的顺序排列，执行"编辑"｜"预设"｜"预设管理器"命令。在弹出的对话框中，从"预设类型"命令弹出菜单中选择"工具"选项，然后向下滚动，直到看到创建的"裁剪工具"。现在，只需单击并拖动它们到您希望它们出现在列表中的任何位置，然后单击"完成"按钮。

第五步：
您可以关闭"工具预设"面板，因为有一种更简单的方法可以访问预设：选中"裁剪工具"后，只需单击选项栏左端的"裁剪"图标，就会出现一个工具预设选择器。单击预设，裁剪边界将固定为您为该工具选择的确切尺寸。

201

摄影师定制尺寸

Photoshop用于创建新文档的对话框有许多预设尺寸，但预设尺寸只包括4×6、5×7和8×10，它们对于今天的数码相机来说并不常见（更不用说它们的分辨率默认设置为300ppi）。下面介绍创建自己的自定义新文档尺寸的方法。

第一步：
执行"文件"｜"新建"命令（或按Command+N（PC:Ctrl+N）组合键）。"新建文档"对话框出现时，单击对话框顶部的"照片"选项卡以显示照片的预设大小，这些预设在1998年会很有用，如果您希望新文档预设的大小与2003年以来制造的主流相机的大小相匹配，请继续阅读。

第二步：
假设您想要的不是16×12的大小（这是您单击"查看全部预设信息+"按钮时会看到的预设之一），而是12×18的大小，只需转到对话框右侧的"预设详细信息"面板，输入所需的宽度和高度（本例中为12厘米×18厘米），然后输入所需的分辨率（本例为300像素/英寸），然后选择所需的颜色模式（本例选择RGB颜色）。设置完成后，单击右上角的"保存文档预设"图标（如图所示）。

第8章 裁剪和调整大小

第三步:
将在右上角显示"保存文档预设"字段。在该字段中,输入预设的名称(此处将其命名为"12×18厘米,300像素/英寸"),然后单击"保存预设"按钮。

TIP: 使用新文档模板
在"空白文档预设"下面,Adobe为每种类型的新文档提供了一些免费模板。单击其中一个,然后单击"查看预览"按钮(位于对话框右侧),即可查看它是否是您想要下载的内容。

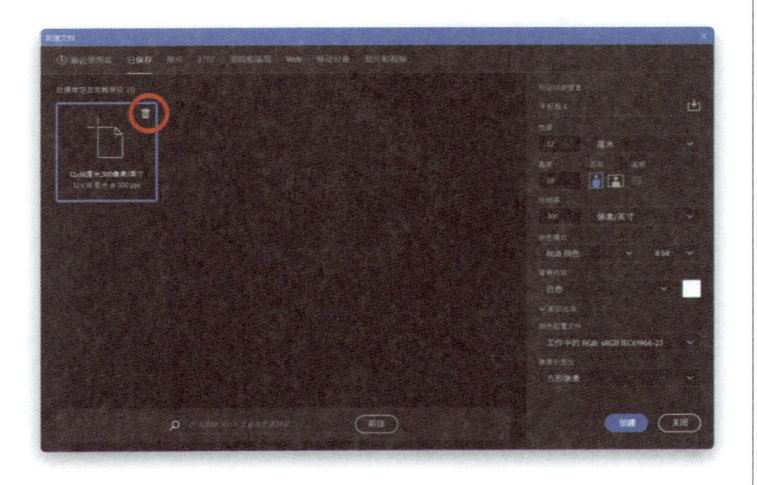

第四步:
新自定义预设将显示在"新建文档"对话框的"已保存空白文档预设"下(单击对话框顶部的"已保存"选项卡查看它们)。保存一次,照片商店就会记住您的自定义设置,从现在起它们会出现在这里。如果要删除预设,只需打开"新建文档"对话框,单击"已保存"选项卡,选中您想删除的预设,然后单击右上角的垃圾桶图标(此处用红色圈出)即可。

203

调整照片大小

调整照片大小时需要考虑4件事：(1) 如何将照片的物理尺寸缩小很多或一点。(2) 如果您需要它们更大一点，这基本上是相同的过程（有一个小但重要的变化），但您会失去一点质量，使其更大（因为Photoshop必须发明额外的像素，而这些像素在原始图像中并没有真正存在）。(3) 如果您需要更大的尺寸，您需要一个完全不同的过程，以尽可能保持质量。(4) 如果有人在打印您的图像，如何更高的分辨率来打印。这其实很容易——您只需要为您想做的事情选择正确的方法。

第一步：

打开要调整大小的图像，然后按Command+R（PC:Ctrl+R）组合键使Photoshop的标尺可见（调整大小时使这些标尺可见很有帮助）。正如您从这里的标尺上看到的，这张照片大约宽度为17，高度为11（这张照片来自一台2000多万像素的全画幅无反光镜相机）。

第二步：

执行"图像"｜"图像大小"命令（或按Command+Options+I（PC:Ctrl+Alt+I）组合键），调出"图像大小"对话框，您可以在其中看到确切的大小（实际上是16.877英寸×11.25英寸）。您在这里看到的测量单位是英寸，这是在"宽度"和"高度"字段旁边的弹出菜单中选择的（您可以选择"像素""百分比"或"厘米"等选项）。对话框左侧还有一个预览区域，您可以通过单击并拖动对话框的右下角来调整其大小。因此，这个对话框是我们调整大小的起点。

第8章 裁剪和调整大小

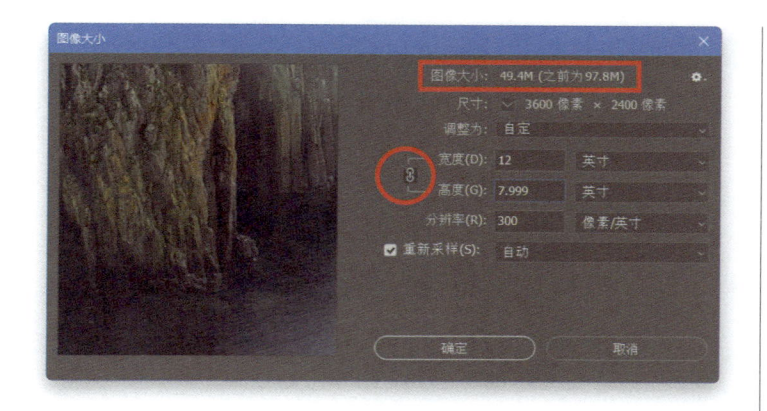

第三步：
如果您只是想缩小图像，这真的很简单——只需输入您想要的宽度和高度（并确保左侧的链接图标处于打开状态，这样当您调整图像大小时，它会保持比例，不会拉伸）。在这里，我输入了12英寸的宽度，因为链接图标打开了，它会自动将高度缩小到8英寸左右。在顶部，它向您显示图像新的较小文件大小以及原始文件大小（如图所示）。确保"重新采样"复选框处于勾选状态（这样一旦图像变小，它就会保持相同的分辨率），并将"重新采样"弹出菜单设置为"自动"（也可以在此处看到），Photoshop将选择它认为可以保持图像最佳外观的调整大小方法。

第四步：
单击"确定"按钮时，图像将调整大小，并在屏幕上看起来更小（这是一个视觉提示，表明它现在更小了）。此时看一下这里的标尺，您可以看到这张图片的宽度已经缩小到12英寸，高度大约8英寸。当您缩小图像的大小时，您通常会失去一点锐化，所以在缩小后，可以使用Photoshop的USM锐化滤镜来恢复一些失去的清晰度。我只是涂了一小部分（如图所示），它就会就有所不同。

205

第五步：

假设您想把您的图像放大一点（不是大得离谱，而是大一点），例如，您的图像是17英寸宽，但您需要它是20英寸宽——您可以使用这种方法（如果您想比它大得多，您应该使用下一节介绍的方法）。因此，首先，让我们撤销之前在"图像大小"对话框中所做的操作（按Command+Z（PC:Ctrl+Z）组合键）。现在，再次打开"图像大小"对话框，输入20英寸的宽度，然后从"重新采样"弹出菜单中选择"保留细节2.0"选项（如图所示），它使用了一种更新的、改进了很多的放大算法，在放大时可以获得更好的结果。

第六步：

如果您想在打印机上打印这张照片（假设您使用的是佳能或爱普生彩色喷墨打印机），您想知道您能在不损失任何质量的情况下把它做成多大。我以240分辨率在这些打印机上打印（或者我把打印结果送到实验室，也是一样——240分辨率）。因此，在"图像大小"对话框中，您可以取消勾选"重新采样"复选框，然后在"分辨率"字段中输入240，宽度和高度将在不影响质量的情况下调整大小。在"重新采样"复选框处于未勾选的情况下，通过将分辨率降低到240（从300），可以将宽度调整为21英寸，而不会损失质量（图像大小会随着分辨率的降低而增大，而"重新采样"复选框则处于未勾选状态）。

第8章 裁剪和调整大小

第七步：
接下来，假设您想调整图像大小以上传到Instagram。在这种情况下，您需要做什么？在"图像大小"对话框中，将测量单位切换到"像素"（使用"宽度"和"高度"字段右侧的弹出菜单），然后在"宽度"字段中输入1080（Instagram当前建议的宽度，但当然可能会更改）。保持"重新采样"复选框处于勾选状态，单击"确定"按钮即可。尽管如此，我还是为Instagram做了一些锐化处理。实际上，您可以在"滤镜"菜单下的"锐化"选项子菜单中选择"锐化"选项。

第八步：
如果您想保持照片的大小不变，但又想在照片周围添加白色边框，该怎么办？执行"图像"｜"画布大小"命令以打开"画布大小"对话框（如图所示）。在"宽度"字段、"高度"字段或两者中输入要添加的空白量（此处，我在两者上都添加了2英寸），从"画布扩展颜色"弹出菜单中选择"白色"选项，单击"确定"按钮，它将在图像周围用空白扩展文档的大小（如图所示）。您可以使用"定位"网格将空白添加到顶部或底部。默认情况下，您的图像位于该网格的中心。因此，如果您想在图像上方添加空白，请单击底部的中心网格正方形，如果您在"高度"上添加2英寸，这2英寸就会添加到图像上方。您使用它调整大小，这很容易。

207

进行最大限度的放大

如果您想制作非常大的打印图（如24英寸×36英寸、30英寸×60英寸，甚至更大），需要对图像进行200%（或更多）的放大，我们会使用完全不同的方法。这张照片使我们能够在图像中保持最大限度的细节，以至于放大的图像看起来几乎和原始的、未调整大小的图像一样好，这本身就是一个小小的奇迹。下面介绍操作方法。

第一步：
进行最大限度放大的功能被称为"超级分辨率"，您可以从Camera Raw（实际的Camera Raw窗口，而不是过滤器）中获得它。因此，第一步是在Camera Raw中打开图像（当然，如果用RAW模式拍摄，效果会最好，但这种技术也适用于JPEG和TIFF图像）。在Camera Raw中打开图像后，右击图像，在弹出的快捷菜单中选择"增强"选项（如图所示）。在我们继续之前，请注意此图像的当前文件大小为5472×3648像素（2000万像素图像，此处用红色圈出）。此外，我对伦敦大英博物馆的这张照片的色调和白平衡进行了一些调整。

第二步：
打开"增强"对话框（如图所示），勾选"超分辨率"复选框，该复选框将使图像的大小翻倍，并在放大过程中增强细节。在该复选框的正下方，为您提供了该过程所需时间的估计（本例仅为5秒）。如果您在预览区域内按住鼠标左键不放，光标将变成了一个手部图标，它会向您显示一个没有/有增强功能的图像的前/后视图。

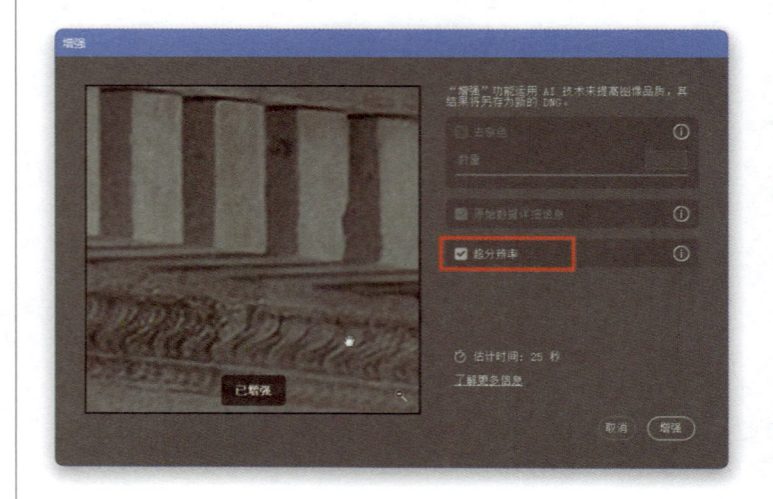

第8章 裁剪和调整大小

第三步：

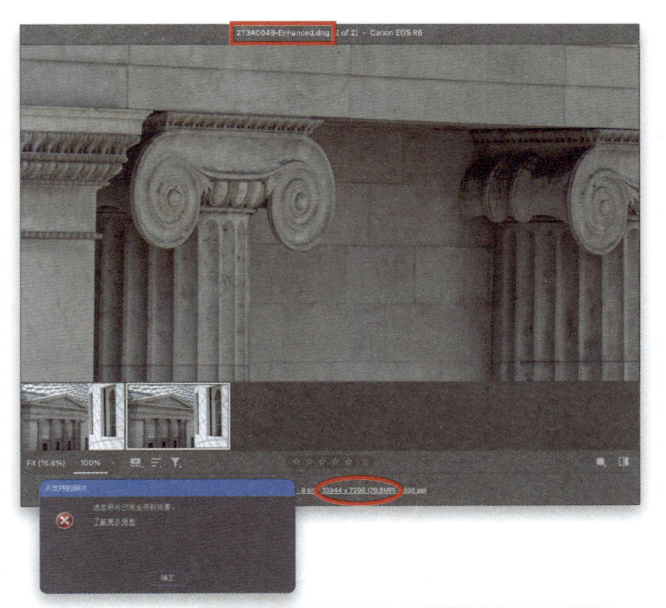

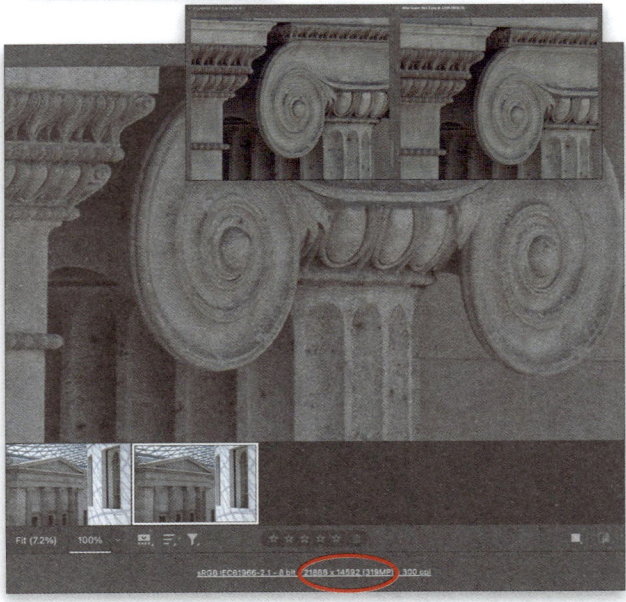

单击"增强"按钮，大约5秒后，它将以Adobe的RAW DNG格式创建一个新文件，您将在幻灯片中看到该文件（如图所示，如果您没有看到，请按/键，使幻灯片可见）。这个新文档比原来的文档大200%，并且在文件名末尾添加了"增强"一词。现在注意尺寸为10944×7296像素（相当于用8000万像素的相机拍摄）。要查看此较大的图像副本，请在影片中向下单击其缩略图。您可以在这里看到，我们把尺寸增加了一倍，但图像看起来仍然非常清晰。如果右击图像并在弹出的快捷菜单中再次选择"增强"选项，则会出现一个警告对话框（如图所示），让您知道图像已经完全增强，因此您无法再次运行它以使其放大300%。

第四步：

解决方法是将此文件保存为JPEG格式，然后在Camera Raw中重新打开它，现在它将允许您再次运行超分辨率。要执行此操作，右击图像，在弹出的快捷菜单中选择"存储图像"｜"另存为JPEG"选项。然后，在Camera Raw中重新打开该JPEG图像（有关如何在Camera Raw中打开JPEG，请参阅第1章）。这是21888×14592像素的放大图像（相当于3.19亿像素的图像，比我们原来的放大了400%），看起来仍然非常不错。我还在这里（在顶部的插图中）展示了使用左侧的保留详细信息2.0（有关更多信息，请参阅上一节内容）和右侧的超分辨率进行400%放大的比较。超分辨率更加清晰和详细。

自动调整和保存一组图像的大小

如果您有一堆图像需要调整大小，或者从TIFF转换为JPEG格式（或者从PSD转换为JPEG格式），那么您会喜欢内置的图像处理器。它隐藏在一个您可能想不到的地方（在脚本菜单下），这是一个非常方便、非常易于使用、完全自动化的工具，可以为您节省大量时间。

第一步：
执行"文件"|"脚本"|"图像处理器"命令。如果您使用的是Adobe Bridge（而不是Photoshop），您可以在所有要应用图像处理器的照片上单击命令（PC:Ctrl+单击），然后选择"工具"|"图像处理器"选项。这样，当图像处理器打开时，它已经将这些照片固定下来进行处理。

第二步：
打开"图像处理器"对话框，单击"选择文件夹"按钮（位于顶部第1节的上方），然后导航到您想要的文件夹并单击"打开"按钮（PC：确定），选择要"处理"的照片文件夹。如果您已经在Photoshop中打开了一些照片，您可以选中"使用打开的图像"单选按钮（或者如果您从Bridge中选择了"图像处理器"选项，则"选择文件夹"按钮根本不会出现——相反，它会列出您在Bridge中选择的照片数量）。然后决定是将新副本保存在同一文件夹中，还是复制到其他文件夹中。

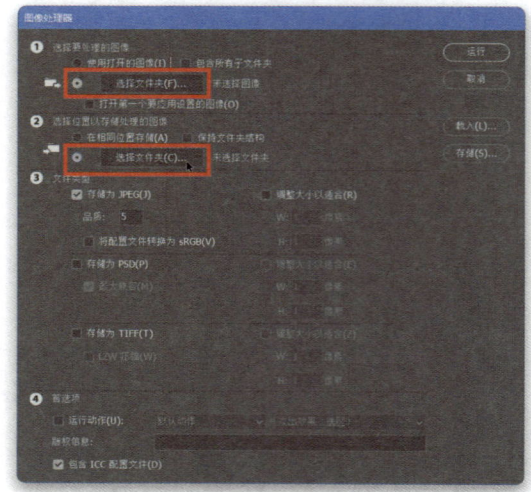

第8章 裁剪和调整大小

第三步：
在"文件类型"部分，您可以决定最终使用多少份原件，以及使用何种格式。如果勾选"存储为JPEG""存储为PSD"和"存储为TIFF"复选框，则将为每张照片创建三个新副本。如果勾选"调整大小以适合"复选框（并在宽度和高度字段中输入大小），副本也将调整大小。在这里显示的例子中，我正在导出一个文件夹，里面有我想在下个月发布在Instagram上的图像，所以我让它以10的质量设置为每个文件制作JPEG，并将它们调整为1080像素的正方形大小。如果勾选了"存储为PSD"复选框，也会有另一组相同的图像以Photoshop的原生格式保存。与勾选"存储为TIFF"复选框相同——另一个保存为TIFF的图像文件夹。

第四步：
在"首选项"中，如果您已经创建了一个动作，并希望将其应用于您的副本，您也可以自动执行该动作。只需勾选"运行动作"复选框，然后从弹出菜单中选择要运行的动作。如果您想自动将您的版权信息嵌入这些副本中，请在"版权信息"字段中输入您的信息。最后，有一个复选框可以让您决定是否在每张图片中包括ICC配置文件（当然，我会试图说服您包括配置文件，因为我在书的配套网页上的奖励打印章节中介绍了如何在照片商店中设置颜色管理），只需单击"运行"按钮即可，您就会有大量漂亮、干净的副本。

211

两种快速矫正扭曲照片方法

扭曲的照片让我发疯。对我来说，这相当于坐在别人的办公室里，看到他们桌子后面墙上挂的画是弯曲的。我只想跳起来把它拉直——这太让人分心了。幸运的是，纠正您的图像比跳起来跑到别人的桌子后面更容易。这里有两种不同的方法可以快速修复扭曲的照片。

第一步：
打开需要拉直的照片，然后单击工具箱中的"裁剪工具"（C），然后单击选项栏中的拉直工具（如此处矩形所示）。

第二步：
在您的照片中找到一些应该是直的或相对直的物体。在这种情况下，我将使用地板上木板之间的水平线作为应该是直的东西。只需单击并沿着照片中的这条直边水平拖动"拉直工具"，从左开始向右延伸，拖动时会出现一条白色细线（如图所示）。

第三步：

松开鼠标左键，照片会旋转准确的量，使其完全拉直（如图所示）。裁剪边界之外的阴影区域将被裁剪掉，这是一个很好的功能——它会自动调整裁剪边界的大小，所以当您锁定裁剪时，角落里没有任何间隙。现在，只需按Return（PC:Enter）键锁定矫直，它就会将图像矫直并向下裁剪到裁剪边界内的位置（最终矫直的图像如图所示）。

第四步：

我们在本章前面谈到的第二种方法，但由于我认为您可能会在这里查找它，所以我想再次介绍一下。这一步以相同的方式开始——选择"裁剪工具"。只需将光标移动到裁剪边界之外，光标就会变成一个弯曲的双向箭头，只需单击并拖动即可旋转裁剪边界，使图像变直。执行此操作时会出现一个网格线，以帮助您拉直。此外，旋转量也会弹出（如图所示，我将图像旋转1.7°以使其变直）。您可以看到，使用这种方法，顶部、底部和侧面都会有一些白色的间隙，所以您可能想单击并向内拖动中心手柄，这样当您按Return（PC:Enter）键锁定拉直时，这些间隙就会被裁剪掉。

调整移动到其他文档的图像的大小

如果您正在将图像从一个文档复制并粘贴到另一个文档，或者只是将图像粘贴到新的空文档，您可能需要调整此图像的大小（使其变小或变大），而不必调整刚粘贴到的文档的大小。

一个典型的例子是当您创建一个合成图像时（就像我们在这里要做的那样），或者您可能已经创建了一个新文档，其大小与您要用作打印模板的大小完全相同，并且您要将图像复制并粘贴到此文档中。但是，当您这样做时，粘贴的图像的大小要么太大，要么太小。下面介绍如何处理这些情况。

第一步：

在这里，我们将创建自己的背景。您可以在这里下载我正在使用的图像（从书的配套网页，在书的简介中提到），或者只创建一个3000像素宽×2000像素高的新文档（按Command+N（PC:Ctrl+N）组合键），分辨率为300像素，背景为黑色。接下来，在"图层"面板的底部，单击"创建新图层"图标（位于垃圾桶图标的左侧）。现在，从工具箱中获取"椭圆选框工具"（如图所示，或按Shift+M组合键直到您拥有它），然后按住Shift键（使其成为一个完美的圆圈），并拖动出一个像您在这里看到的那个大圆圈（尽管它还不会填充红色）。单击前景色样（位于工具箱底部），选择红色作为前景颜色，然后按Option+Delete（PC:Alt+Backspace）组合键用红色填充圆圈。

第二步：

取消选择您的圆圈（按Command+D（PC:Ctrl+D）组合键），然后我们将模糊它的活动日光，使其看起来像黑色无缝纸背景上的红色凝胶的柔和光线。执行"滤镜"｜"模糊"｜"高斯模糊"命令。然后，将"半径"滑块向右拖动到550像素左右，以获得此处所见的柔和、模糊的外观。（如果它看起来不模糊，那是因为您没有取消选择圆形选择。）

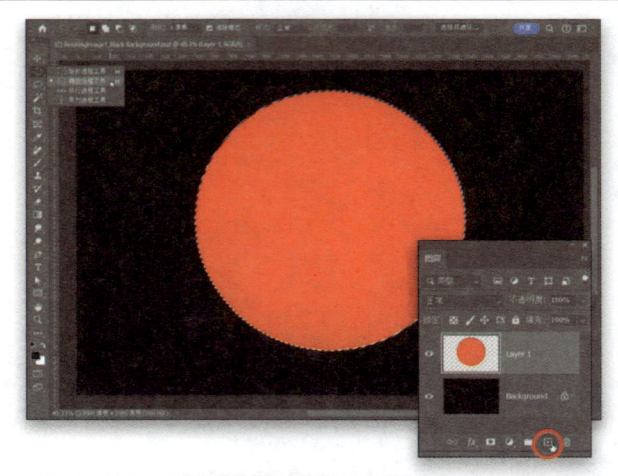

第8章 裁剪和调整大小

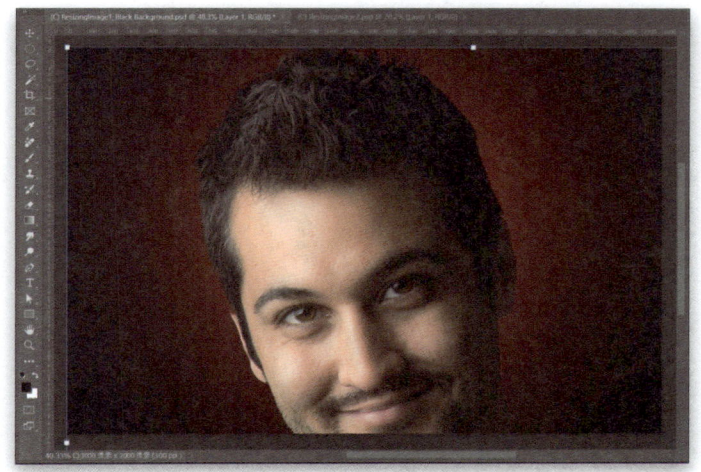

第三步：
现在，让我们打开一个不同的图像——在本例中，在灰色无缝背景上的肖像。我从背景中删除了我们的主体（使用"选择主体"），并将他放在背景上方自己的单独图层上（如图层面板中所示）。所以，您可以打开同一张图片（或者使用您自己的图片，使用"选择主体"选择您的主体），然后按Command+C（PC:Ctrl+C）组合键将这个主体图层复制。现在，切换回我们的原始图像（如果您使用的是选项卡式窗口，请单击其名称选项卡），然后按Command+V（PC:Ctrl+V）组合键到带有柔和红光的黑色背景上。

第四步：
我们只看到他的部分头部。这个吸引了很多人，因为乍一看，它根本没有意义。我们打开了两个文件，它们看起来差不多大，但当我们把主体粘贴到黑色背景文件上时，他看起来真的很大。尽管这些文件看起来大小相同，但事实并非如此。肖像有6000像素宽，而黑色背景文档只有3000像素宽，所以肖像的大小比我们粘贴的背景大得多。我们通过缩小我们的主体以适应我们粘贴到的图像来解决这个问题，按Command+T（PC:Ctrl+T）组合键应用自由变换以显示"自由变换"边界框。但是，我们只能在这里看到它的一部分——它是蓝色的线，在顶部和左角有调节手柄。

215

第五步:

当您粘贴的图像比您粘贴的文档大时（在这种情况下），打开"自由变换"将无法访问我们用于调整大小的所有调整手柄，或者在许多情况下无法访问任何调整手柄。它们延伸到图像的全尺寸，即使您看不到完整粘贴的图像。按Command+0（PC:Ctrl+0）组合键，您的文档窗口就会自动调整大小，这样您就可以到达所有的手柄——无论它们曾经在图像区域外多远（如图所示）。只有当"自由变换"处于活动状态时，这才有效，Command+0是数字0，而不是字母O。

第六步:

现在我们可以够到所有这些手柄了，单击右下角的手柄并向内拖动，直到图像符合新背景文档中的要求（如图所示）。一旦尺寸看起来不错，请按Return（PC:Enter）键锁定您的转换。就是这样——这就是我们在文档之间复制和粘贴图像时调整图像大小的方法。现在，如果粘贴的图像太小，而不是太大，该怎么办。如果我只需要将其放大20%甚至30%，我会打开"自由变换"，然后单击并向外拖动以使图层变大（而不是向内拖动）。然而，如果它远不止于此，我会回到原始图像并调整其大小（使用本章前面介绍的方法之一），然后再复制和粘贴它。

第8章 裁剪和调整大小

在不拉伸或破坏图像的情况下使图像达到特定大小

我们都遇到过这样的情况：我们的图像比我们需要的区域小一点，尤其是当您为社交媒体创建图像时，您有非常固定的尺寸，或者您可能买了一个相框。出于某种莫名其妙的原因，在数码相机接管近25年后，塔吉特、沃尔玛和其他零售商等地的相框仍然有垫子和开口，它们的尺寸就像我们仍然在兜售1998年的柯达胶卷相机一样。我刚刚检查了Target.com，在那里我在他们的搜索字段中输入"相框"，第一个结果是"相框8×10"，但Photoshop有一些惊人的技术来处理这些情况。

第一步：
假设您买了一个相框，照片的垫子开口是10×8。继续创建一个10×8和240ppi分辨率的新文档（按Command+N（PC:Ctrl+N）组合键）（如左图所示）。然后，打开需要打印为10×8的图像，以适合这个相框。按Command+A（PC:Ctrl+A）组合键选择整个图像（如图右侧所示），然后按Command+C（PC:Ctrl+C）组合键将该图像复制。

第二步：
接下来，切换回我们创建的新文档，并通过按Command+V（PC:Ctrl+V）组合键将图像粘贴到其中。按Command+T（PC:Ctrl+T）组合键缩小图像以完全适合此10×8的文档。因为我的数码相机中的图像大于10×8，它完全覆盖了10×8的图像区域，然后覆盖了一些区域。当我们打开"自由变换"时，我们可以将其缩小到适合的大小（按Command+0（PC:Ctrl+0）组合键到达所有调整手柄）。一旦您这样做，您就可以看到数码相机的图像比10×8英寸大多少。

217

Photoshop 数码照片专业处理技法

第三步:
如果我们缩小我们的图像,它完全适合10×8的图像区域,我们的图像上方和下方都有白色条(如图所示),这很糟糕。如果我们使用"自由变换"来拉伸图像以适合顶部和底部(通过按住Shift键同时单击和拖动),它拉伸了我们的喷气式飞机,看起来很糟糕。这就是我们使用一个名为"内容识别缩放"的惊人功能的时候。它允许我们扩展图像的非关键区域来填充这些空白区域,但不会让它们看起来被拉伸,也不会拉伸我们的主体(射流)。这是他们所说的"Photoshop奇迹"之一。要使用此功能,执行"编辑" | "内容识别缩放"(或按Command+Option+Shift+C(PC:Ctrl+Alt+Shift+C)组合键)命令,它会在我们的图像周围显示类似"自由变换"的手柄(如图所示)。

第四步:
按住Shift键,单击顶部控制柄,然后直接向上拖动,注意它会使天空向上移动,但不知何故会使喷流不受拉伸。它"意识到"物体(喷气式飞机),不会干扰它,所以它只是延伸了天空。继续按住Shift键,单击底部控制手柄,然后向下拖动,再次向下移动该部分天空。虽然它稍微改变了喷射器的位置,但没有拉伸。拖动足够远后,按Return(PC:Enter)键锁定更改。这里有两个更重要的选项,我们接下来将研究。

▶ 218

第8章 裁剪和调整大小

第五步：

如果您尝试了内容识别缩放，但它确实拉伸了您的主体，从工具箱中获取"套索工具"（L），并围绕您的主体绘制一个选区（如图所示），执行"选择" | "存储选区"命令。当对话框出现时，只需单击"确定"按钮，然后按Command+D（PC:Ctrl+D）组合键取消选择。然后，再次调出"内容识别缩放"，但这一次，转到选项栏，并从"保护"弹出菜单中选择"Alpha 1"（如图所示）。这告诉Photoshop尽量不要拉伸您用"套索工具"选择的区域。

TIP：为什么不进行内容识别填充

当您的背景非常简单时，例如这里的云，您可以选择那些白色区域，执行"编辑" | "内容识别填充"命令，这通常会奏效。对于更复杂的背景，请务必使用"内容识别缩放"。

第六步：

如果您的照片中有一个人您想避免拉伸，请单击选项栏中的"个人"图标（此处圈出），让Photoshop知道您的照片里有一个人，并尝试避免拉伸他。最后，选项栏中还有一个"数量"设置（如此处矩形所示），用于确定提供了多少拉伸保护。默认为100%时，它会尽可能多地进行保护。在50%的情况下，这是受保护的调整大小和常规的自由变换的混合，对于一些照片来说效果更好，但这张照片不是其中之一——将拉伸量降低到50%（如图所示）。好的一面是"数量"设置可以为您提供实时屏幕预览，因此只要控制手柄仍在原位，您就可以降低"数量"设定，看看它如何影响您的大小调整。

219

Exposure: 1/160 sec | Focal Length: 14mm | Aperture Value: ƒ/8 | ISO: 200

第9章
重塑肖像

我经常被问到的一个问题是:"为什么我们在这个时代仍然需要修饰?"答案很简单:大多数人都很丑陋。不是你和我,而是几乎所有人。正如你在买这本书之前可能知道的那样(这可能是你当初买这本书后的首要原因),我是现在著名的米开朗基罗的《大卫》的模特,该作品在意大利佛罗伦萨的学院美术馆展出。

如果你想知道为什么这座雕像叫大卫而不是斯科特,原因说来话长。就说这是我名字的许可证问题,所以使用笔名 de plume更容易。但是,我可以告诉你:在那次摆姿势的过程中,天气很冷,我刚刚走出游泳池,我要求在脱下长袍之前做几个俯卧撑,但迈克那天很忙,我的头发一团糟等等。结果还好,但我并不为此疯狂。现在,我将在这里与大家分享一些我从未告诉过任何人的事情,在这里和大家我分享了这个非常私人的忏悔,但我的雕像被修饰了。如果你亲眼看到我,你会想:"是的,看起来差不多。"他们说大理石增加了10磅,但我可以告诉你,它更像是15磅。另外,那天我还长了一点痘痘。我想我有点紧张,因为一开始,迈克没有提到我不会在南方穿腰布,我只是在去他的工作室的路上在优步上发现的,我认为这就是爆发的原因。幸运的是,他同意凿掉最具攻击性的瑕疵,但这个故事还有更多(我还没有谈到真正尴尬的部分)。当他开始雕刻我的腹部时(顺便说一句,这有点令人着迷,因为你雕像的整个下半部分此时只是一大块大理石),而他正在用凿子和锉刀削去小块大理石,突然我听到了巨大的撞击声。他不小心从我肚子上凿下一大块。虽然米奇很沮丧,但我内心深处很激动,因为我在去他的工作室的路上做了一个糟糕的决定,当时我让优步司机通过了一个免下车通道,在那里我点了超大分量的塔可贝尔卷饼(巨大的错误),整个过程我都被塞满了,我知道他能看到这一点。所以,让额外的面积脱落时,我们只能说这是一个"愉快的意外"。所以,你在佛罗伦萨的雕像上看到的我的肚子实际上被修饰了。

使皮肤更光滑的方法

这是一种快速、简单的方法,可以使皮肤光滑,并有助于平滑受试者面部色调之间的渐变。有更深入的方法,而且效果更好,但您再也找不到比这更容易的了,所以对于那些您不需要花大量时间制作完美皮肤的图像来说,这是值得了解的。

第一步:
在Photoshop中打开图像后,执行"滤镜"|"Camera Raw滤镜"命令。当其窗口打开时,在右侧的工具栏中单击"蒙版"图标(M,顶部的第四个图标——一个灰色圆圈,周围有一条白色虚线),以显示蒙版工具(如图所示,位于左侧)。它将检测到图像中的任何人,几分钟后,主体的圆形缩略图将出现在面板底部的"人物"部分。单击"人物"缩略图(如图所示)。

第二步:
单击缩略图时,将显示"人物蒙版选项"面板,其中包含您只需单击一次即可蒙版的区域。由于我们想处理受试者的面部,勾选"面部皮肤"复选框(如图所示),然后单击面板底部的"创建"按钮,它会立即蒙版该区域。它以红色显示,让您知道它选择了哪个区域(如图所示)。

第9章 重塑肖像

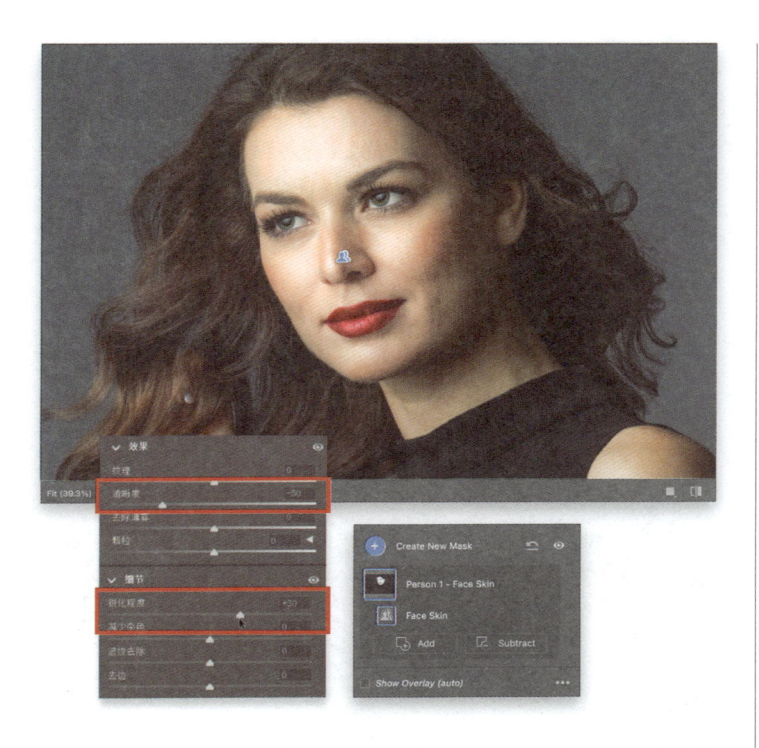

第三步：
在调整滑块中向下滚动到"效果"面板，将"清晰度"滑块减小到－50。然后，在"细节"面板中，将"锐化程度"滑块增加到+30（如图所示）。

TIP：之前/之后对比
这是一个之前/之后的对比效果，只需应用这两种调整，即可快速、轻松地使皮肤变光滑。

之前　　　　之后

223

平滑肤色

这项技术是所谓"频率分离"的简化版本，非常适合平滑皮肤（它可能是当今使用的最流行的方法）。它真正棒的地方，也是我使用它最多的地方（也是我在这里使用它的原因，因为我们的受试者并不真正需要皮肤平滑），是平滑面部色调之间的渐变，这产生了显著的差异。虽然这项技术确实需要几个步骤，但不要让它影响您，因为它们真的很容易，我将向您展示如何自动化这个过程，所以这只是几个快速的步骤。注意，我们这里的主体几乎没有瑕疵，但我会在使用本章稍后介绍的技术之一祛除瑕疵后运行此技术。

第一步：
连续按两次Command+J（PC:Ctrl+J）组合键复制"背景"图层两次（因此总共有三个图层）。如果您在"图层"面板中查看，您应该会看到"背景"图层，然后是其上方的"图层1"，最后是顶部的"图层1拷贝"（如图所示）。完成后，单击中间图层使其成为活动图层，然后通过单击缩略图左侧的眼睛图标来隐藏顶层（如图所示）。

第二步：
现在我们要模糊中间图层（图层1），执行"滤镜"|"模糊"|"高斯模糊"命令。当对话框出现时，输入一个6像素的"半径"，然后单击"确定"按钮对图像应用一些模糊处理（如图所示）。注意，如果您有一个非常高的百万像素相机（例如5000万像素或更多），您必须使用更高的模糊量才能获得与您在这里看到的相似的模糊量。所以，您可能不得不高达8或9）。

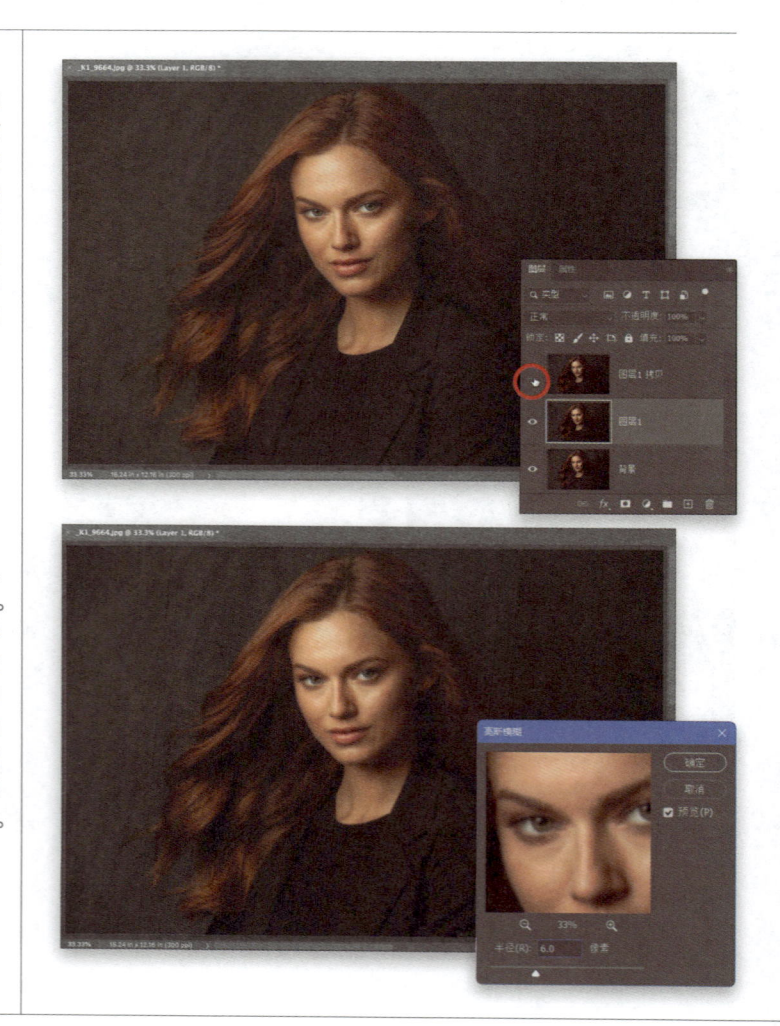

第9章 重塑肖像

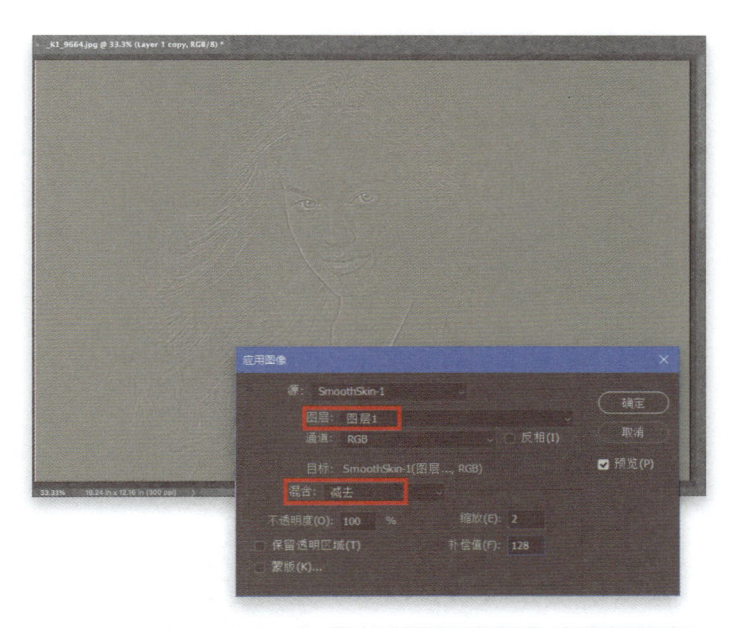

第三步：
在"图层"面板中，单击顶层（图层1拷贝）使其成为活动图层，然后单击其旁边的眼睛图标，使其再次可见。然后执行"图像"|"应用图像"命令，调出此处显示的对话框。从"图层"弹出菜单中选择"图层1"，从"混合"弹出菜单选择"减去"。图像将变灰，仅勾勒出其边缘（如图所示）。单击"确定"按钮。

第四步：
在"图层"面板的左上角附近，将此顶层（图层1拷贝）的图层混合模式从"正常"（默认值）更改为"线性光"。当我们这样做时，图像看起来又正常了（如图所示）。

225

第五步：
再次单击"图层"面板中的中间图层（图层1），使其成为活动图层。然后，从左侧的工具箱中获取"套索工具"（L）（如图所示）。按Command++（加号，PC:Ctrl++）组合键放大图像，然后使用此工具，单击并拖动我们想要平滑色调（或软化皮肤，如图所示）的第一个区域周围的选择。

第六步：
执行"选择"|"修改"|"羽化"命令软化刚才所做选择的边。当"羽化选区"对话框出现时，输入一个15像素的"羽化半径"，然后单击"确定"按钮（注意，如果您有一个5000多万像素的相机，请使用20像素）。

第9章 重塑肖像

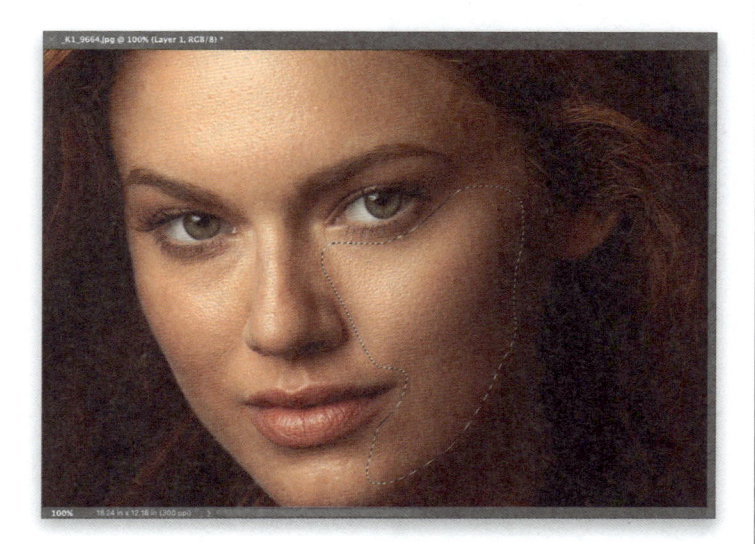

第七步：

模糊我们选择的区域，执行"滤镜"|"模糊"|"高斯模糊"命令。当对话框出现时，输入24像素的"半径"，然后单击"确定"按钮（如果您使用的是5000多万像素的相机，请使用28像素）。一旦做到了这一点，我们就会看到皮肤的渐变和色调之间的过渡非常平滑，但不会真正失去皮肤纹理。事实上，皮肤纹理在一定程度上得到了增强，这也是这项技术如此流行的原因之一，因为大多数其他技术都会模糊皮肤，从而丢失细节，但这种方法并非如此。现在按Command+D（PC:Ctrl+D）组合键取消选择该区域。

第八步：

在其他需要的皮肤区域重复此过程的最后一部分。使用"套索工具"选择一个区域，添加15像素的"羽化半径"，添加24像素的"高斯模糊"，然后取消选择并处理另一个需要平滑的区域。在这里，我选择了她的脸颊和下巴，一直到她右侧下巴的一部分，没有改变图层或其他任何东西。这是一个您一遍又一遍重复的过程，直到所有的区域都完成。通常只有三到四个区域，除了您刚开始的区域——有时更多，有时更少，因为"这取决于图像"。

227

第九步:

让我们撤销迄今为止所做的所有编辑,从头开始,将我们创建的两个图层拖动到"图层"面板底部的垃圾桶图标上。执行"窗口"|"动作"命令以打开其面板(如图左下角所示)。这就像一台生活在Photoshop中的录音机,只需单击一个按钮,就可以记录您的步骤,然后以相同的顺序,使用完全相同的设置,快速播放。单击面板底部的"创建新动作"图标(如图所示),然后在"新建动作"对话框中将动作命名为"频率分离"(如图右下角)。当在这个对话框中时,可以选择按F键来激活这个动作,当您想应用频率分离时,您只需按F8键即可。注意,此对话框中没有"确定"按钮,它有一个记录按钮。单击该按钮开始记录您的步骤(如图所示)。

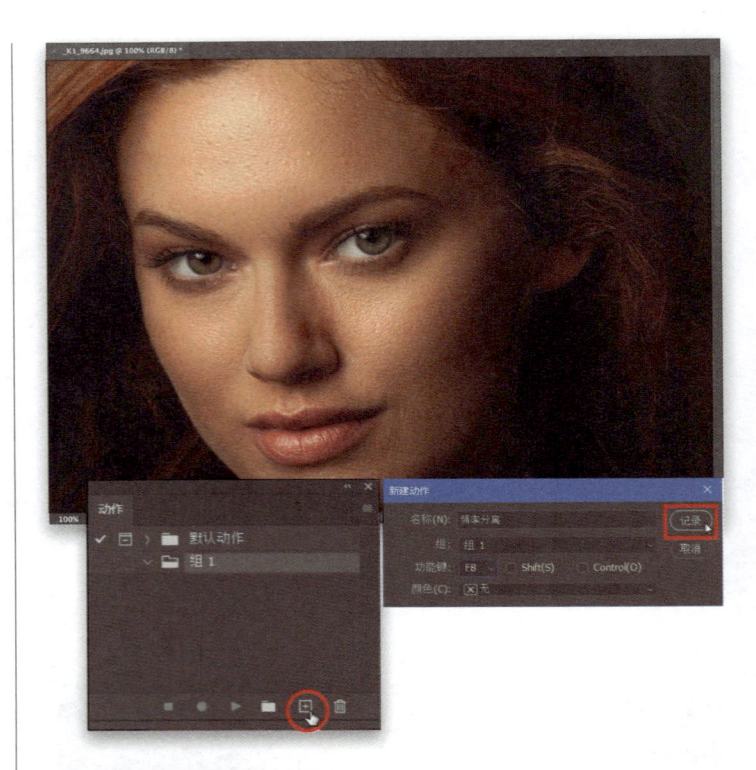

第十步:

现在它正在录制,让我们从头开始重新进行整个频率分离技术。首先复制"背景"图层两次,然后单击中间图层(图层1)并添加6像素"高斯模糊"。然后,单击顶层(图层1拷贝),在"应用图像"(在"图像"菜单下)中选择"第1图层"和"减去"作为混合模式,然后单击"确定"按钮。现在,将顶层的混合模式更改为"线性光",然后单击"层"面板中的中间层。一直以来,"动作"面板都在记录您的一举一动(您会看到面板底部的红色记录灯亮起)。此时,您需要单击"停止记录"图标(白色方块,如图所示)来完成第一部分的录制。

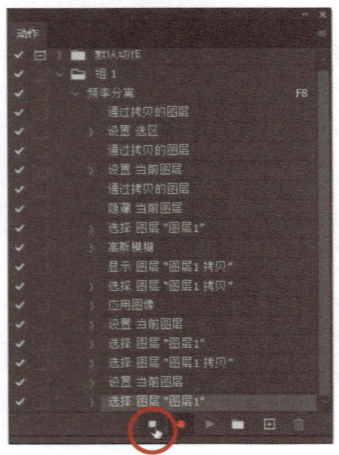

▶ 228

第9章 重塑肖像

第十一步：

现在，我们将创建第二个动作，您将在选择"套索工具"后立即运行该动作（有一种方法可以将这一切构建为一个动作，但由于这可能是您的第一个动作，所以我保持简单）。另外，现在您可以分配这一秒动作到F9键。现在，继续进行选择，在"动作"面板的底部单击"创建新动作"图标，将此操作命名为"频率分离2"，然后单击"记录"按钮。现在，您将完成该技术的最后一部分，即添加15像素的"羽化选区"，添加24像素的"高斯模糊"，然后取消选择，最后单击"停止录制"图标。因此，您将运行第一个动作，方法是单击它，然后单击面板底部的"播放选定的动作"图标，然后选择第一个"套索工具"，然后运行第二个动作。从那时起，您只需选择"套索工具"，然后运行第二个动作，直到完成为止（一旦过程开始，无须再次运行第一个动作）。

TIP: 之前/之后对比

这是一个编辑之前/之后的对比，您可以看到这个过程是如何在不丢失皮肤细节的情况下平滑色调和渐变的。现在，对于F键和两个动作，其工作原理为，打开一个需要平滑过渡的图像，按F8键（或您选择的任何F键），它会为您进行第一次选择做好一切准备。做出选择后，按F9键（或您选择的任何F键），它就会完成该选择（羽化、模糊和取消选择）。再进行一次选择，然后按F9键。再打一次，按F9键。如果需要另一个，请进行选择，然后按F9键完成。一旦您设置好了，剩下的就很容易了。

之前

之后

229

自动平滑皮肤

自动平滑皮肤使用面部识别来避免软化眼睛、嘴唇、眉毛等，还可以处理瑕疵。这是Photoshop的神经滤镜库的一部分，这是一个新技术的游乐场。因此，有时，您会看到标记为"测试版"的滤镜，让您知道它们仍在"烘焙"中，但您可以尝试它们，也可以提供反馈（您甚至可以对未标记为测试版的滤镜提供反馈）。由于其中许多都是基于人工智能的，我预计随着时间的推移，效果会越来越好。现在，虽然这种平滑皮肤快速简单（只需一个按钮），但结果是皮肤有点柔软模糊。希望随着时间的推移，情况会好转。

第一步：

执行"滤镜"|"Neural Filters"命令以打开其窗口（如图所示），然后按Command++（加号；PC:Ctrl++）组合键几次，直到您在被摄对象的脸上被放大。在"Neural Filters"面板的"人像"下，打开"皮肤平滑度"的切换开关（如图所示，如果它有云图标而不是切换开关，则需要先下载。因此，只需单击它，然后单击窗口右下角附近的"下载"按钮即可）。

第二步：

当您打开它时，它会起到它的作用，软化皮肤，减少这个过程中的任何瑕疵。右侧有两个滑块，用于控制"模糊"量和"柔和度"。降低"模糊"量（向左拖动）并提高"平滑度"（向右拖动，如图所示）时，会得到最好的结果。完成后，单击右下角的"确定"按钮即可。

第9章 重塑肖像

通过高光和阴影塑造面部轮廓

这是一种简单的技术，有助于雕刻面部、增强特征和添加尺寸。它模仿了非常流行的现实生活中的化妆过程，通过在面部的不同部位添加高光和阴影来塑造面部轮廓。在Photoshop中，我们将使用一种非常简单的方法，在某些区域添加高光，在其他区域添加阴影，然后模糊这些区域，使它们很好地融合在一起，这确实会产生巨大的不同（这就是为什么这在当今化妆中如此流行的原因）。在Photoshop中，这种技术被称为"躲避和燃烧"（传统暗室时代的一个术语），它使图像的某些部分更亮（躲避），而某些部分更暗（燃烧）。

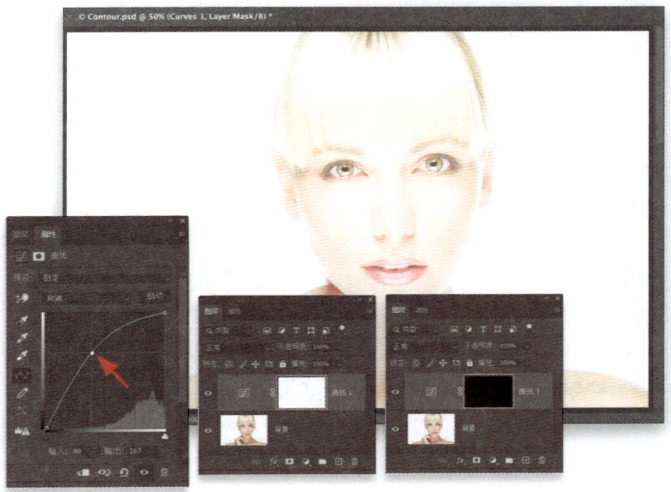

第一步：
在"图层"面板的底部单击"创建新的填充或调整图层"图标，然后从弹出菜单中选择"曲线"选项（如图所示）。即使您从未使用过曲线，也不要担心。选择"曲线"选项时，将显示"属性"面板。"曲线"并不是一条曲线，而是一条直线，一旦您移动它就会变成曲线。

第二步：
在"属性"面板中，在该对角线的中心向右单击一次以添加调整点（该调整点显示为线上的一个白点），然后直接单击该点并向上向左对角拖动（如图所示，左下角）。这大大提高了图像的中间调（如图所示）。我们将使用这条曲线在一瞬间创建高光。如果您在"图层"面板中查看，您会看到一个新的图层，上面有一个小的"曲线"图标和一个白色的图层蒙版缩略图（如图所示，底部居中）。我们现在需要将这个高光图层隐藏起来，按Command+I（PC:Ctrl+I）组合键反转该蒙版，使其变黑（如图右下角所示），我们添加的高光图层将隐藏起来。

231

… Photoshop 数码照片专业处理技法

第三步：

接下来添加另一个"曲线"调整图层（我们总共只需要两个），但这个图层是用于阴影的。因此，返回"图层"面板的底部，进入"创建新的填充或调整图层"弹出菜单，再次选择"曲线"选项。在"属性"面板中，单击该对角线的中心以将调整点添加到中间调，但这一次，单击并沿对角线向下向右拖动（如图所示，左下角）以使中间调变暗。我们将使用这条曲线来添加阴影区域。当然，这样做会使我们的图像变得更暗（如图所示），但我们将再次通过按Command+I（PC:Ctrl+I）组合键来反转白色蒙版，使其变黑并隐藏较暗的图层来隐藏此调整图层。您的"图层"面板现在应该像您在右下角看到的那样——"背景"图层上的原始图像和它上面的两个"曲线"调整图层，它们的图层蒙版填充了黑色。

第四步：

单击"图层"面板中我们制作的第一个"曲线"调整图层（高亮显示的图层），使其成为活动图层。按B键切换到"画笔工具"，在选项栏中打开"画笔选择器"，然后选择"硬边圆"画笔（如图右下角所示）。可以按括号键来更改画笔的大小。接下来，查看工具箱的底部，确保前景颜色为白色（如果不是，请按D键）。对于我们的第一个亮点，首先在她的前额上画一条水平的白线，然后沿着她的鼻子画一条直线（如图所示，要画直线，请单击画笔一次，然后按住Shift键，将光标移动到她的鼻子末端，然后再次单击。这样做会在两点之间画一条线）。

232

第9章 重塑肖像

第五步：

继续用"硬边圆"画笔绘制高光部分。我们将在她的鼻子两侧画两个倒置的三角形（就像您在这里看到的），在她的下巴尖画一条直线（也在这里看到）。这些都是基本的高光区域，但如果您真的想深入研究，可以在互联网上快速搜索"面部轮廓图"，您会发现一大堆照片和插图，上面有您可以为面部添加高光和轮廓（阴影）的地方。您可以在各大杂志和美容网站上找到结果。让我们继续添加阴影（在本文中称为"轮廓"）。

第六步：

在"图层"面板中单击顶部的"曲线"调整图层（阴影图层），使其成为活动图层。将在这一图层上绘制，当我们这样做时，它将绘制在我们向下拖动到右侧的曲线的较暗区域。我们将从她的耳朵中心向下画到嘴唇中心周围（就像您在这里看到的），在她下巴上画的高光上方画另一条小线，然后沿着她的鼻子两侧画另外两条（也在这里看到）。您在这张照片中看不到这一点，因为我们的拍摄对象有刘海，但通常情况下，我们会在她的前额中央画一个高光，然后沿着她的发际线画一个阴影（轮廓）。这就是我们需要画的全部内容，接下来，让我们开始混合所有内容。

233

Photoshop 数码照片专业处理技法

第七步：
直接双击顶部调整图层的黑色图层蒙版缩略图（阴影图层，如图左下角所示），您将看到"属性"面板已更改为显示一组新的控件（如图右下角），而不是再次看到"曲线"。我们需要的是"羽化"滑块（如果您没有看到这些滑块，您就没有双击这个顶层的图层蒙版缩略图）。这是我们将通过大幅度软化来混合硬画笔笔画的方法。把"羽化"滑块拖到右边，几乎达到了60像素（这是一个很常见的数量，但如果您使用超高分辨率相机，例如50多万像素，那么您可能需要达到70或80像素才能得到很好的平滑混合，就像您在这里的图像中看到的那样）。看看那些坚硬的笔触是如何与她的皮肤阴影区域完美融合的。

第八步：
现在让我们对高光部分进行类似的操作。在"图层"面板中单击底部调整图层（高亮显示的图层）使其成为活动图层，然后直接双击其黑色图层蒙版缩略图（如图左下角所示）。现在，在"属性"面板中，向右拖动"羽化"滑块。我在这里把它拖到了将近60像素（同样，这是一个非常常见的数量，但如果您使用高分辨率相机，您可能需要更高的分辨率才能获得平滑的混合）。

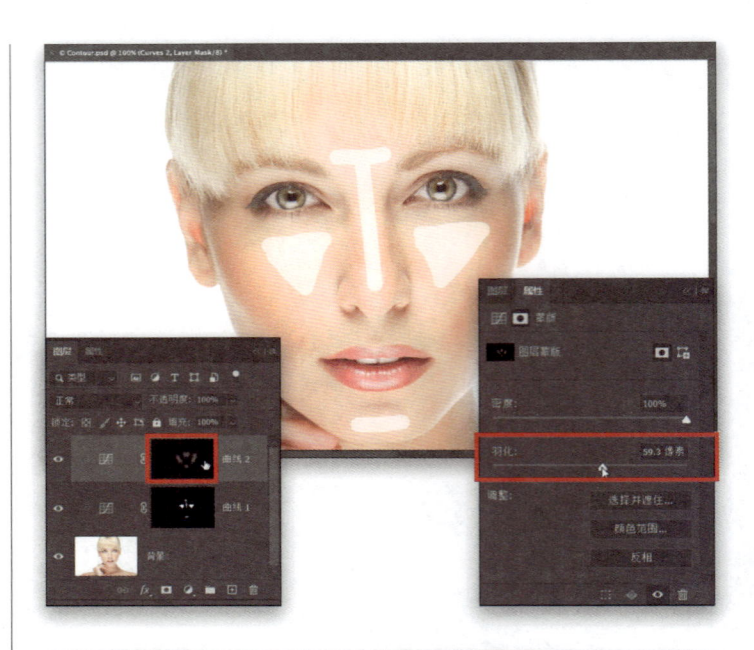

234

第9章 重塑肖像

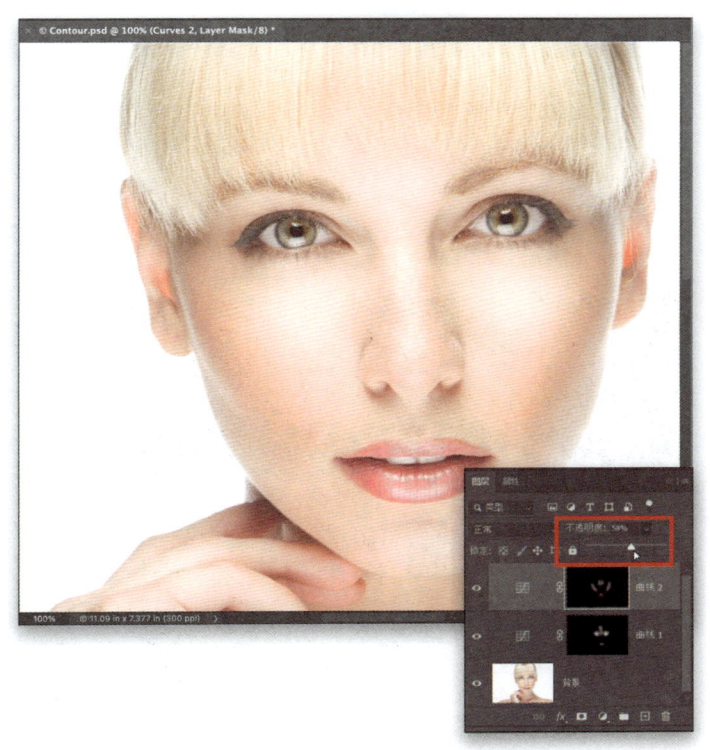

第九步：

现在高光和阴影已经就位，其中一个可能看起来有点太重（很可能是阴影），但这很容易解决。单击顶部（阴影）调整图层使其成为活动图层，然后靠近"图层"面板的右上角，单击"不透明度"字段右侧的向下箭头，就会出现一个滑块。向左拖动滑块以减少阴影的数量（如图所示，我将阴影轮廓的强度降低到58%，在这种情况下，我觉得这看起来更自然）。相反，如果您觉得对于正在处理的特定图像，阴影轮廓需要更强，请将顶部"曲线"调整图层的图层混合模式从"正常"更改为"叠加"（靠近"图层"面板的左上角）。完成后，您可以像我们刚才所做的那样使用"不透明度"滑块拨入正确的量。

TIP: 之前/之后对比

这是我们添加了一些相当微妙的调整后，拍摄对象前后并排的照片。即使我们使用了非常保守的数值，它也确实产生了影响。

之前　　　　之后

235

减少皱纹

您会注意到我说的不是"祛除皱纹",而是"减少皱纹"。这里的目标不是祛除所有的皱纹——这对这个年龄的人来说会很奇怪。目标是减少皱纹,这样您的拍摄对象看起来仍然像他们自己,而不是明显的修饰(您希望他们看起来年轻5或10岁,而不是40岁)。我们这样做是为了减少皱纹的深度,降低这些区域的阴影。

第一步:
这是我们的肖像,按Command+J (PC:Ctrl+J)组合键创建复制图层(如图所示,在"图层"面板中)。我们将在这一图层上进行修饰,这对大多数修饰来说是一个很好的经验法则,但在这种情况下,这是必要的。

第二步:
从工具箱中获取"污点修复画笔工具"(J)(此处用红色圈出,其图标看起来像左侧有半圆的创可贴)。按括号键(字母P的右侧。左括号键使画笔变小,右括号键使其变大)使画笔的大小略大于要去除的褶皱,然后在褶皱上作画以完全去除褶皱(如图所示,我正在去除一条长的垂直褶皱)。在上面涂抹,它就不见了。

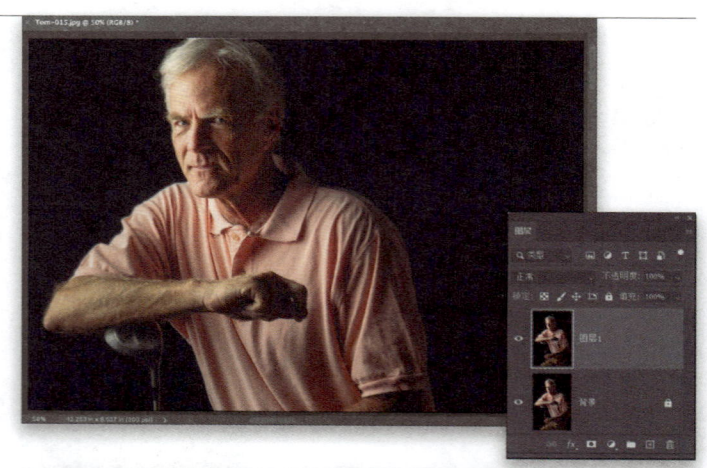

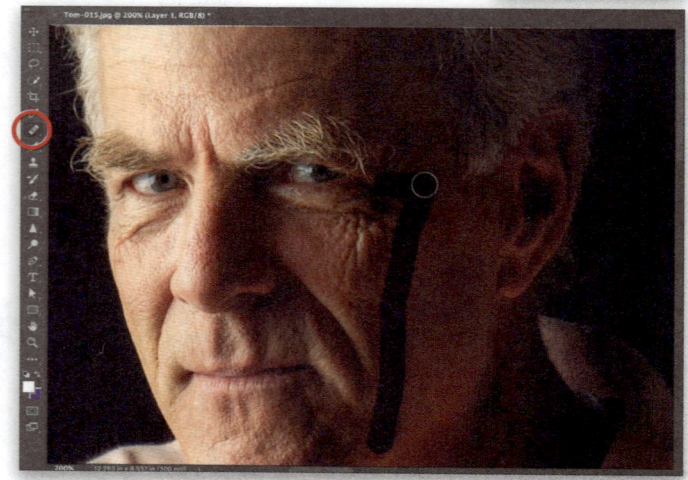

第9章 重塑肖像

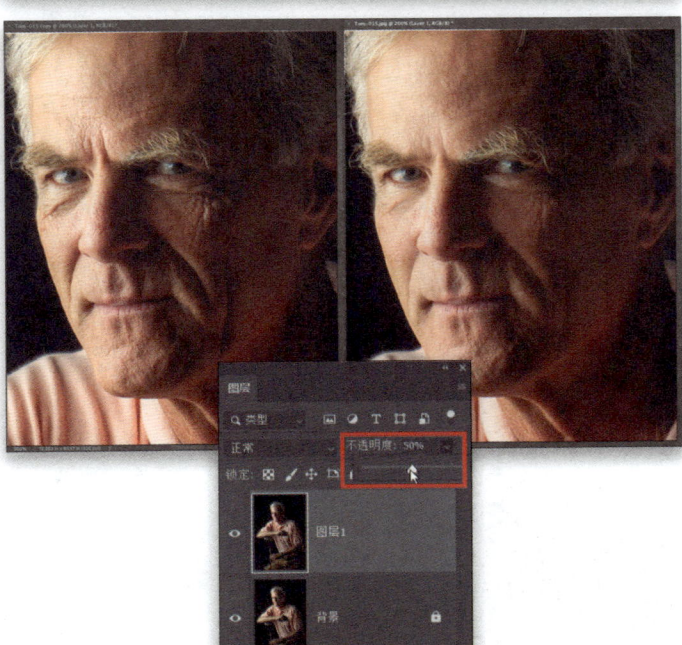

第三步：
继续使用"污点修复画笔工具"检查他脸上和前额上的所有皱纹，直到它们几乎都消失。通常，我更喜欢使用常规的修复工具来去除脸上的任何东西，在那里您可以选择附近的区域来采样皮肤（单击或按Alt键+单击），而不是使用"污点修复画笔工具"，它自己选择区域。有时这是一个糟糕的选择，因为面部不同部位的皮肤走向不同（质地也不同），在这个例子中，这并不重要。

第四步：
我们现在要通过接近"图层"面板的右上角并降低该图层的"不透明度"来恢复一些皱纹。这里将"不透明度"降低到50%，这使他的皱纹看起来只有原来的一半深，同时保持足够的皱纹，使其看起来仍然像他——只年轻了10岁。您不需要设定百分比来降低"不透明度"，这取决于您修饰的人。但是，要注意，当您完成后，它们看起来仍然很自然，看起来仍然像他们的年龄。您仍然应该看到皱纹，但它们看起来不应该那么深或那么浓。我想让您看到明显的区别，所以选择了50%的"不透明度"。实际工作中，我可能会设置为40%甚至35%的范围内。

237

去除过度曝光

过度曝光位于受试者脸上看起来有光泽或出汗的高光区域，棘手之处在于，我们希望有光泽、出汗的部分消失，但我们不想去除该区域的高光，否则我们的图像看起来太平坦。有一种简单的技术可以让我们在不丢失高光的情况下去除光泽（这项技术也能很好地减少痣或疤痕等您不想完全去除的东西），但必须减少它们的强度，因为它们在平面图像中会被夸大，比在现实生活中看到的效果要强。

第一步：
这是我们的照片，您可以清楚地看到她额头上有一个又大又亮的曝光，还有她鼻子上的两个曝光（一个在鼻梁上，一个在鼻尖）。首先从工具箱中获取"修补工具"（如图所示，它的图标看起来像一个补丁。或者按Shift+J组合键）。"修补工具"是"污点修复画笔工具"的近亲，它非常适合移除较大的东西。它的工作方式为，首先用"修补工具"在您想要修饰的区域周围单击并拖动绘制一个选区（如图所示，我在她前额的曝光周围拖动了一个选区）。

第二步：
接下来，单击并拖动该选区（当您仍有"修补工具"时）到附近的干净区域（这里直接将其拖动到左侧），它给您一个原始选区所在的预览（这就是为什么您会看到两个选定的区域——左边的一个是我对无光泽皮肤进行采样的地方，右边是原始选择，显示预览）。这个预览很方便，可以确保我们不会意外地将她的部分头发或下面的眉毛包括在我们的修复中，否则这会破坏我们的修饰。

▶ 238

第9章 重塑肖像

第三步:
单击并拖动到一个漂亮的无光泽区域后,并且预览中没有任何头发或眉毛,只需松开鼠标左键,您的选择就会恢复到原来的位置。当它这样做的时候闪亮的区域消失了,不幸的是,这方面的亮点也消失了。

第四步:
在执行其他操作之前(甚至不要取消选择,否则下一步将不起作用——这必须是释放鼠标左键后的下一步操作),执行"编辑"|"渐隐修补选区"命令,以打开"渐隐"对话框(如图所示)。可以将其视为"在滑块上撤销",如果向左拖动此滑块,它将开始撤销对该热点的删除。向左拖动"不透明度"滑块,一旦它再次看起来有光泽,请将其向右拖动一点。您希望高光重新出现即可,但不要拖得太远,使有光泽的部分重新出现即可。完成后,单击"确定"按钮,按Command+D(PC:Ctrl+D)组合键取消选择。继续使用相同的技术获取她鼻子上的另外两个曝光——拖出一个"修补工具"选区,单击并将其拖动到她鼻子附近的一个无光泽区域,松开鼠标左键,它会卡回原位,然后执行"渐隐修补区域"命令,向左拖动"不透明度"滑块,以恢复其中的一些高光(总共执行三次)。这是一个前/后对比(前一个在左边),亮点仍然在右边,但没有闪闪发光、汗流浃背的样子。

239

祛除瑕疵

这是另一种最常见的修饰。有六种方法可以做到这一点，但我将向您展示我使用最多的方法（这可能也是最常见的方法）。

第一步：
尽可能地放大图像，这样您就可以真正看到您在做什么，按Command++（加号，PC:Ctrl++）组合键几次，直到您对主体有了清晰的了解。从工具箱中获取"污点修复画笔工具"（J）（这里用红色圈出，它的图标看起来像左侧有一个圆圈的创可贴），按括号键使画笔大小略大于您想要去除的瑕疵（P键的右侧。左括号键使画笔变小，右括号键使其变大）。

第二步：
将光标移动到瑕疵上，然后单击即可。只需单击一下，您就完成了。使用这个一键式方法移动您的图像并去除任何主要瑕疵。当谈到痣或美人痣时（这里留下了一对），如果您自己为拍摄对象画像，我建议您留下它们。但是需要降低它们的强度，因为它们在静止图像中会比在现实生活中更突出。

▶ 240

第9章 重塑肖像

修饰眼睛

Camera Raw内部的蒙版功能使选择眼睛和眉毛的不同部位变得非常容易。我们不得不用画笔来完成这一切的日子已经一去不复返了,在那里我们会在皮肤上花很多时间纠正我们的绘画错误。在这里,我们将为虹膜添加对比度,以锐化眼睛、提亮眼白,最后,使眉毛变暗。由于人工智能支持的蒙版,我们将在几秒钟内完成这一切。

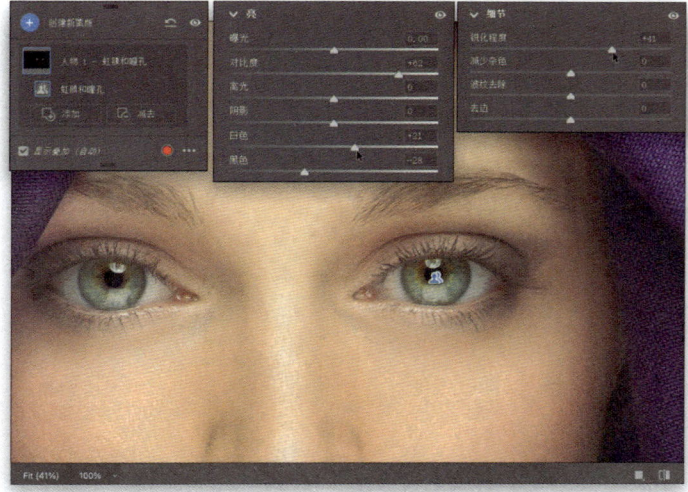

第一步:

执行"滤镜"|"Camera Raw滤镜"命令。当其窗口打开时,在右侧的工具栏中,单击"蒙版"图标(M,顶部的第四个图标——它是一个灰色圆圈,周围有一条白色虚线)以显示蒙版工具。几秒钟后,它会检测照片中是否有人,面板底部会出现一个圆形的"人物"缩略图。单击该缩略图(如图左上角所示),然后在"人脸蒙版选项"面板(如图右下角所示),您将看到它可以蒙版的面部特征列表。勾选"虹膜和瞳孔"复选框(她的虹膜看起来有点平),然后单击"创建"按钮。

第二步:

放大图像,这样我们就可以真正近距离地看到眼睛,按Command++(加号,PC:Ctrl++)组合键几次,然后按住空格键并向右拖动图像以重新定位它。我们将首先为虹膜添加一些对比度,由于我们选择了虹膜和瞳孔蒙版,它们将以红色色调出现(让我们知道哪些区域被掩盖了——移动滑块,色调就会消失)。在调整滑块中,向右拖动"对比度"滑块,若要添加更多对比度,请向右拖动"白色"滑块,向左拖动"黑色"滑块。最后,在"细节"面板中向右拖动"清晰度"滑块来锐化眼睛(如图所示)。

Photoshop 数码照片专业处理技法

第三步：
添加另一个蒙版。在"蒙版"面板的顶部单击"创建新蒙版"图标，然后从弹出菜单中选择"人物"以再次显示"人物蒙版选项"面板。我们现在要让她的眼白变亮，勾选"眼睛巩膜"复选框，您会看到这些区域出现红色。单击"创建"按钮，然后向下移动并将"曝光"滑块向右拖动一点。在这里要非常小心，初学者修饰的首要问题是过度提亮眼白，所以稍微拖一点即可（我选择了+0.40，这通常是足够的）。巩膜区域有一些红眼静脉，但很容易修复。在"颜色"面板中向左拖动"饱和度"滑块，直到那些红眼静脉消失。这里也不要拖得太远，否则白色会变成灰色——只要拖够，静脉就会消失（我拖到－60）。

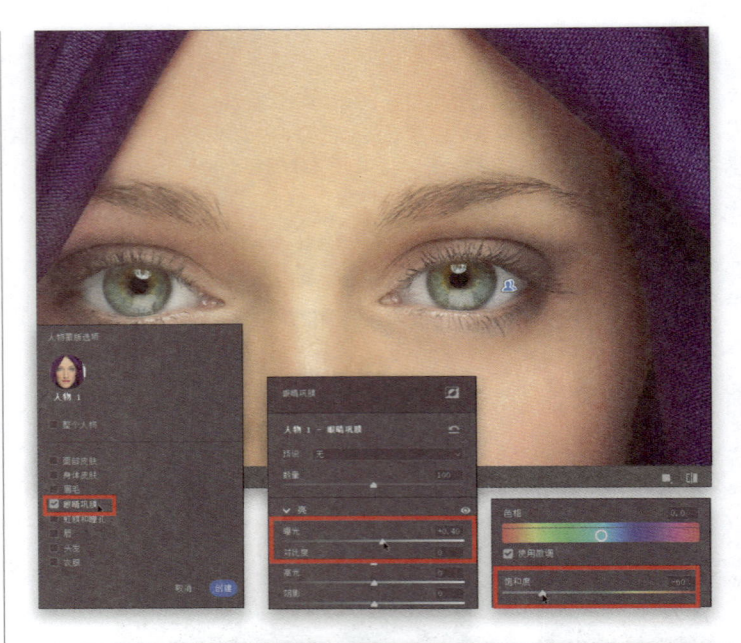

第四步：
让我们把她的眉毛变黑。单击"创建新蒙版"图标，再次选择"人物"。这一次，勾选"眉毛"复选框（如图左下角所示），它会在两条眉毛上都涂上红色。单击"创建"按钮，然后将"黑色"滑块向左拖动，直到它们看起来很好。这是一张前/后对比的照片，您可以看到眼睛有更多的对比度，它们更清晰，白色更明亮，红色消失了，眉毛更黑，看起来更饱满。这一步不适用于眼睛。如果您想修饰嘴唇，单击"创建新蒙版"图标并选择"人物"，勾选"唇"复选框。一旦它们被选中，向下滚动到"饱和度"滑块并向左拖动，这样嘴唇就不会那么红了。

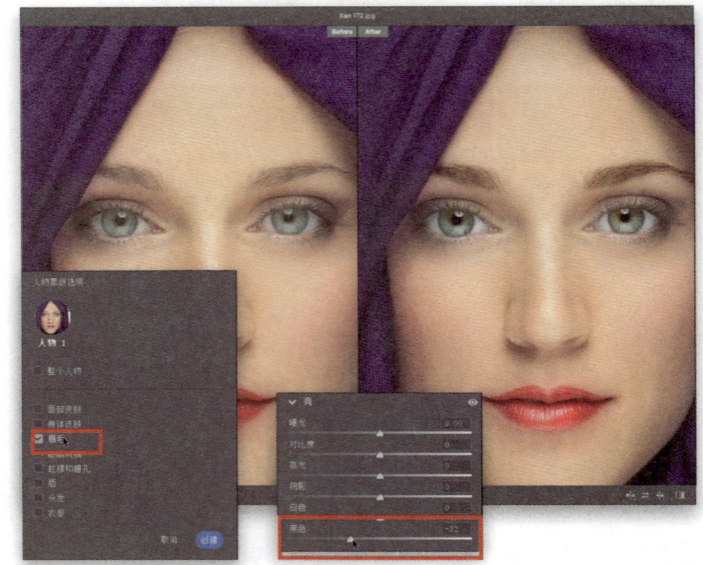

242

第9章　重塑肖像

修复闭眼或懒散的眼睛

这是另一个非常常见的修饰，在我们这里的例子中，我碰巧在错误的时刻拍摄了这张照片。但是，在某些情况下，您会发现他们的一只眼睛睁得不如另一只，或者他们眨眼，或者其他什么。只要一只眼睛睁开，您就可以快速轻松地固定另一只眼睛。

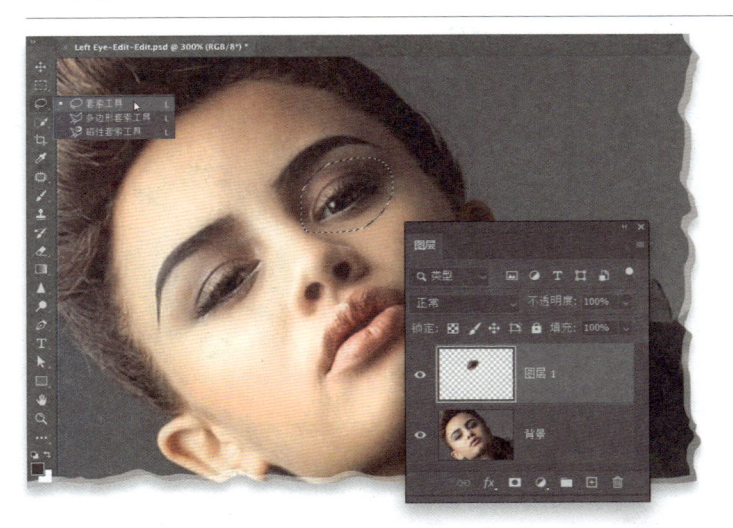

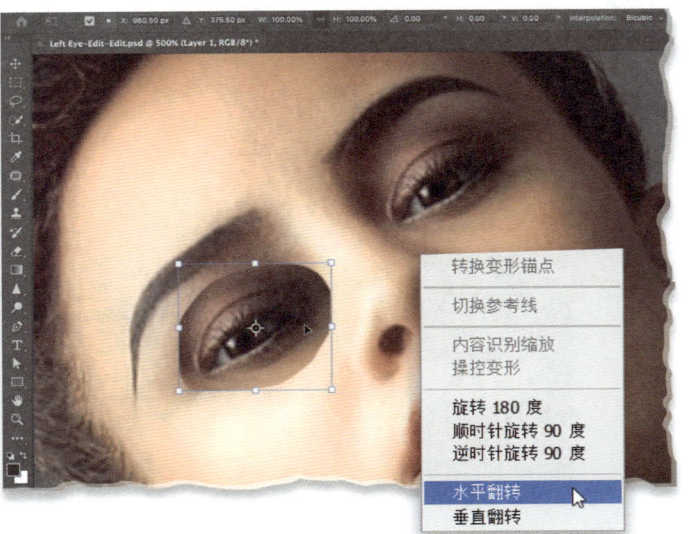

第一步：
在这张照片中，她左侧的眼睛部分闭合（这是当天唯一一张她的眼睛是这样的照片——只是拍摄时机不对），但幸运的是，修复很容易，因为她的另一只眼睛完全睁开了，这就是我们将用来进行快速修饰的地方。放大图像，从工具箱中获取"套索工具"（L），然后在她右侧睁开的眼睛周围绘制一个非常选区（如图所示）。按Command+J（PC:Ctrl+J）组合键复制眼睛图层（如图所示，在"图层"面板中，选择的眼睛区域为"图层 1"）。

第二步：
切换到"移动工具"（V），然后单击并将她睁开的眼睛的副本拖动到左侧部分闭合的眼睛上。现在她有两只右眼。要解决此问题，按Command+T（PC:Ctrl+T）组合键调出"自由变换"（它会在她的眼睛周围放置一个带控制柄的边界框），然后右击并在弹出的快捷键菜单中选择"水平翻转"选项（如图所示）以水平翻转眼睛。因为她在照片中倾斜了很多，所以与另一只眼睛不太匹配，所以我们需要将翻转的副本旋转到位。当光标移动到边界框外，当光标变为弯曲的双向箭头时，单击并向上拖动即可将眼睛旋转到其看起来向右的位置。

243

Photoshop 数码照片专业处理技法

第三步：

您可以在这里看到翻转的眼睛，为了确保我们把它放在正确的位置，同时仍然在"自由变换"中，在"图层"面板中将该层的"不透明度"降低到60%，这样我们就可以通过复制的眼睛看到下面图层上原始眼睛的位置。这样，我们可以旋转或移动最上面的眼睛图层，直到它们完美匹配。完成后，按Return（PC:Enter）键锁定转换。现在，您会看到阴影是不对的，因为我们复制的眼睛离光线更远，部分处于阴影中。这很容易解决，因为我们不需要她眼睛周围的所有区域——我们真正需要的只是虹膜和眼白。

第四步：

将该图层的"不透明度"提高回100%，然后单击"图层"面板底部的"添加图层蒙版"图标（这是左侧的第三个图标）。将前景颜色设置为黑色后，使用"画笔工具"（B）从选项栏的"画笔选择器"中选择一个柔边画笔，然后将多余的区域涂掉，只留下开放的虹膜和眼白（如图所示，我正在擦除她眼睛下方多余的深色区域）。现在，有一个小问题：左边新眼睛的聚光灯在错误的一侧。所以，让我们创建一个新的。在"图层"面板的弹出菜单中选择"拼合图像"选项，然后从工具箱中获取"仿制图章工具"（S）。单击或按住Alt键+单击在右侧眼睛上采样，然后在左侧眼睛上应该出现的位置绘制。现在，使用"污点修复画笔工具"（J）使画笔比额外的瑕疵大一点，然后单击它将其移除（如图右下角所示）。

处理深层眼窝

如果受试者的眼窝很深（很常见），您在这个区域没有得到足够的光线，它们最终看起来很黑。当您与某人当面交谈时，您永远不会注意到这些东西，但它在照片中确实很突出（就像我们修饰的许多东西一样——您不会亲自注意到它们，但在照片中，它们不仅可见，而且实际上被夸大了）。以下是如何快速修复这些区的方法。

第一步：
执行"滤镜"｜"Camera Raw滤镜"命令。当Camera Raw窗口打开时，进入蒙版界面，按K键以获取"画笔工具"并创建一个新的蒙版（如图所示）。

第二步：
选择一个较小的画笔（可以拖动"画笔"面板中的"大小"滑块，按括号键调整画笔大小会更快——左括号键会使其更小；右括号键则会使其更大）画整个眼窝区域，但尽量避开眉毛（如图所示，红色覆盖显示了我画过的区域）。在"画笔"面板中将"羽化"设置为50，"流动"和"浓度"设置为100。当我使用平板电脑（而不是鼠标或触控板）时，我会将"流动"降低到40，这样它会随着我的绘制而增加。

第三步：
向下滚动滑块，我们将通过向右拖动滑块来增加"曝光"和"阴影"（主要是"阴影"），直到眼窝与面部其他部分的亮度基本匹配（如图所示）。例如增加一点"曝光"，打开很多"阴影"。然而，我们还没有完全完成，因为尽管他的眼窝更明亮、更平衡，但他的眼睛仍然很黑——尤其是他的眼白。

第四步：
在"蒙版"面板中单击"创建新蒙版"图标，然后从工具的弹出菜单中选择"人物"以调出"人物蒙版选项"面板。勾选"眼睛巩膜"复选框（如图左下角所示），然后单击"创建"按钮，使其自动选择他的眼白（这些区域将显示为红色，让您知道什么是被掩盖的）。将"曝光"滑块向右拖动一点（注意不要过度），使他的眼白变亮并完成修饰。这是一张眼窝和眼白明亮的前/后对比照。

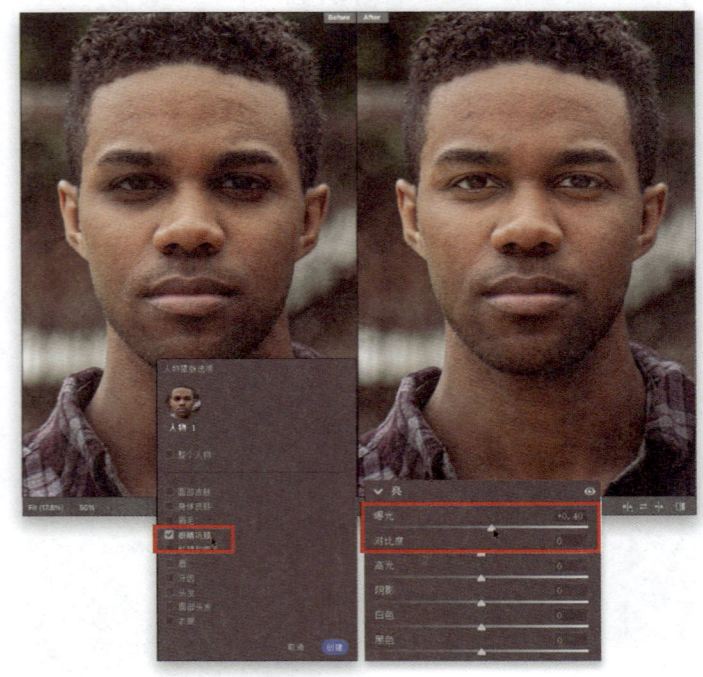

祛除黑眼圈

这是最常见的修饰之一，因为任何人眼睛下方都可能出现黑眼圈和小皱纹，即使它们很小，减少它们也是一个很快的方法。我们不会删除它们，因为它们看起来要么相当奇怪，要么明显经过修饰，或者两者兼而有之。我们只是要减少它们。注意，这项技术也适用于修饰前额或脸上其他地方的皱纹，所以当我们在这里学习去除黑眼圈或眼袋时，它对皱纹也很有效。

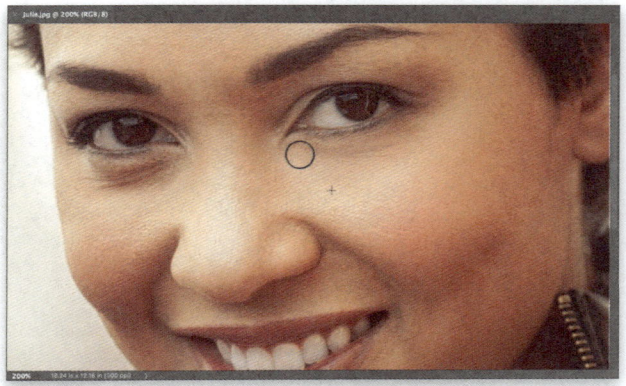

第一步：
这是我们拍摄的一位20多岁年轻女性的原始照片，但正如我上面提到的，几乎任何人都可能有这些黑眼圈和皱纹，而且由于光线条件的原因，它们可能会更加突出（或者照亮您的拍摄对象来减少这些黑眼圈或皱纹）。从"工具箱"中获取"仿制图章工具"（S）（此处用红色圈出）并将其"不透明度"降低到50%，然后设置"模式"为"变亮"（如图所示）。

第二步：
"变亮"模式会告诉Photoshop"只影响比我采样的地方更暗的像素"。因此，它基本上可以在不干扰其他像素的情况下淡化皱纹周围的黑眼圈和阴影，使结果看起来很自然。按住Option（PC：Alt）在附近干净的区域单击（此处的加号十字线显示采样位置），只需在这些黑眼圈和皱纹上涂抹，它们就会减少（如图所示）。这就是它的全部（只是不要忘记做另一只眼睛）。

247

让人物更苗条

受试者不会经常要求您做特定的修饰，但有一件事我经常被要求做："您能让我看起来更苗条吗？"

第一步：
执行"滤镜"|"Camera Raw滤镜"命令。然后，打开"几何"面板，其中有一个滑块，它可以奇迹般地"减肥"。这不是这个滑块的设计目的——它的设计目的是修复在应用极端镜头校正时图像发生的任何拉伸或拉伸——就是"纵横比"滑块。向右拖动它，它会通过稍微拉一下末端来精简您的拍摄对象。您把它向右拖得越远，您的拍摄对象就越瘦，只要您不做得过火，它就会以一种非常自然的方式进行。

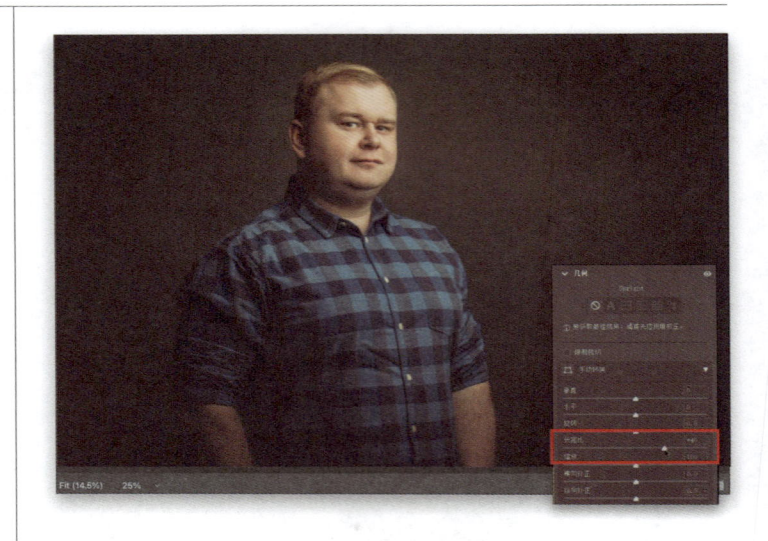

第二步：
这是将"纵横比"滑块向右拖动到+40之后的前/后视图。您可以看到它们的不同之处，尤其是在受试者的脸上。但是，这看起来仍然很自然，由于我们没有拖得太远，他看起来仍然像他自己，只是有点苗条。

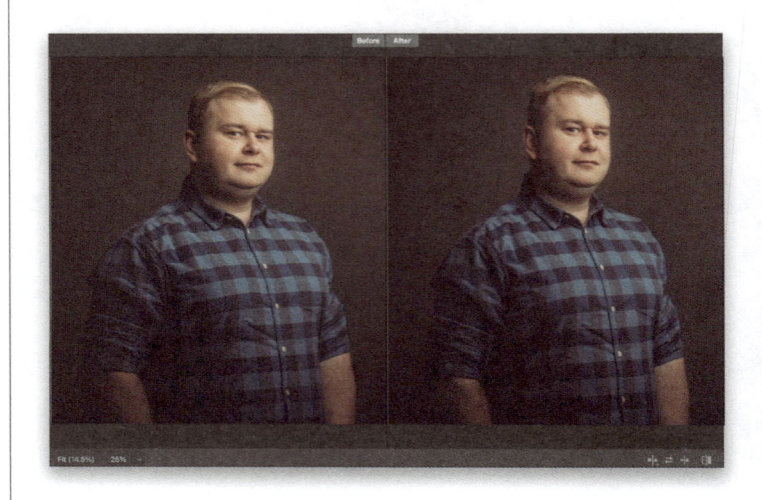

修整牙齿

当谈到牙齿时，最有可能的两种修饰是减少牙齿变黄和变亮。在某些情况下，如果牙齿有缺口或畸形，或者两颗牙齿之间有很大的间隙，您需要调整单个牙齿，但在这些情况下，您可以使用液化滤镜的"向前变形工具"，它在这类事情上做得很好（只需非常紧密地放大，使用非常小的画笔笔尖，将牙齿轻轻推到您想要的位置）。

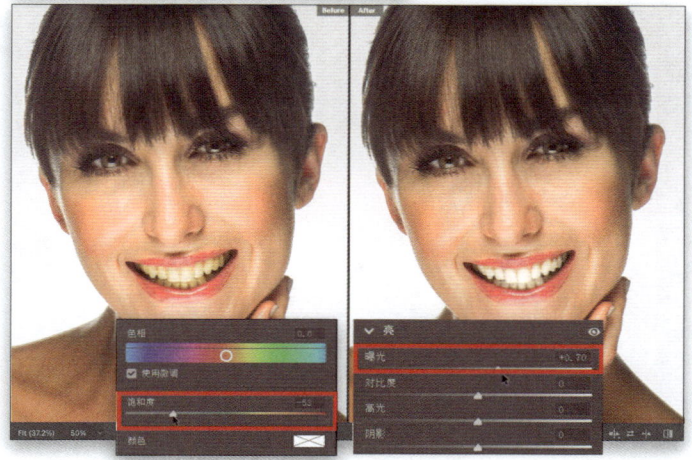

第一步：

这是我们的图片，我们要做我上面提到的两件事：去除发黄，让牙齿整体变亮。Camera Raw的AI蒙版使这一切变得非常容易，执行"滤镜" | "Camera Raw滤镜"命令，然后在右侧工具栏中单击"蒙版"图标（M，顶部的第四个图标，它是一个灰色圆圈，周围有一条白色虚线）以显示蒙版工具。几秒钟后，您会在面板底部看到一个圆形的"人物"缩略图。单击该缩略图，然后在"人物蒙版选项"面板中，您将看到它可以蒙版的面部特征列表。勾选"牙齿"复选框（如图所示），然后单击"创建"按钮。红色色调会出现在牙齿上，让您知道它掩盖了什么（只要您移动滑块，色调就会消失）。

第二步：

现在牙齿已被蒙版，在"颜色"面板中向左拖动"饱和度"滑块，直到黄色消失（如图所示，左下角，我将其拖动到–53）。接下来，在"亮"面板中将"曝光"滑块向右拖动以使牙齿变亮（如图右下角所示，我将其拖动到该图像的+0.70）。这两个滑块快速简单，非常有效。

使用"液化"功能来重塑形状、推动和拉动

多年来,液化滤镜一直是专业修饰师的首选滤镜,因为它能做一些非常了不起的事情:它可以让您移动被摄对象的特征或衣服,就像它们都是由黏稠的蜜糖状液体制成的一样,让您解决无数问题。除此之外,它还有一个完整的人工智能面部识别方面。但在这里,我们只将重点放在一些最重要的工具上,包括功能强大的"向前变形工具"。下面介绍它的使用方法。

第一步:
执行"滤镜"|"液化"命令,在"液化"窗口中打开我们的图像(如图所示)。从左侧工具栏中获取"向前变形工具"(W,顶部的第一个),这是一种移动物体的工具,就像它们是由粘稠的液体制成的一样。

第二步:
要让这个工具发挥作用,需要遵循两个简单的规则:让画笔尺寸比您想移动的东西大一点(就像您在这里看到的,他左边的衬衫看起来有点乱),可以按左括号键和右括号键快速调整画笔大小(它们位于P键的右侧);只是缓慢而平稳地轻推它,此外,不要害怕在一个区域上轻推几次。这里,画笔比他衬衫竖起的部分大一点,画笔的很大一部分延伸到他的衬衫区域,这就是我使用它的方式。

第9章 重塑肖像

第三步:
把他的衬衫的那一部分往下推,直到它有点平(就像您在这里看到的)。

第四步:
您不会总是把衬衫推低。在很多情况下,您会把衬衫推出去。例如,我们把他的衬衫的那部分往下推,就会导致衬衫的左边凹陷(您可以在前一步中看到)。继续把画笔的尺寸缩小到比凹痕大一点的地方,然后把它推到与衬衫其他部分基本匹配的地方。所以,有时您向下推(有时需要不只一次),有时您向外推。继续把他的衬衫的其余部分拉直,但不要做得太完美,否则看起来就不真实了。留一两个瑕疵,这样看起来更逼真。

第五步:
这是修改图像的前/后对比效果，您可以看到为什么我们首先需要修复衬衫区域。这基本上就是"向前变形工具"的工作原理（也是迄今为止使用最多的工具）。

第六步:
第二个工具——重建工具，有点像"撤销"工具——您可以用它在之前轻推的区域上绘制，它会撤销调整。这就像"在画笔上撤销"。向下第四个工具——顺时针旋转扭曲工具，旋转您单击并按住的任何东西。这么多年来，我想我已经用过两次了。然而，向下第五个工具是有用的——褶皱工具，它可以夹住您单击的任何东西并将其按住（非常适合缩小肚子或下巴）。下一个是膨胀工具。没那么有用，因为它会让东西向外膨胀。这个也没用过。

第七步:
现在解决一些您一定会遇到的问题。我们要把他的耳朵往头部一侧推进一点，所以再次使用"向前变形工具"，使您的画笔尺寸比他左边的耳朵大一点，让我们把它推向他的头。

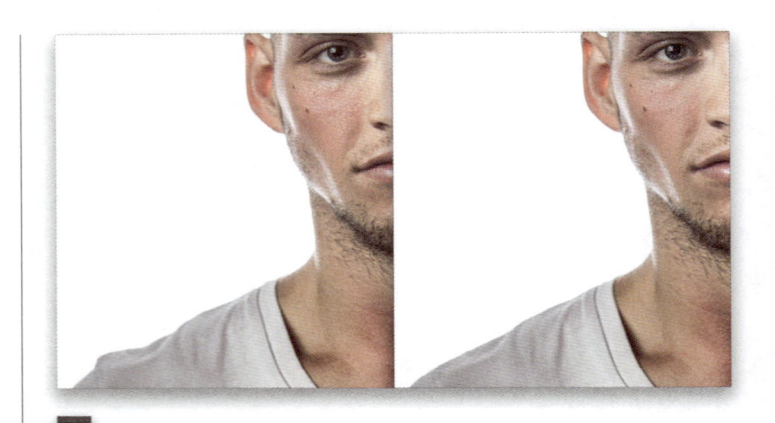

▶ 252

第八步：

只要您开始轻推耳朵，您就会看到一个问题：他的脸开始动，而不仅仅是他的耳朵。如果有办法把东西锁起来，不管您用耳朵推多远，他的脸都不会变就好了。实际上，有一个工具可以冻结您绘制的图像的任何部分，这样您就可以在不移动其他想要保持不变的部分的情况下轻推选中的部分。

TIP: 查看液化调整之前/之后

要查看所做调整的前后对比，勾选/取消勾选"预览"复选框（右下角），或者按P键。

第九步：

按Command+Z（PC:Ctrl+Z）组合键撤销调整，然后单击工具栏中的第八个工具，即"冻结蒙版工具"（F），然后在他的脸的左侧绘制。我们不妨在他的脸两侧涂抹（如图所示）来冻结这些区域。您冻结的区域显示为红色（如图所示）。注意，如果绘制时没有看到红色蒙版，请在右侧面板的"视图选项"区域中，勾选"显示蒙版"复选框。

第十步：
切换回"向前变形工具"，让我们再次将左侧的耳朵推向他的头部。现在，它只会移动他的耳朵，他的脸保持完全完整（如图所示）。

TIP: 可视化笔刷在液化中调整大小
这里有另一种快速跳转到更大或更小的画笔大小的方法：在mac OS上，按住"选项控制"，然后单击并左右拖动光标以在屏幕上调整其大小。按住Alt键，然后右击并向左/向右拖动。

第十一步：
把他的另一只耳朵也推向他的头。完成后，如果您需要擦除任何意外涂掉的区域，您可以切换到"冻结蒙版工具"下面的工具，即"解冻蒙版工具"（D），然后涂掉红色区域（如右图所示，我正在"解冻"他脸上我们之前冻结的那一侧）。

第9章 重塑肖像

第十二步:
让我们放大图像并再次使用"向前变形工具"向上推他的嘴唇右侧来完成任务,这样他就不会傻笑了(如图所示)。

TIP: 之前/之后对比
下面是一张前后效果的对比,他的衬衫固定好了,耳朵收起来了(比需要的更多),嘴唇固定好了(尽管这真的很小)。好了,现在您知道如何使用Photoshop最强大的修饰工具之一了。

之前

之后

使用AI调整面部特征

我知道人工智能现在很流行，但信不信由您，这个使用面部识别的人工智能功能早在2016年就出现在Photoshop中了。无论如何，它在不干扰相邻特征的情况下调整面部特征方面做得很好，而且它工作得如此流畅无缝，很快就改变了我们修饰肖像的游戏规则。

第一步：
执行"滤镜"|"液化"（或只需按Command+Shift+X[PC:Ctrl+Shift+X]）命令，即可打开"液化"窗口。左侧有一个工具栏，但我们在上一个项目中已经介绍了这些工具。现在，我们将重点关注窗口右侧的人脸识别液化控件。这些可以识别面部特征，如眼睛、鼻子、嘴巴、下颌线以及面部的高度和宽度。"液化"会自动区分这些区域并将其分配给滑块，因此您可以立即开始进行调整，而无须绘制或进行任何选择——滑块已经处于活动状态，可以随时使用。

第二步：
要使受试者的头部看起来不那么"圆"（圆脸在照片中看起来很棒，但长而有棱角的脸在照片上看起来更好），在"脸部形状"面板中将"脸部宽度"滑块向左拖动，将此滑块向左拖动得越远，使面部越薄、越长（此处，我将其拖动到–67）。向左拖动"下颌"滑块（在这里，我将其拖动到–34）来加强和塑造她的下巴线条（这在照片中看起来很棒，这也是人们从高角度自拍的原因之一——它使下巴线条看起来更讨喜，而且它与颧骨相得益彰）。

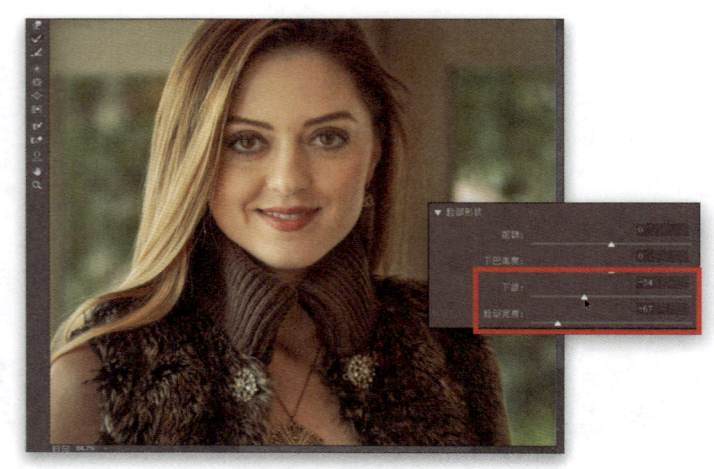

第9章 重塑肖像

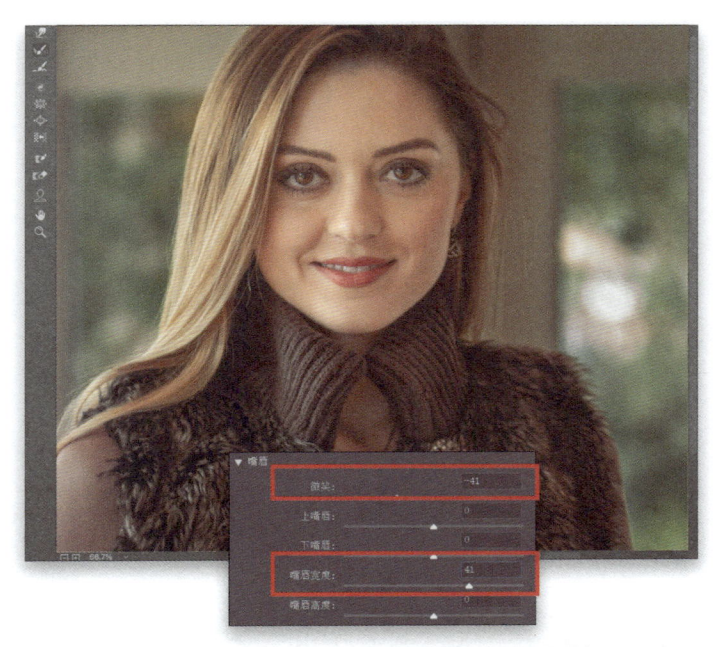

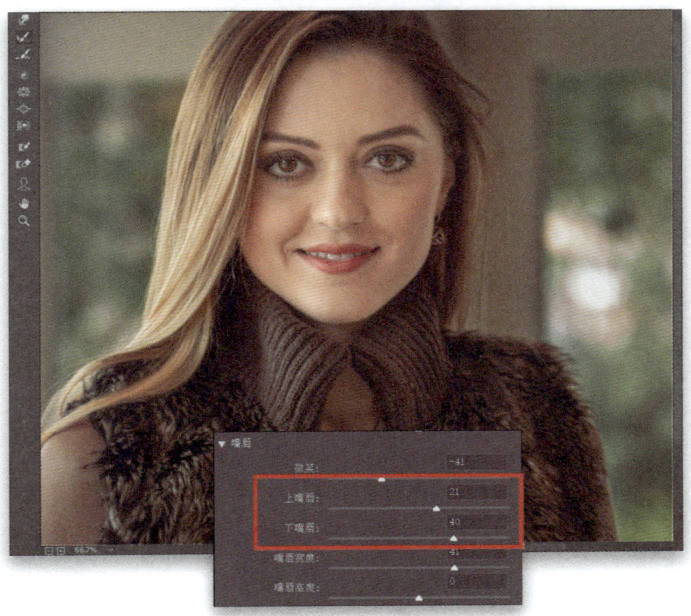

第三步：
在"嘴唇"面板中对她的笑容进行一些小调整。从顶部开始，向左拖动"微笑"滑块（我拖动到−41），使她的笑容不那么大，然后向右拖动"嘴唇宽度"滑块（此处为41），使她张大嘴巴。这里都是41只是巧合——当使用滑块时，我总是看图像，而不是数字。当您的拍摄对象没有微笑或皱着眉头时，"微笑"滑块非常适合添加微笑，但要注意不要太过分，否则他们开始看起来像小丑。这里的主体几乎没有什么可调整的，但我正在做一些小的调整，这样您就可以感受到这些滑块是如何影响图像的。

第四步：
稍微平衡一下她的嘴唇，使上嘴唇变大，下嘴唇变小。向右拖动"上嘴唇"滑块可将其放大（此处，我将其拖动到21），向左拖动可将其收拢。我还将"下嘴唇"滑块向右拖动（拖动到40），可将其向内收拢。现在它们更平衡了，但下唇更大了。

TIP: 液化识别多张面孔
如果您的图像中有多个人，您可以从"人脸识别液化"选项顶部的"选择脸部"弹出菜单中选择要处理的脸部。

257

Photoshop 数码照片专业处理技法

第五步:
在"鼻子"面板中向左拖动"鼻子宽度"滑块以减小鼻子的大小（此处，我拖动到–55）。

第六步:
有一种更有效的方法可以编辑这些面部特征，而不是使用滑块：您可以直接在图像中单击并拖动，以进行相同的面部更改。要执行此操作，选择工具栏中的"脸部工具"（A）（此处用红色圈出），然后将光标向外移动到图像上，您将看到选择（线）显示在面的各区域上。只需单击某个区域，然后单击并拖动所选内容（行）即可进行调整。在这里，我把光标移到她的脸上，周围出现了一条细线，让我知道这个区域是"选中的"。然后单击这个区域，单击顶部调整点，向下拖动，通过向下拉动她的发际线顶部来减少前额区域的量（如图所示）。

TIP: 隐藏所选内容
要隐藏在进行脸部识别液化调整时显示在主体上的选择（线），只需取消勾选"视图选项"部分中的"显示面部叠加"复选框。

▶ 258

第9章 重塑肖像

第七步：
让我们再举一个例子，将光标移到她右边的眼睛上，您会看到眼睛周围出现的线条和调整点，让您知道这个区域已经被选中。现在，只需直接单击眼睛并向下拖动一点，使其高度与左侧的眼睛对齐（如图所示，右侧的眼睛略高——一只眼睛比另一只眼睛高是很常见的）。

TIP:之前/之后对比
图像调整的前后对比在下面。这些都是非常微妙的变化，但它们确实会产生影响，液化的脸部识别确实让我们的工作变得容易。

之前

之后

259

Exposure: 1/160 sec | Focal Length: 14mm | Aperture Value: *f*/8 | ISO: 200

第10章
移除分散注意力的东西

在这里，我们已经开始了第10章，这是一条漫长而曲折的章节介绍之路，我不得不说，我为你感到骄傲。到目前为止，你一直坚守在那里。从我们一起揭开的所有受电影启发的章节标题，到大卫和我们去佛罗伦萨旅行的曲折故事。我们思考过修饰，谈论过蒙版，聊过选择。当我们的旅程接近尾声时，这是一段相当漫长的旅程，但我们都因此变得更加富有。本章说这是关于消除分心的东西，但它真正的意义是"爱"。这是我们谈论得不够的东西。例如，我喜欢从照片中删除分散注意力的东西。而且，让我们面对现实吧，能够快速轻松地去除东西——你必须热爱它。又有了"爱"这个词。如果你去找它，我有一种偷偷摸摸的感觉，你会发现爱其实无处不在。Photoshop的神奇之处在于，它能够去除我们照片中不想要的东西：没有什么是你能做的，也没有什么是做不到的。没有什么是唱不出来的。你不能说什么，但你可以学习如何玩游戏。这很容易。但是，当你在修饰和克隆、内容识别填充时，不要忽视我们正在从图像中拿走东西的事实。但是，无论他们从我身上夺走什么，他们都无法夺走我的尊严。因为最伟大的爱正在发生在我身上。我在内心深处找到了最伟大的爱情。你也可以找到，因为爱在空中。我环顾四周。爱在空中。每一个景象和每一个声音。而且，我不知道我是不是太愚蠢了。不知道我是否明智。但是，这是我必须相信的东西。而且，当我看着你的眼睛时，它就在那里。这在一本关于Photoshop的书中读起来很不舒服。但是，由于我一直在这些简介中穿插电影标题，我认为从《真爱至上》（我一直以来最喜欢的电影之一）的电影剧本和歌词中穿插几行，以及惠特尼·休斯顿的热门歌曲《最伟大的爱》（这首歌实际上是为一部关于拳击手穆罕默德·阿里的传记电影《最伟大》写的）的歌词，可能是合适的。最后，《爱在空中》的歌词出现在网飞的《艾米莉在巴黎》第三季中，但可能也出现在其他六部电影中。就目前而言，我们一起的冒险之旅还要继续一段时间。有了这一章，你的学习就快完成了。

摆脱眼镜中的反射

我收到的关于如何解决这个问题的请求可能比其他所有请求加起来还要多。原因是，没有一个超级容易的解决方案。如果幸运的话，您可以花一个小时或更长的时间拼命复制。在很多情况下，您只是被它卡住了。如果您很聪明，您会在拍摄时多投入30秒，在不戴眼镜的情况下拍一张照片（或者理想情况下，每个新姿势拍一张"不戴眼镜"的照片）。这样做，Photoshop将使这个修复变得绝对简单。如果这听起来像是一种痛苦，那么您从来没有花过一个小时拼命地试图复制或复原一个倒影。

第一步：

这是一张拍摄对象戴着眼镜的照片，您可以看到眼镜上的倒影（左边很糟糕，右边没有那么糟糕，但肯定需要修复）。同样，理想的情况是告诉您的受试者，在您拍完第一张照片后，他们需要停下来一会儿，而您（或朋友、助理等）走过去摘下他们的眼镜（这样他们就不会改变姿势，如果他们自己摘下眼镜，他们绝对会改变姿势），然后再拍第二张照片。这是理想的情况。

第二步：

在这次拍摄过程中，我可以马上看到她的眼镜有反光，所以我告诉她，在我们拍摄第一张照片后，不要移动她的头部或手臂或任何东西，我让我的助手走过去摘下她的眼镜，然后我拍摄了第二张照片。现在我们有两张相同姿势的照片，一张戴着眼镜，一张摘下了眼镜。下面我们准备解决反射问题。

第10章 移除分散注意力的东西

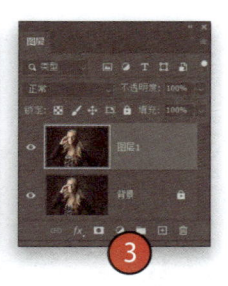

第三步:
在"眼镜打开"照片的图层上获取"眼镜关闭"照片，需要三个步骤：切换到眼镜关闭图像，在"图层"面板中单击"背景"图层的锁定图标一次（如图1所示）。单击该图标后，图标消失（如图2所示），让您知道这现在是一个常规图层（而不是锁定的"背景"图层），由于它现在是一个常规图层，您可以在文档之间复制和粘贴此图层，因此，按Command+C（PC:Ctrl+C）组合键将该图层复制。然后切换到照片上的眼镜文档，按Command+V（PC:Ctrl+V）组合键粘贴图层（如图3所示）。

第四步:
要检查受试者的眼睛是否在每一图层上都排列整齐，可以单击第1图层缩略图左侧的眼睛图标来打开/关闭顶层几次。如果它看起来真的很紧密，您可以继续下一步。如果没有，您需要能够透过顶层看到，这样您才能在底层看到她的眼睛（这样，您就可以把它们排成一行）。因此，在"图层"面板中将顶层的"不透明度"降低到50%或60%左右（如图所示）。使用"移动工具"（V），将眼睛定位在顶层，尽可能靠近底层。或者使用"自动对齐图层"功能来完美匹配两个快照。要使用此功能，在"图层"面板的每个图层上单击（PC:Ctrl+单击）以同时选择它们，然后执行"编辑"|"自动对齐图层"|"自动"命令，单击"确定"按钮，几秒钟后，它们将自动对齐。

263

第五步:
两个图层对齐后，我们真正需要的是顶层图像中出现在她框架内的眼睛区域。因此，将顶层的"不透明度"提高到100%，然后按住Option（PC:Alt）键并单击"图层"面板底部的"添加图层蒙版"图标，为图层添加图层蒙版。从工具箱中获取"画笔工具"（B），然后从选项栏中的"画笔选取器"中获取"硬边圆"画笔，方法是单击当前选定画笔右侧的下拉按钮，然后在下拉列表中选择"硬边圆"画笔（也显示在此处）。当我们在眼镜边缘作画时，不能用柔软的画笔。放大图像，这样一旦我们开始使用画笔，我们就可以真正看到我们在做什么（按Command++（加号；PC:Ctrl++）组合键）。

第六步:
查看工具箱的底部，确保前景颜色设置为白色（如果不是，请按D键）。使用"硬边圆"画笔并选择蒙版，小心地在左边的镜框中涂抹（如图所示），涂抹时，会从顶部的眼镜图层露出眼睛。慢慢来，仔细地涂抹。如果您不小心在镜框上进行涂抹（擦除它们），请按X键以交换前景和背景颜色，使您的绘制为黑色，然后在错误区域进行涂抹以修复错误，再次按X键，并继续在左侧镜框内涂抹。缩小画笔的大小只需使用键盘上的括号键（P键的右边），按左括号键（[）时，画笔会变小，按右括号键（]）时，画笔会变大。

▶ 264

第10章 移除分散注意力的东西

第七步：
对右边的镜框做同样的事情，仔细而缓慢地涂抹，露出顶部的眼镜图层，并在这个过程中（或者更确切地说，作为这个过程的结果）去掉镜面的反射。

TIP: 之前/之后对比
操作的前后对比效果如下，您可以看到完全相同的图像，但右边图像眼镜上没有反光，因为您从顶部看到的是眼睛，没有眼镜图层。如果您想从一开始就避免在受试者的眼镜上看到反光，可以将拍摄角度调高。

之前

之后

去除边缘光晕

美国东部时间每周三下午1点,我都会主持一个名为The Grid的播客(这是一个现场摄影脱口秀,并制作视频和音频版本),每个月我们都会举办一次名为"盲照评论"的活动,观众会把他们最好的三张照片发送给我们,让我们在直播中进行评论,但不会提及摄影师的名字(因此出现"盲照"部分)。我们每月都会看到的最常见的后期处理问题之一是"在一些图像中,事物的边缘会出现白光"。这看起来像是有人拿了一个薄薄的白色魔术标记沿着边缘画了下来。这很常见,但也很容易修复。

第一步:
这是我们的图像,书中原始尺寸太小,导致您看不到它的光芒,将其放大后,您可以非常清楚地看到纪念碑外缘的白光。这就是我们接下来要处理的。

第二步:
使用"仿制图章工具"(S)来消除这些光晕,从技术上讲,您可以沿着边缘选择天空的区域,然后仔细地在光晕上涂抹来消除光晕,但这种方法用在屋顶上的金属棒之间会变得非常困难和乏味。幸运的是,我们可以对"仿制图章工具"的工作方式进行更改,使此过程变得非常简单。在"模式"下拉列表中选择混合模式为"变暗"(如图所示)。这样做的目的是使"仿制图章工具"只影响比取样位置更亮的像素。

266

第10章 移除分散注意力的东西

第三步：
按住Option（PC:Alt）键单击离纪念碑边缘相当近的背景区域（在本例中为天空）（或附近要复制的任何对象）。当您按住Alt键时，您正在对该区域进行取样，并且将该工具设置为"变暗"时，它只会影响比按住Alt键单击的位置更亮的像素。所以，它不会在纪念碑上复制，它只能在白光上复制，因为它比天空和纪念碑都亮。这里的圆圈显示我正在绘制的位置，加号（+）光标（都在这里圈出，用红色表示）显示我在天空中取样的位置。只要确保加号在天空区域即可。

第四步：
在"变暗"模式下使用"仿制图章工具"时，不会意外擦除建筑，因此可以快速进行。可以看到纪念碑顶部的金属棒完好无损。

267

使用"内容识别填充"删除简单内容

"内容识别填充"技术被称为"Photoshop魔术",当我们想去除一些分散注意力的东西(例如照片中的杂草)时,这绝对是我们的首选工具之一。它很智能,它会分析图像中您使用它进行智能填充的地方的内容,大多数时候它都做得非常好。它还有一个高级版本(接下来会出现),即使它没有完成100%的完美工作,它也可能为您完成80%或90%的工作,您只需要做一点润色。

第一步:
在这张照片中,有一些杂草从侧面和底部潜入,我们想清除它们。这非常适合内容识别填充。从左侧的工具箱中获取"套索工具"(L),然后在右侧杂草周围进行选择(如图所示)。

第二步:
有三种方法可以调出内容识别填充:如果您的图像在"背景"图层上,可以按Delete(PC:Backspace)键调出"填充"对话框(如图所示),默认情况下,该对话框设置为"内容识别"。可以从"编辑"菜单中选择"填充"选项以打开此对话框。还可以按Shift+F5组合键来打开"填充"对话框。无论选择哪种方式,当"填充"对话框出现时,只要您在顶部看到"内容识别",单击"确定"按钮即可(如图所示,单击了"确定"按钮后,它清除了我们选择的杂草,并重建了它们要经过的木材区域)。

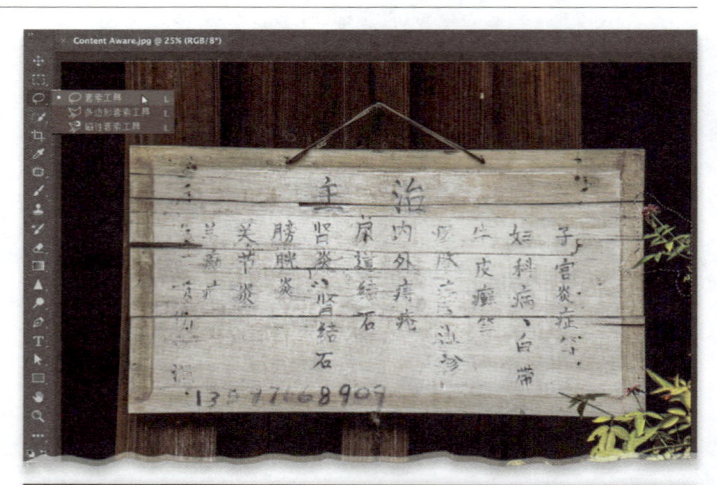

268

第10章 移除分散注意力的东西

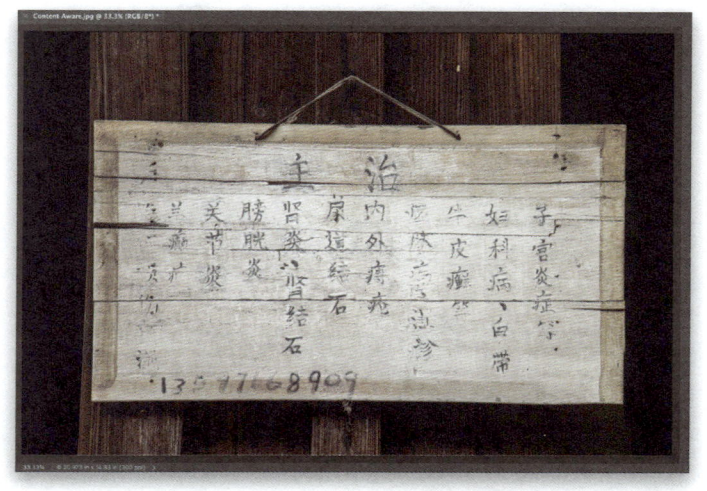

第三步：
下面清除右下角的其他杂草。再次使用"套索工具"，围绕您想要去除的内容进行选择（如图所示）。注意，虽然我们在这里使用"套索工具"，但使用哪种选择工具并不重要（如"矩形选框工具"或"椭圆选框工具"）。无论您想使用什么工具进行选择，都可以使用内容识别填充。在右下角选中这些杂草后，再次打开"填充"对话框（使用刚才学习的三种方法中的任何一种）。

第四步：
单击"确定"按钮，这些杂草就消失了（如图所示）。

当"内容识别填充"需要帮助时

当"内容识别填充"不能完美修复图像的情况下,您可以更上一层楼,进入内容识别填充的高级工作环境,帮助它选择一个更好的区域进行取样(这样它会给您更好的结果)。在这里,您可以告诉它在进行修复时要忽略图像的哪些部分,或者如果遗漏了一些重要部分,则在做出决定时要包括哪些部分。

第一步:

这是一张日落照片,我们想去掉右下角的那些岩石。对于这种大小的东西,首先考虑使用内容识别填充。因此,从左侧的工具箱中获取"套索工具"(L),然后在我们想要移除的岩石周围进行选择(如图所示)。由于我们的图像在"背景"图层上,只需按Delete(PC:Backspace)键即可调出"填充"对话框,默认情况下,填充内容(将填充我们的选择)设置为"内容识别"(如图所示)。如果设置为其他颜色(如白色、黑色、50%灰色等),只需从弹出菜单中选择"内容识别"选项即可。

第二步:

在"填充"对话框中单击"确定"按钮时,它会查看图像,并尝试对所选区域应填充的内容做出明智的决定。在这种情况下,它正是我在介绍中所说的——它是从一个糟糕的区域取样的。我试着把那些岩石移走,换成水,但看起来像是从它们上面的岩石上取样的。虽然它确实移除了一些岩石,但也添加了一些(这些岩石也有重复的模式)。简而言之,它做得不好,需要我们的帮助。按Command+Z(PC:Ctrl+Z)组合键撤销内容识别填充,这样我们就可以使用更高级的版本。

第10章 移除分散注意力的东西

第三步：
选择的"套索工具"仍在原位时，执行"编辑"|"内容识别填充"命令（如图所示），在"内容识别填充"编辑窗口中打开图像。

第四步：
图像窗口（此处为①）向我们显示图像中内容识别填充用于以绿色色调进行取样的区域。"预览"面板（②）显示了使用当前设置应用内容识别填充后我们的图像外观的预览。"内容识别填充"面板（③）有一组选项，我们可以使用这些选项来帮助调整内容（稍后我们将讨论这些选项）。窗口的左上角是一个工具栏，"取样画笔工具"（可以添加或删除内容识别用于修复的区域）是您使用最多的工具。就在这个窗口下面是常规的"套索工具"，所以您可以打开这个窗口，然后在这里使用"套索工具"来选择岩石。但我发现在进入这个窗口之前更容易进行选择，这个窗口将视图分成三分之一。沿着窗口的左上角是一些选项，我们将进入下一步。此外，如果您想更改面板的宽度，可以单击面板之间的分隔符（如图所示）并向任意方向拖动。

271

第五步：
调整了"预览"面板的大小，所以图像窗口和这个面板的大小相似，使用"取样画笔工具"（B）来移除一些用于取样的区域。选择该工具后，您将在选项栏中看到一些选项：带加号（+）的圆圈会添加更多区域，带减号（-）的圆圈是我们需要选择的删除区域的圆圈。单击该图标，然后在我们试图移除的岩石正上方的岩石上绘制（如上图左侧所示）。执行此操作时，您可以在"预览"面板中实时预览内容识别修复程序的外观（如上图右侧所示）。这是非常有帮助的，因为当您涂抹时，您会立刻看到您所做的是有助于还是有损于结果。按住Option（PC:Alt）键，就可以在"添加"和"减去"画笔之间切换。

第六步：
如果您想尝试删除更多的绿色区域，继续使用"减去"画笔进行绘制，然后再次更新"预览"面板中的结果（如上所示）。我通常会涂抹以从样本区域（绿色区域）中去除一个区域，然后观察去除的影响。

第10章 移除分散注意力的东西

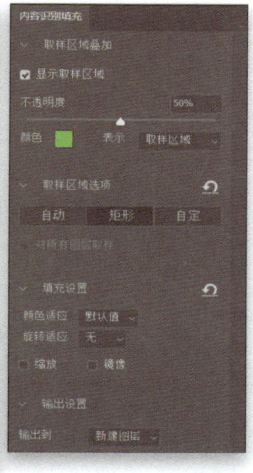

第七步：
这一步可选，但在"内容识别填充"面板中有一些选项您应该知道（这里放大了一点，让它更容易看到）。在顶部有一个部分，提供了绿色色调的选项。在"取样区域叠加"部分中，您可以选择其不透明度，更改色调的颜色，并选择色调是显示取样区域（就像我们在这里使用的那样）还是排除在取样之外的区域。在下面的"取样区域选项"部分，有三个按钮："自动"是我们从一开始就使用的按钮，它可以选择自动取样的区域。"矩形"按钮，只会选择一个大的矩形区域进行取样（如图所示，在图像窗口的左侧）。"自定"按钮会擦除所有绿色区域，并且您需要在要手动取样的位置进行绘制。单击"重置"图标（向下弯曲的箭头，位于"自定"按钮的正上方）可以重新开始。接下来是"填充设置"复选框，Adobe表示"颜色自适应"弹出菜单用于"用渐变的颜色或纹理填充内容"。在面板的底部有一个"输出设置"部分，在"输出到"弹出菜单中选择"新建图层"选项，它将在自己的独立图层上输出修复（如图左侧所示）。

TIP: 之前/之后对比
这是调整前后的效果对比，顶部是常规的、简单的内容识别填充结果，底部是我们刚刚做的调整版本。

273

拆除电线杆、电线和电源线

电线杆、电线和电源线是每一位风景、旅行和建筑摄影师的天敌。这些分散注意力的物体通常会让任何拍摄变得更糟，所以我们需要知道如何快速有效地消除这些干扰。

第一步：
去除这些电线杆、电线和电源线的常用工具是"污点修复画笔工具"（J）。这是有史以来最容易使用的工具之一，所以让我们从左侧的工具箱中获取它（如图所示）。

第二步：
要移除此图像右上角的电线，首先使画笔大小略大于要移除的电线。按括号键快速更改画笔大小（P键的左侧）。左括号键（[）使画笔变小，右括号键（]）使画笔更大。现在沿着电线向右走（如图所示），到达极点时停止。绘制时，会出现一个深灰色透明区域，以便您可以看到受影响的区域。

第10章 移除分散注意力的东西

第三步：
这是我们沿着那根线追踪后的样子，前面在左边，后面在右边。它对这样的东西处理得很好，但我们还有很多其他的电线需要擦除，而且需要一些时间才能完成所有这些工作。

第四步：
按Command+Z（PC:Ctrl+Z）组合键将右上角的电线拉回来。现在，快速移除线条的诀窍是使用"污点修复画笔工具"绘制直线。这非常容易做到：在电线的一个部分单击一次（如图①所示，单击了它的右边缘）。然后按住Shift键单击导线的另一端（如图②所示），它会在两个点之间绘制一条完美的直线（如图③所示）。您不会总是像这样移除一整根电线，因为它们并不总是直的——当它们从一个极点移动到另一个极点时，它们会有一个弯曲的倾角您可以把这些直线分成小段。注意，这里用的画笔比平时大，那个画笔应该比电线大一点点，但我想确保您能在书中看到我的画笔，所以，只要确保您的画笔尺寸比电线大一点即可。

275

第五步:

我在这里添加了这些白线，所以您可以看到我所说的直线段，当您有一个弯曲的金属丝时，就像我们在这里做的那样。您不会有您在这里看到的间隙——我留下这些是为了让您能更清楚地看到片段。当您这样做时，您不会在两者之间留下任何空隙。

第六步:

使用"污点修复画笔工具"完成所有直线段后的效果如图所示。整条电线都没了。

▶ 276

第七步：

下面处理电线杆。按右括号键几次，直到画笔大小略大于右侧的极点。在极点的顶部单击一次，按住Shift键，将光标向下移动到极点的底部并单击，它将绘制一条直线（如图所示）。

第八步：

结果是在柱子原来的地方看到一条硬线，就像风景发生了变化。为什么会发生这种情况？因为对于这么大的东西，"污点修复画笔工具"不是正确的工具。但内容识别填充可能会无缝删除它。（用"多边形套索工具"（它嵌套在套索工具下）选择它，然后应用内容识别填充，效果很好——不用担心就把杆子拔了出来。）这是适合这份工作的工具。您可以使用"污点修复画笔工具"（这项工作的正确工具）去除电线，然后要去除更大的东西，例如杆子，您可以使用内容识别填充。注意，对于此图像中较小的极点，污点修复画笔的效果良好。只是右边的这个太大了，不能公正地对待它。

使用"修补工具"移除较大的填充物

这是修复画笔工具的"老大哥",虽然"污点修复画笔工具"对小东西很好,例如瑕疵、斑点、斑点等,但修补工具对大东西更快。它还有一个很棒的预览,如果您需要所有东西都匹配,可以帮助您完美地排列。

第一步:
没有什么比正面贴着的标志(如图所示,红色圆圈)更能破坏一排美丽的柏树了。从工具箱中获取"修补工具"可以将其删除。它嵌套在修复画笔下,单击并按住该图标,会弹出一个菜单,您可以在其中选择"修补工具"(如图所示,按Shift+J组合键同样可以找到它)。

第二步:
按Command++(加号,PC:Ctrl++)组合键几次,放大标志。使用"修补工具",在标志、旁边的极点及其后面的圆锥体周围绘制选区(如图所示)。它的工作原理和套索工具一样——是一个自由形式的选择工具。有一个鲜为人知的技巧:您可以使用"套索工具"进行选择(或"矩形选框工具"或"椭圆选框工具"),然后选择到位后切换到"修补工具",让它发挥作用。但是,大多数时候,我只是像使用"套索工具"一样使用它(而不是真的使用"套索工具")。

▶ 278

第三步：

单击刚才选择的内容中的任意位置，然后将其拖动到要用来修补该标志的区域。在这种情况下，我尝试了它前面的树向左，后面的树向右，我最喜欢左边的树。我怎么知道我最喜欢它？它可以在选择的内容中为您提供实时预览（如图所示），因此您基本上可以看到它的外观。我说"基本上"是因为一旦松开鼠标左键，它就会渲染，通常看起来比预览更好，因为它会做一些额外的计算（例如像素灰尘）。

第四步：

按Command+D（PC:Ctrl+D）组合键取消选择，我们就完成了。这个工具的真正亮点是那个大的、易于查看的预览。在您松开鼠标左键并锁定您的选择之前，您几乎知道您会得到什么。这是最后一张没有标志的照片。

移除游客

这是一部分简单的相机技术和一部分"Photoshop魔术"。如果您在相机里做对了，Photoshop会完成剩下的工作，看到它发生在您眼前真的很神奇。基本计划：您拍了一系列的照片，间隔10～15秒。您想保持静止，并始终将相机对准您的眼睛，这样您就不会移动太多。我只是拍一张照片，数到10或12，然后再拍一张，数到12，以此类推，直到我有大约10张照片。我一直把相机放在眼睛旁边，尽量不动。如果您用的是三脚架，这会很容易，但绝对可以像我刚才解释的那样，一直用手握住。

第一步：
在 Photoshop 中打开上面提到的简单相机技术拍摄的10张左右的图像，您可以在顶部看到它们的一些单独选项卡。拍这些照片时，很多人走过、开车经过、滑过，不需要理会。

第二步：
执行"文件"|"脚本"|"统计"命令（如图所示）。

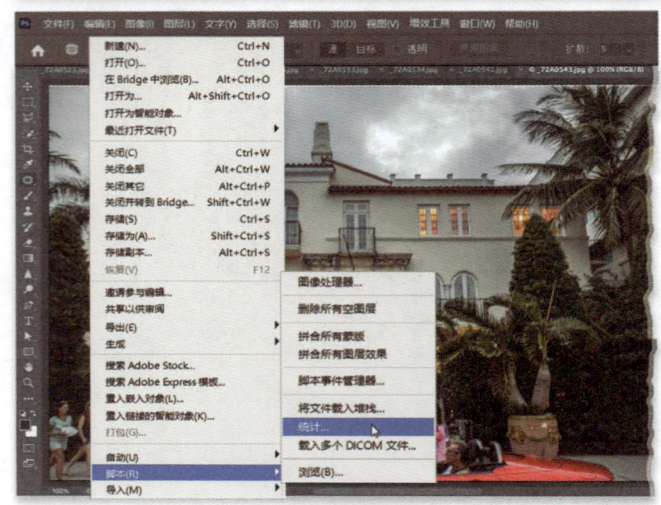

第三步：

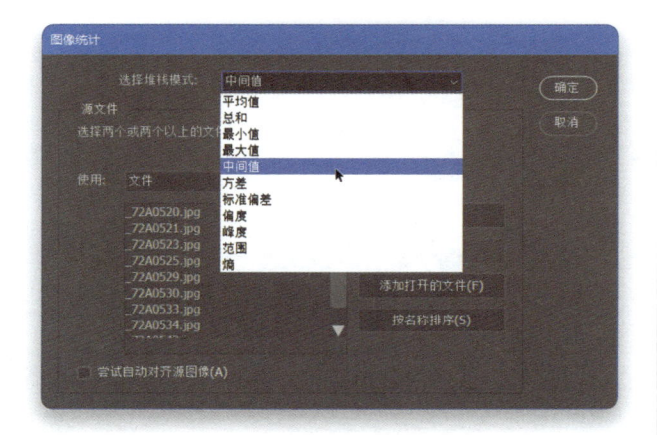

打开"图像统计"对话框，"选择堆栈模式"选择"中间值"（如图所示）。单击"添加打开的文件"按钮，告诉它使用您已经打开的文件（如果您直接从Camera Raw打开这些图像，它可能会告诉您，您需要先保存文件，然后才能工作。如果是这样，只需制作一个新文件夹并保存它们）。如果您手持拍摄的图像，勾选对话框底部的"尝试自动对齐源图像"复选框，对齐任何由于手持而有点偏离的照片。

第四步：

单击"确定"按钮，等待几秒钟，现场就被"清理"干净了（如图所示）。它的工作方式非常巧妙：它比较了不动的东西（豪宅、树木等）和动的东西（人、车、滑冰男孩），并删除了动的东西。问题是，如果有人进入现场却不动，会发生什么？他们将出现在您的最终图像中。只需在拍摄时让他们移动一下，他们就不会进入最后一帧。

翻转对象以隐藏内容

这是我经常使用的另一种技术，尤其是当对象太大、无法移除内容识别填充时（通常是因为它离其他东西太近，所以当您选择内容识别填充后，它会将不需要的东西粘到您想要离开的区域），在这种情况下，仅仅去除物体不足以使图像看起来更好，您需要一些相关的东西来填充这个空白。我们将在这里选择图像的一部分，翻转它，然后用它来覆盖分散注意力的物体。

第一步：

这是一张新娘在教堂过道上的照片，我们想去掉的是左边的大投影屏幕。这些通常被用来投射崇拜歌曲的歌词，但在正式的婚纱照中看起来会分散注意力。我们要做的是复制图像右侧墙上的三个十字架，然后翻转它们，这样我们就可以用它们完全覆盖大投影屏幕。首先从工具箱中获取"多边形套索工具"（如图所示，或者按Shift+L组合键）。此工具绘制直线选择。然后，按Command++（加号，PC:Ctrl++）组合键几次来放大右侧的墙。

第二步：

我们希望选择尽可能多的墙（您可以稍后擦除多余的区域），单击一个起点（从左边的十字架下开始），然后将光标移动到一个新的位置，您会注意到一条直线随着光标移动。当您想改变方向时，再次单击，并保持这个过程，将光标移动到一个新的位置，然后单击，直到回到开始的地方。完成后，光标旁边的工具图标右下角会出现一个小圆圈（如图所示），让您知道您已经完成了"完整的圆圈"。单击一次即可完成选择。

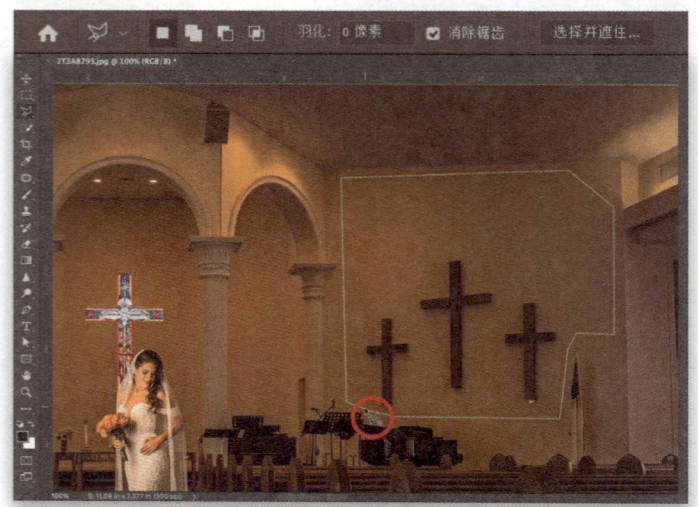

第三步：

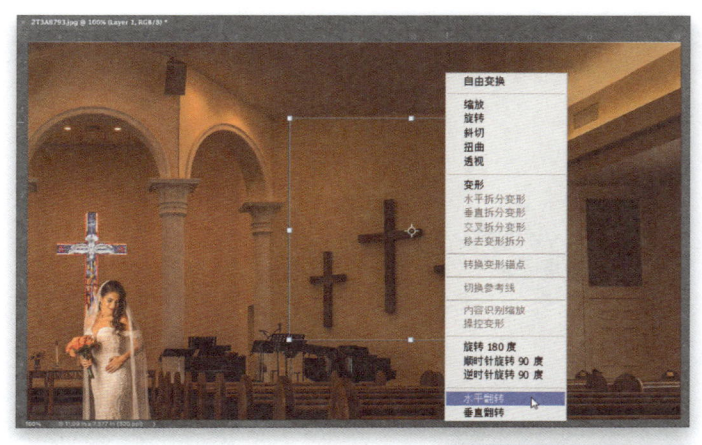

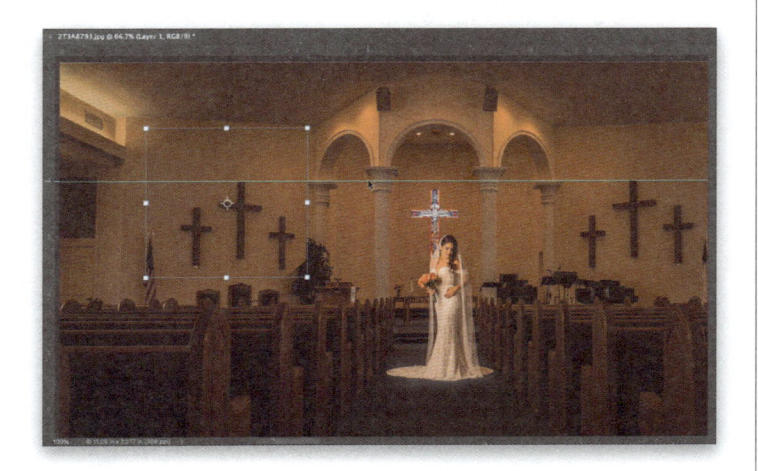

单击后，会将这些直线变成选区。按Command+J（PC:Ctrl+J）组合键将所选区域放在自己的图层上（将是"图层"面板中的"图层1"，如图所示）。现在它在自己的图层上，按Command+T（PC:Ctrl+T）组合键调出该图层周围的"自由变换"边界框。右击该边界框内的任意位置，然后在弹出的快捷菜单中选择"水平翻转"选项（如图所示）。

第四步：

在边界框内单击并向左拖动整个对象，直到它完全覆盖大投影屏幕（如图所示），然后按Return（PC:Enter）键锁定变换（翻转）。按Command+R（PC:Ctrl+R）组合键使Photoshop的标尺可见，将此副本左侧的十字顶部与右侧的十字对齐会很有帮助。然后，直接在顶部标尺内部单击并向下拖动以显示水平参考线——向下拖动以使其与右侧十字的顶部对齐（如图所示）。现在，您可以轻松地将左侧的十字架与右侧的十字架对齐。完成后，您可以单击该参考线并将其拖回标尺以将其清除。

第五步:
您会注意到，这个翻转图层上有硬边，所以我们需要擦除这些硬边，使其与周围环境平滑融合（硬边的一部分正好覆盖了这里的高大植物）。要隐藏这些边，在"图层"面板中单击"添加图层蒙版"图标（左起第三个），将图层蒙版添加到"图层1"。按B键获取"画笔工具"，然后查看"工具箱"的底部，以确保前景颜色设置为黑色（如果不是，请按X键）。现在，用"柔边圆"画笔在这层的硬边上涂抹，把它们擦掉（从右下角的十字架下面开始，在它穿过植物的地方涂抹）。

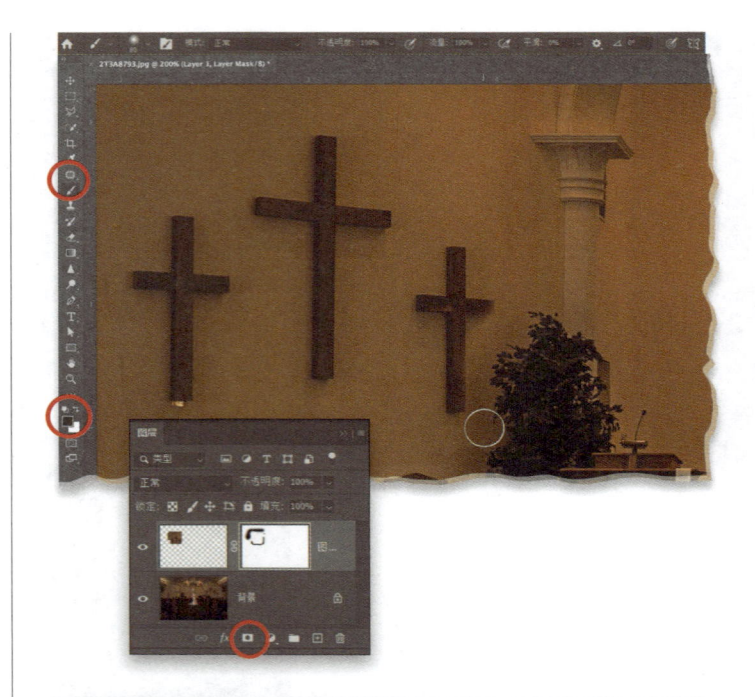

第六步:
围绕着图形进行涂抹，去除硬边。如果擦多了，按X键将前景颜色切换到白色，在错误的地方涂抹（例如，涂抹时不小心露出屏幕的一角，所以切换到白色并在该区域涂抹以将其覆盖起来），然后按X键再次切换回黑色，并继续擦除边缘。这是绕图形一圈把所有东西都融合在一起后的图像。

如果修复不起作用，则复制

这个工具（实际上是一个画笔）从Photoshop 1.0开始就存在了，直到今天它仍然经常使用，因为它非常强大。它被称为"仿制图章工具"，它允许您在另一个区域上复制一个区域，这在删除东西时很有用。当删除重复的、直线的或图案的东西时，尤其好用。最棒的是，您可以在笔刷尖的内部预览，这样您就可以真正看到您的操作效果。如果"修复画笔工具"不能完成任务，或者它涂抹了边缘，那么就使用"仿制图章工具"。

第一步：
我们想去掉栏杆右侧分散注意力的立柱，只保留水平栏杆。修复画笔和内容识别填充在这里都没有做得很好——都在顶部栏杆的底部留下了一个丑陋的凹痕，建筑看起来不太美观。您可以使用"仿制图章工具（S）"，首先告诉Photoshop您要从中复制的区域，方法是按住Option（PC:Alt）键并单击一次以采样该区域。这里沿着栏杆的边缘单击，在那里您可以看到目标十字线。然后，将光标移动到要删除的内容上（在本例中为垂直支柱），您将看到圆形笔刷尖内部的预览，显示复制的外观（如图所示）。当您想在直线上进行复制时，这非常有帮助，例如这个边缘，因为它可以很容易地看到您在复制时是否偏离了轨道。

第二步：
垂直支柱的顶部消失后，向上移动到建筑，并在一组窗口上单击Option（PC:Alt+单击）键以对其进行采样。现在，向下移动，从栏杆上方的柱子上方复制这些窗户和立面，它就在栏杆上方复制。这个工具对这样的东西非常有用。

固定边缘间隙

我们将使用内容识别填充来解决这个问题（当我旋转一张弯曲的照片时发生了这种情况），但这里的技巧是我一直在使用的（可能每天都在使用），因为它可以对内容识别填充的这些空白区域的效果产生巨大影响。

第一步：
拉直图像时，您可以看到沿着外边缘的白色间隙（帐篷右侧她身后的草线非常弯曲。因此，在"几何体"面板拖动"旋转"滑块在Camera Raw中旋转图像）。裁剪图像并将其缩小，也可以使用内容识别填充来填补空白，这是一个您即将学习的技巧，可以使其更好地适用于这种情况。

第二步：
选择那些白色的间隙，所以从工具箱中获取"魔棒工具"（如图所示，或者按下Shift+W组合键）。这并不总是进行选择的最佳工具，因为它基于颜色进行选择，但当您有这样的纯色时，它是完美的工具。在左上角的白色区域内单击一次，然后将其他白色区域添加到我们的选择中，按住Shift键并单击其他白色区域中的"魔棒工具"。单击每个区域时，它将选择该区域，而不取消选择以前选择的区域（Shift键用作"将其添加到我的当前选择"的键）。

第三步：

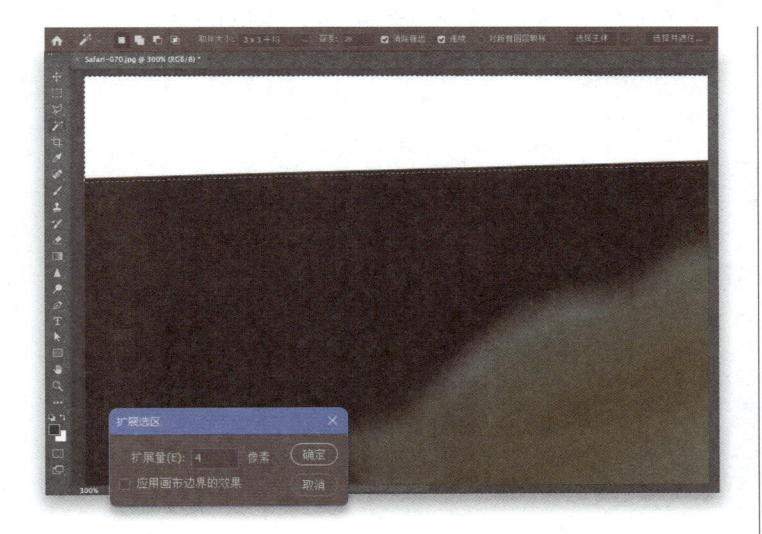

这是一个非常重要的部分。到目前为止，我们只选择了纯白区域，但您可以通过将这些选择扩展到图像中一点点来帮助内容识别填充进行更好、更准确的填充。通过使选择稍微渗入图像，有助于内容识别填充制作补丁。要执行此操作，执行"选择"|"修改"|"扩展"命令。当"扩展选区"对话框出现时（如图所示），设置"扩展量"为4像素，然后单击"确定"按钮。我在这里放大了很多倍，这样您就可以看到，一旦展开选择，它是如何延伸到图像中的——刚好足以产生影响。

第四步：

我们现在已经设置了内容识别填充以获得更大的成功。执行"编辑"|"填充"命令。当"填充"对话框出现时，确保在"内容"弹出菜单中选择了"内容识别"（如图所示），然后单击"确定"按钮。您会看到它完美地填补了那些白色的空白，使我们不必将图像裁剪到更小的尺寸来消除它们。现在可以按Command+D（PC:Ctrl+D）组合键取消选择。

Exposure: 1/125 sec | Focal Length: 129mm | Aperture Value: ƒ/6.3 | ISO: 400

第11章
Photoshop效果

我很确定我们能找到一个电影标题，并用它来介绍特效的章节。我们可以从一部简单命名为"效果"的电影中进行选择，也可以选择一部名为"个人效果""致命效果"甚至"血液效应"的电影。假设我们选择了《血液效应》（因为在这一系列的书中，它们第一次不像以前那样被打印在页面的顶部），并把《血液效应》视为其中一章，我觉得这是一笔直接的亏本买卖，如果不卖出合理数量的书，出版商实际上会给你的身体带来"血液效应"。众所周知，大多数图书出版商都是文学暴徒，可以说，他们对"执行合同"毫不犹豫。你会收到一封电子邮件或短信，说我们需要召开一次"激励性销售会议"，他们会派两名"副编辑"（通常是"大金枪鱼托尼"和"冰镐乔伊"）亲自主持会议。这些人的手有汽车电池那么大，他们非常清楚地表明了你的图书销售目标是什么。当他们离开时，他们会让你知道他们什么时候回来参加"后续会议"，你肯定不想和这些"编辑"进行后续会议。所以，也许《血液效应》不是一个好主意。不如我们只看"效果"？首先，让我快速打电话给大金枪鱼托尼，看看他对这个名字的看法。托尼建议给这一章取个名字，他喜欢"免费披萨和啤酒"，他觉得这对潜在买家更具吸引力，所以"免费披萨和啤酒"是新章节的官方标题，也许我们确实需要在页面顶部打印这个名字。

创建反射

反射是一种非常受欢迎的效果，它模仿了您很早起床拍摄湖泊时的样子，当时湖水如玻璃般静止，所以您会得到场景的镜面反射。

第一步:
从工具箱中获取"矩形选框工具"（M）（如图所示），然后单击并拖动所选内容。从地平线（或您想反射的景色的底部边缘，如图所示，我从山脉的树线底部开始）开始，然后向上拖动到图像的顶部（在这种情况下，我们基本上选择了图像的上半部分）。现在，我们需要将选区内的图像复制出来作为一个独立的图层，按Command+J（PC:Ctrl+J）组合键执行复制命令（如图所示，在"图层"面板中）。

第二步:
选中图层后，按Command+T（PC:Ctrl+T）组合键以在其周围显示"自由变换"边界框（如图所示）。接下来，右击该边界框内的任何位置，它会弹出一个快捷菜单，其中包含可以应用的变换列表。选择"垂直翻转"选项（如图所示），然后按Return（PC:Enter）键锁定垂直变换。

第三步：
按V键切换到"移动工具"，按住Shift键（在拖动时保持事物完全笔直）单击倒置的顶层并直接向下拖动，直到其顶部与树线底部相接，形成玻璃镜状反射的效果（如图所示）。完成后，让我们把反射层的曝光调暗一点，这样它就不会引起太多的注意。执行"滤镜"|"Camera Raw滤镜"命令，当反射层在其窗口中打开时，只需在"编辑"面板中并将"曝光"降低（如图右下角所示），然后单击"确定"按钮即可。

第四步：
有时水是绝对静止的、玻璃状的，您可以让它保持原样，也可以给反射添加一点运动模糊，这样它看起来更逼真。执行"滤镜"|"模糊"|"动感模糊"命令，当对话框出现时，设置"角度"为90度（如图所示），这样模糊将垂直应用，然后将"距离"滑块拖动到50像素左右，以添加一点动感模糊。如果您添加了很多模糊，它也会沿着树线的边缘模糊，您需要使用"矩形选框工具"来选择该边缘，然后按Delete（PC:Backspace）键剪掉该边缘，使其再次干净笔直。如果您这样做，您可能还需要按向上箭头键几次，这样就不会有间隙了。

天空替换

Photoshop令人惊叹的天空替换功能自带默认的天空样本集，所以您可以尝试一下，但是在严肃的图像上使用天空替换功能时，建议您使用自己的天空。有2700多万Photoshop用户，如果您使用Photoshop内置的默认天空之一发布图片，在社交媒体上会很普通。这种天空替换看起来如此逼真的原因之一是，它不仅替换了天空，还调整了前景。

第一步：
打开这张在万里无云的天空下拍摄的图像（在您先完成所有基本编辑后，这个功能效果最好），这座桥看起来有点像金门大桥，但实际上是葡萄牙里斯本的阿布里尔25号桥。这是一座看起来很棒的桥，但那平淡、空旷的天空正在扼杀一切。执行"编辑"|"天空替换"命令。

第二步：
"天空替换"对话框出现时，它会立即应用一个默认的内置天空（如图所示），或上次使用的天空。看看它是如何保持大桥上的电缆完好无损的，并让云层在它们之间穿行。如果您觉得一切都很好，那您就完成了（很多时候，这就是您所需要的——打开对话框，单击顶部的"天空"缩略图，在菜单中选择一个内置天空）。如果您需要调整天空，您可以现在在该对话框中进行调整，也可以在应用后稍后进行调整。如果您在此处进行调整，"移动边缘"滑块可控制天空与前景的接近程度——向右拖动会使天空看起来更近；向左拖动会将其推得更远。天空的模糊度是通过"渐隐边缘"滑块来控制的——只需将其向右拖动即可使天空更柔和。

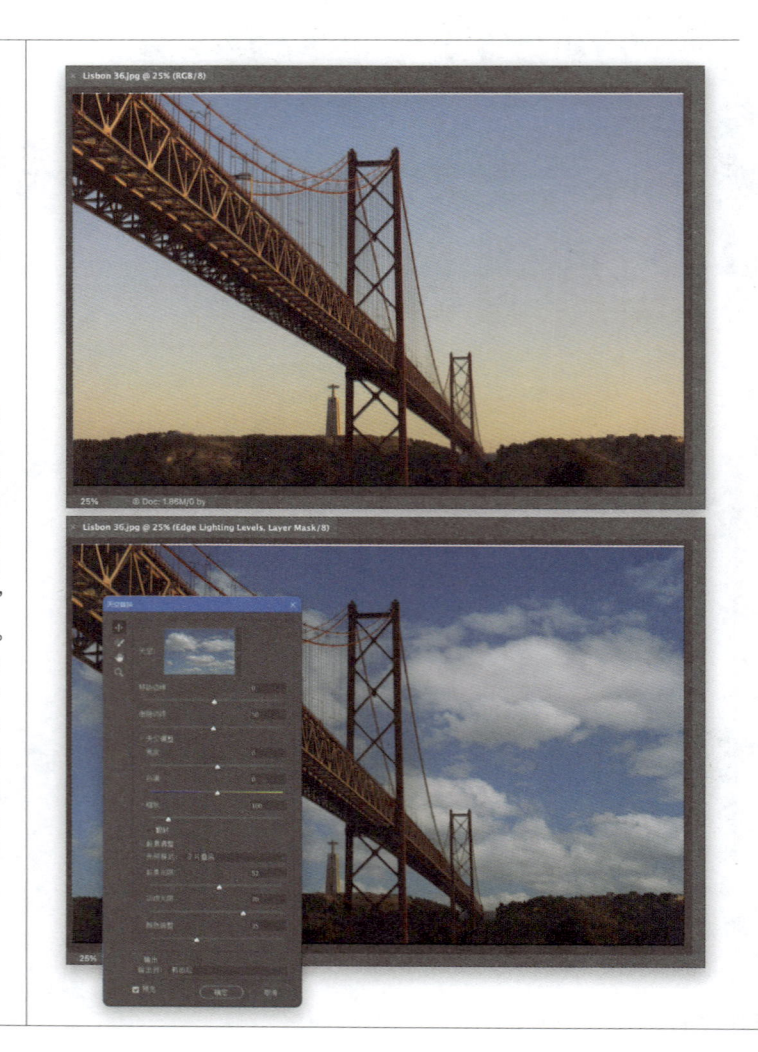

第三步：

天空调整（我在这里放大了它）真的很方便。要控制天空的亮度（天空看起来太暗或太亮，不适合您添加的图像），可以使用"亮度"滑块。"色温"滑块是云的白平衡滑块，可帮助您调整其颜色以更好地匹配前景（如有必要）。"翻转"复选框可以水平翻转天空图像，这样做会起到双重作用，例如当您需要光线照射到云上的方向与您添加云的图像中的光线方向相匹配时，（这里翻转了天空图像，但实际上在第二步中光线更正确）。另一个优点（双重作用部分）是，您通常只需翻转同一天空图像就可以从中获得两种不同的外观（将此图像与第二步中的相同天空图像进行比较）。

第四步：

"翻转"复选框正上方是"缩放"滑块，您可以使用它来放大天空图像的尺寸（将其向右拖动），也可以将其缩小。如果您将其缩小了，请注意不要在某个地方留下白色间隙。在这里，我放大了天空的尺寸，然后单击并向右拖动天空图像，将其重新定位在框架中（如图所示）。您移动它时根本不会影响蒙版，所以您可以把它拖到任何您想要的地方。

Photoshop 数码照片专业处理技法

第五步：
通过单击对话框顶部的"天空"缩略图来更改天空，然后会显示默认的天空集。要更改天空，单击其中一个（如图所示），然后单击对话框中的任何位置即可关闭该菜单。"前景调整"面板很有帮助，当您添加天空时，它会自动调整前景颜色，使其与新天空的色调统一，面板中的选项可以控制前景色调的外观。"光照模式"提供两种混合模式，默认模式为"正片叠底"，但如果需要对前景进行更亮的调整，可以选择"滤色"混合模式。拖动"前景光照"滑块控制前景和天空之间的照明混合（来回拖动它几次，就会清楚它对图像的影响）。最后还有一个"颜色调整"滑块。

第六步：
在对话框的底部的"输出"部分可以选择输出设置。默认的"新图层"创建了一个图层组，其中包含您在此对话框中调整的所有不同调整的调整图层（如图左侧所示），因此您可以在关闭"天空替换"对话框后调整这些调整图层。如果您认为以后不需要调整这些单独的东西，您可以选择"复制图层"选项，它会在背景图层的顶部为您提供一个新的、单一的天空和前景的合并图层（如右图所示）。

294

第11章 Photoshop 效果

第七步:
让我们添加我们自己的天空。首先，再次单击"天空"缩略图，然后单击其弹出菜单右上角的齿轮图标，然后执行"获取更多天空"|"导入图像"命令（如图所示）。您也可以单击弹出菜单底部的"导入天空图像"图标（带加号的正方形）。无论哪种方式，都会出现一个标准的"打开"对话框，您将导航到计算机上有一些天空图像的文件夹。单击其中一个，按住Shift键单击其他天空，然后单击"打开"按钮将您的天空导入"天空替换"弹出菜单（将显示在底部），选择您想要的任意数量（不必一次导入一个，可以全部选择）。

第八步:
如果您想把您的天空放在它们自己的单独文件夹中（把它们与Adobe的分开，这样您就不会意外地使用它们中的一个），只需在导入后，按住Shift键，在弹出菜单中单击以选择它们，右击其中的任何一个，然后在弹出的快捷菜单中选择"创建新天空组"选项（如图所示）。为该组命名，单击"确定"按钮，现在这些天空都在它们自己的文件夹中（您可以在第七步的"天空"弹出菜单顶部看到我的"斯科特的天空"文件夹）。也可以选择它们，然后单击"天空"弹出菜单底部的"创建新天空组"图标（文件夹图标）。您可能会选择"下载免费天空"选项（在这里的弹出菜单中看到），这只会让您看到更多的Adobe天空，它们看起来很棒，希望在别人的照片中可以一次又一次地看到它们。

295

早点开灯（画笔工具）

画笔是我用了一段时间的一个工具，主要用在旅行照片中，例如在街灯真正计划亮之前打开街灯。我也用同样的技巧打开台灯——我只是在灯罩上画，它就会亮起来。

第一步：

执行"滤镜"|"Camera Raw滤镜"命令，当其窗口打开时，按K键以获取"画笔工具"并创建一个新的蒙版（如图所示）。

第二步：

通过按括号键（左括号键使画笔变小，右括号键使其变大）使画笔比要打开的街灯大一点。首先，在"亮"面板中，将"曝光"滑块增加到+2.50以增加亮度。然后在"颜色"面板中将"色温"滑块向右拖动至黄色（此处为+80），将"色调"滑块向右拖至品红色（此处为+58），使我们的图像看起来更像橙色（因为现在还不是夜间，我们不想使街灯过于橙色）。最后，大幅度增加"饱和度"滑块（到+87）。现在，只需单击街灯即可将其点亮（如图所示）。

第11章　Photoshop 效果

第三步:
按左括号键几次，使画笔的尺寸缩小一点，然后单击较大的灯下面的两个较小的灯（如图所示）。

第四步:
在其他街灯上继续此过程（如图所示），每次沿着桥往下移动时，都会先增大然后减小画笔的尺寸，并根据灯光的大小改变尺寸。可以使用"曝光"滑块控制灯光的亮度，如果它们看起来太亮，只需降低亮度即可。此外，如果您的画笔边缘有点溢出，那也没关系——它通常看起来像是来自光线的辉光。按住 Option（PC:Alt）键并在其上涂抹可以擦除溢出。将此图像与第一步中的图像进行比较，您会发现这种效果使场景看起来更生动了。

297

添加光线

在过去的几年里，添加光线已经变得非常流行，您可以看到很多人把它作为风景照和旅行照的后期处理秘密武器，因为它让他们照片中的灯光看起来更有趣。在整个图像的不同位置添加一些光点，就好像光线悄悄穿过云层，使其中的小光束到达您的图像，只是为了让图像变得更加美妙。

第一步：
执行"滤镜"|"Camera Raw滤镜"命令，当窗口打开时，按K键以获取"画笔工具"并制作一个新的蒙版（如图所示）。

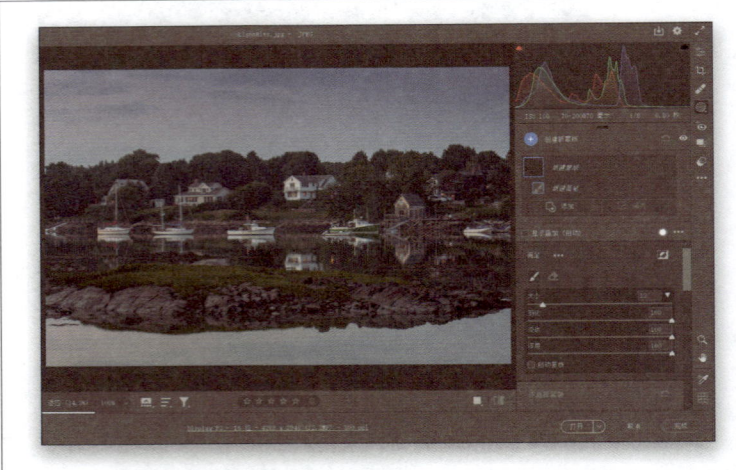

第二步：
通过按右括号键（]，位于P键的右侧）使画笔相当大，然后在"画笔"面板中，将"羽化"值（柔软度）设置为100（如图所示）。将"曝光"滑块拖动到+1.50（只是为了让初学者在添加光照时更容易看到——稍后会降低这个数量）。现在，移动到您想要一个光照的区域，只需单击一次即可添加光线（如图所示，在前景的岩石上添加了一个照射光）。

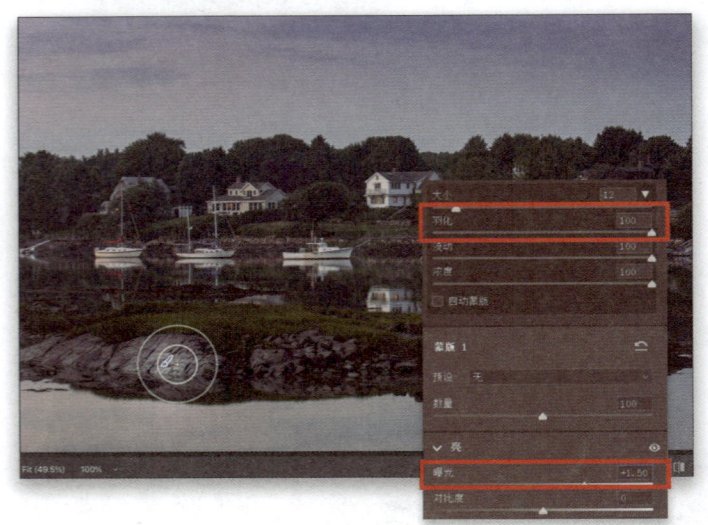

298

第11章 Photoshop 效果

第三步:
重复单击图像中不同区域的过程（如图所示）。我们通常会单击可能出现自然高光的区域，例如这些树可能有光线从左侧（从相机视图）照射的地方，所以单击它们的左侧（如图所示）。您也可以单击任何您想引起注意的地方。然而，在这种情况下，有一个副作用，那就是光线的照射看起来有点蓝，但这很容易解决。

第四步:
要从灯光中减少一些蓝色，在"颜色"面板中将"色温"滑块和"色调"滑块向右拖动以使它们预热（如图所示）。将"曝光"量降低到您看到光线照射的地方，但它们不会因为那里而照射到您的头上。这里将"曝光"滑块降低到+0.75。查看差异的最佳方法是向上滚动到"蒙版"面板的顶部，然后单击此蒙版的眼睛图标几次。

299

添加背景光

在Photoshop中添加背景光比在现实生活中添加真实光线有一些真正的优势，包括在拍摄照片后移动光线或改变其大小/亮度的能力。此外，您甚至可以在事后为光线添加彩色凝胶效果。它可以带给您更多灵活性和创造性的选择。

第一步:
此效果使用Camera Raw中的AI蒙版功能，执行"滤镜"|"Camera Raw 滤镜"命令，当其窗口打开时，按J键以获得"径向渐变工具"并创建一个新的蒙版（如图所示）。

第二步:
单击并拖动"径向渐变工具"，使其正好位于您想要显示的大致位置和尺寸（稍后可以更改这两个选项），同时按住Shift键，在拖动时画一个完美的圆（不一定是圆，也可以是椭圆形）。红色色调将出现在我们的拍摄对象上（如图所示），如果我们只是拖动"曝光"滑块使其更亮，它会使背景更亮，但也会使光线正好照射到她身上时更亮，但我们只想把光线放在背景上。

第11章 Photoshop 效果

第三步：
要移除主体上的"径向渐变"蒙版，在"蒙版"面板中，您可以看到"添加"和"减去"两个按钮（如果您没有看到它们，请单击面板中的"蒙版1"）。单击"减去"按钮，可以从红色的"径向渐变"蒙版中删除（减去）某些内容。在这种情况下，我们想从该蒙版中移除（减去）我们的受试者，因此从出现的弹出菜单中选择"选择主体"选项，现在红色蒙版只出现在我们的主体后面（因为我们从蒙版中减去了她，如图所示）。

第四步：
在"亮"面板中将"曝光"滑块向右拖动，以使受试者身后的区域变亮，而不会使她变亮（如图左下角所示，将其拖动到+1.80）。此处隐藏了渐变的边框和控制柄（按V键），这样您就可以清楚地看到效果。此时它们仍然可见，如果您想移动背景光来重新定位它，只需单击中心点并将其拖动到您想要的位置。此外，如果您想为背景光添加颜色（就像在闪光灯前放一个彩色凝胶一样），在"颜色"面板中向所需颜色拖动"色温"和"色调"滑块，或者在面板底部单击"颜色"按钮（如图右下角所示），然后从显示的"拾色器"中选择所需颜色，单击"确定"按钮。

301

用聚光灯添加戏剧性

通过添加聚光灯效果，可以为您的图像添加一些戏剧性，并让观者将注意力集中在您的主体上。这样做的好处是您没有添加光线，所以您的拍摄对象的曝光不会改变，也不会因为光线太多以使图像的曝光率保持完全相同。聚光灯会使主体周围的场景变暗而不是变亮，从而使主体脱颖而出。

第一步：
执行"滤镜"|"Camera Raw滤镜"命令（位于菜单顶部附近）。当其窗口打开时，按J键以获得"径向渐变工具"并创建一个新的蒙版（如图所示）。

第二步：
我们想把我们的新娘放在聚光灯下，所以单击并拖动出一个又高又薄的椭圆形（如图所示）。蒙版的区域将显示为红色，我们对编辑滑块所做的任何事情都只会影响红色区域内的内容。单击中心的蓝点并拖动它来重新调整位置。要旋转椭圆，只需将光标移动到椭圆外，当光标变成双头箭头时（如图所示）单击并向上/向下拖动以旋转椭圆。要调整椭圆的大小，只需单击边缘上的任意一个小手柄，然后向外或向内拖动即可。

TIP：拖动时重新定位
拖动椭圆时，可以按住空格键重新定位椭圆。

第11章 Photoshop 效果

第三步：
移动任何调整滑块，椭圆内的区域都会受到影响，但我们实际上想让新娘不受影响，而只影响她周围的区域。要做到这一点，只需转到"蒙版"面板，在"羽化"滑块的正上方，在"径向渐变"的右侧，您会看到一个半黑/半白的方形图标，里面有一个反向的圆圈。单击"反向"图标可以反向蒙版，所以现在新娘不再被蒙版，但椭圆形之外的区域被蒙版了，我们现在所做的任何编辑都只会影响那些红色区域。

第四步：
在"亮"面板中向左拖动"曝光"滑块以降低图像中中间色调的曝光，然后向左拖动"高光"滑块（如图所示），这会使新娘周围的区域变暗。此时看起来像是一束柔和的聚光灯（或一束自然光）直接照射在新娘身上，但实际上并没有改变她的曝光度（如图所示，之前/之后对比）。

向纵向背景添加纹理

如果您的拍摄对象后面有一个无聊的背景（我是在一卷灰色无缝纸上拍摄的），您可以很容易地在不干扰拍摄对象的情况下为背景添加纹理。

第一步:
这是我们在灰色无缝纸上拍摄的图像。继续打开您想与背景混合的纹理（您可以下载您在这里看到的插图中的纹理——您可以在书的简介中找到下载链接，或者您可以使用自己的纹理，甚至可以从互联网上下载一个免费的纹理和背景图案。有很多网站提供免费纹理和背景模式供下载）。打开纹理图像后，按Command+A（PC:Ctrl+A）组合键选择图像，然后按Command+C（PC:Ctrl+C）组合键将此纹理复制到一份。

第二步:
切换回我们的肖像图像，并按Command+V（PC:Ctrl+V）组合键将复制的纹理粘贴到肖像图片上。它将作为独立图层出现在肖像"背景"图层上方（如图所示，图层1）。

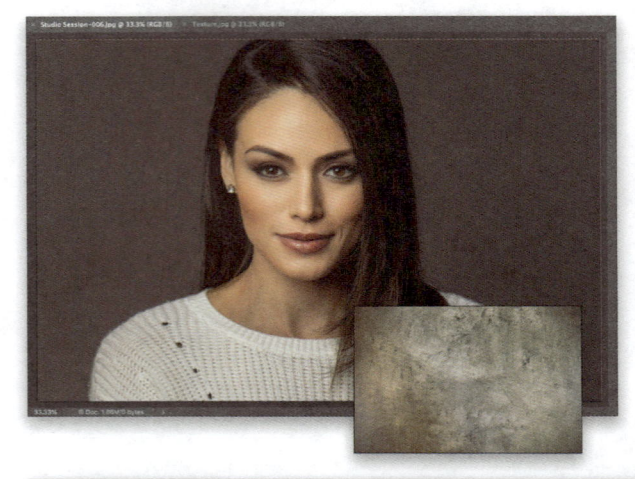

304

第11章 Photoshop 效果

第三步:
转到"图层"面板的左上角附近,将纹理图层的混合模式从"正常"更改为"叠加"。此时纹理很好地覆盖了背景,但它也正好覆盖了我们的主体(如图所示)。这很容易解决。在"图层"面板中单击"背景"图层,然后在"选择"菜单下选择"主体"选项(如图所示),围绕我们的主体进行选择(它使用了与"主体"蒙版在Camera Raw中使用的相同的令人敬畏的人工智能技术,因此它在选择主体方面做得非常好)。注意,我们已经将纹理图层的混合模式更改为"叠加",但根据图像,可能会有一个更好的不同的图层混合模式。如果您没有在这里使用这两个图像,请确保您至少尝试过"正片叠底""滤色"和"柔光",看看这些模式中的任何一个是否更适合您使用的图像和纹理。

第四步:
选择主体后,在"图层"面板中单击顶部纹理图层使其成为活动图层,然后按Delete(PC:Backspace)键将主体从纹理图层中剪切出来(如图所示),然后按Command+D(PC:Ctrl+D)组合键取消选择。纹理不再出现在我们的主体上——它只是在背景上。最后一步是(这是可选的)降低纹理图层的"不透明度",使其与原始背景更好地融合(这里将其降低到60%)。同样,这是一个可选步骤,根据图像的不同,您可能不需要它。这是我们在背景中添加纹理的最终图像。

305

创建光束

这是一种直截了当的老派技术（大概15年前在我的一本Photoshop Down&Dirty Tricks书中写过这一点），但光束现在已经"进入"了，虽然有很多方法可以创建它们，但这仍然是最好、最灵活的方法之一。这需要几个步骤，而且都是非常简单的步骤，实际上非常有趣。

第一步：
对于要添加光束以打开的图像，首先转到"图层"面板的底部，单击"创建新的填充或调整图层"图标（用半黑半白填充的圆圈），然后选择"渐变"选项（如图所示）。

第二步：
出现"渐变填充"对话框（如图左下角所示）后，单击顶部的"渐变"条以打开"渐变编辑器"，我们将在其中更改六个简单的内容。首先，从"类型"弹出菜单中选择"杂色"选项（如图右下角所示），它会将渐变从标准的白色到黑色渐变更改为具有大量水平彩色线的渐变（如图所示）。

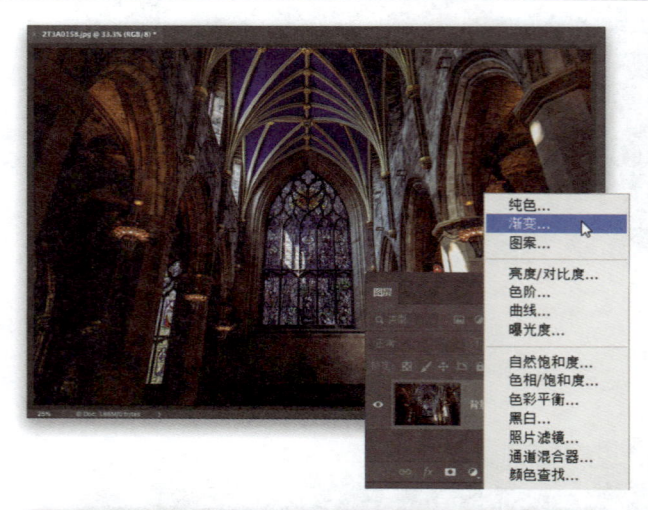

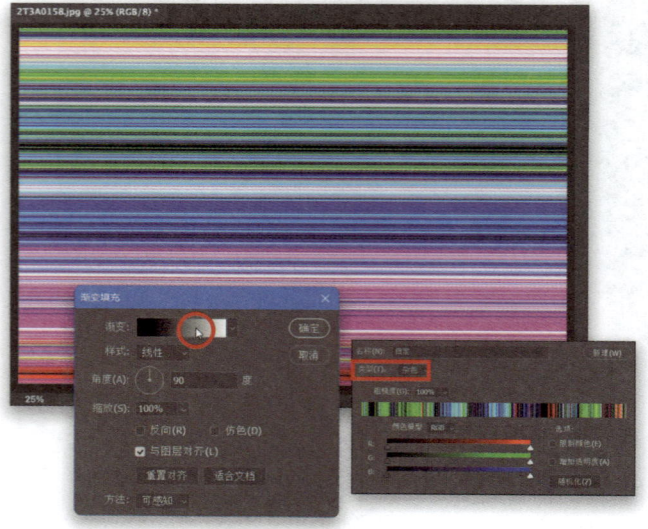

第11章 Photoshop 效果

第三步：
我们需要在渐变编辑器中进行的其他五项更改是将"粗糙度"（默认设置为50%）增加到100%；从"颜色模型"弹出菜单（代表色调、饱和度和亮度）中选择HSB选项，向左拖动白色S（饱和度）滑块（如下图所示）以删除所有颜色，使渐变线为白色和黑色；勾选"限制颜色"和"增加透明度"复选框。现在，我们可以通过渐变线看到调整效果（如图所示）。

第四步：
我们现在要更改渐变的样式，所以在"渐变编辑器"中单击"确定"按钮，然后返回"渐变填充"对话框，从"样式"弹出菜单中选择"角度"选项（如图所示）。您将看到渐变更改为缩小的渐变。暂时不要单击"确定"按钮。

第五步：

在"渐变填充"对话框仍处于打开状态的情况下，将光标向外移动到图像上，并将渐变重新定位到希望光束来自的位置。在这张图中，我们有两种选择，最逼真的是光束来自左上角的窗口。因此，单击图像并将渐变的中心向上拖动到该窗口（如图所示）。我们也可以从中央的彩色玻璃窗发出光束（如果您下载了这张图片，请单击）。使用您自己的图像、自然光方向或窗口等，将有助于确定将光束放置在何处。现在可以在渐变填充对话框中单击"确定"按钮。

第六步：

接下来修剪掉所有多余的光束，这样就只有来自窗户的光束了。要做到这一点，我们将在渐变填充的图层蒙版上绘制，这样我们就可以擦除这些额外的区域。确保图层蒙版在"图层"面板中处于活动状态，然后从左侧的"工具箱"中获取"画笔工具"（B）。从选项栏的"画笔选取器"中选择一个大的柔边圆画笔，然后在图像中不需要的渐变部分上涂抹（如图所示）。确保使用黑色作为前景颜色进行绘制（如果不是，请按X键交换前景和背景颜色，然后进行绘制）。

308

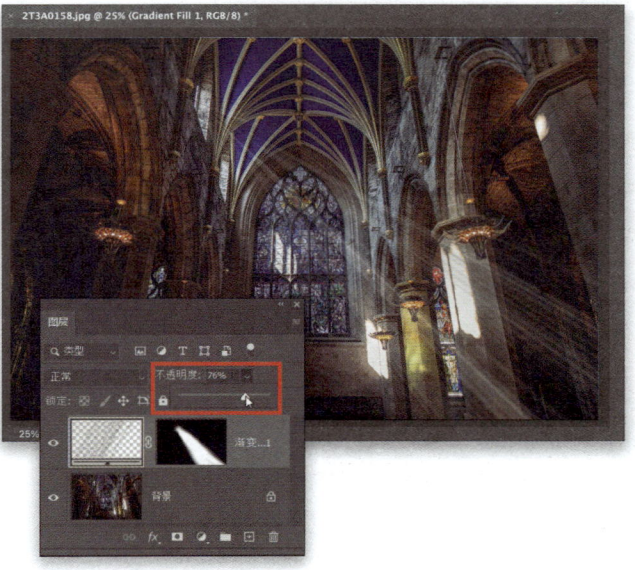

第11章 Photoshop 效果

第七步：
转到"图层"面板，直接双击"渐变填充"调整图层的缩略图图标，再次调出"渐变填充"对话框，然后单击渐变条，再次打开"渐变编辑器"，然后单击"随机化"按钮（如图所示），可以看到不同的渐变显示为光束。每次单击，都会出现一个不同的光束，您可以一直单击，直到找到一个适合您的图像的光束（这里单击了大约15～20次）。如果您想稍微软化光线，将"粗糙度"从100%降低到大约90%即可。单击"确定"按钮关闭"渐变编辑器"，然后再次关闭"渐变填充"对话框。

第八步：
最后一步（可选）是降低光束的不透明度，这样它们就不会淹没图像。在"图层"面板中将"不透明度"降低到76%，（单击"不透明度"下拉按钮，会弹出"不透明度"滑块。如果您选择了一个看起来不够强烈的随机化渐变，则可以执行相反的操作。您可以通过按Command+J（PC:Ctrl+J）组合键增强光线的效果，这将复制渐变填充调整图层，这会产生"增强"效果，使光束强度增加一倍。如果强度太大，只需降低"不透明度"量即可，直到它看起来对您来说是正确的。

309

创建单个光束

如果您只想要一束薄薄的光束，使用Camera Raw的径向渐变工具会非常容易。下面介绍一些方法，肯定比我们过去使用通道移动和一系列步骤要容易得多。

第一步：
执行"滤镜"|"Camera Raw滤镜"命令，当其窗口打开时，按J键以获取"径向渐变工具"并创建新的蒙版。在"径向渐变"面板中，将"羽化"设置为100，使光线的边缘非常柔软，然后我们将使用此工具，单击并拖动出一个细长的渐变（如图所示）。在这一点上，不要太担心是否把它放在正确的位置，因为一旦引入光束，就会更容易看到它的效果。

第二步：
将"曝光"滑块向右拖动以引入光束（如图所示，将其拖动到+1.35）。使用此工具，最亮的点位于中间，因此单击并拖动椭圆，使其主要位于左上角（它应该在角部更亮，并在到达芭蕾舞演员时逐渐变淡）。此外，如果需要，您可以通过单击并拖动侧控制柄来更改其宽度，现在您可以看到光线效果。最后，在"颜色"面板中向右拖动"色温"滑块以稍微加热光束，使其不是纯白（如图所示，将其拖动到+10）。

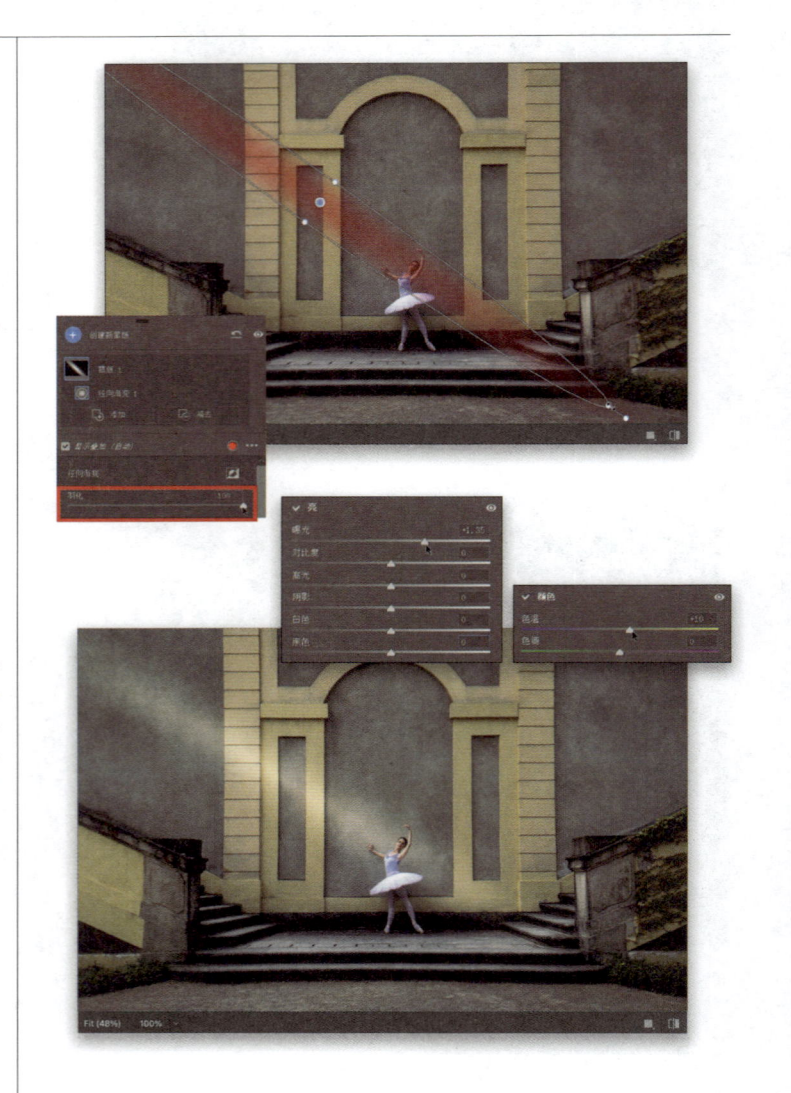

▶ 310

第11章 Photoshop 效果

模糊主体后面的背景

如果您以f/8或f/11拍摄，或者您使用了广角镜头，并且拍摄对象后面的背景是对焦的，您可以通过使用Neural Filters添加浅景深效果来与背景进行分离。截至本书撰写，此功能仍处于Beta（最终发布前的公开测试）模式，因此当您阅读本，该功能旁边出现的Beta一词可能已经不见了。由于此功能是基于人工智能的，结果只会变得更好，我认为，在大多数情况下，它已经做得很好了。

第一步：
这是我们的图像，拍摄对象背后的背景聚焦得相当清晰。执行"滤镜"|"Neural Filters"命令，以打开"Neural Filters"窗口（如图所示）。左边是我们的图像预览（我们还没有对它进行任何操作，所以它只是原始图像），中央面板是可用滤镜的当前列表，右边面板是滤镜的参数选项。

第二步：
在"Neural Filters"面板底部的"摄影"下打开"深度模糊"开关（如图所示，如果需要，请单击"下载"按钮）。在一两秒钟内，它就完成了它的任务，识别出我们的拍摄对象，然后将镜头模糊类型的效果应用到背景上（如图所示）。现在看起来效果并不理想。有一个"模糊强度"滑块，向右拖动会增加背景中的模糊量（将其拖动到71，但与默认设置相比没有太大区别）。除了模糊背景之外，您还可以在此处执行其他操作，您可以拖动"雾化"滑块将雾化效果添加到背景中。"白平衡"滑块在后面添加颜色，或者调整颜色饱和度，或者在不影响前景主体的情况下向背景添加胶片颗粒（噪波）。

311

梦幻般的柔焦效果

柔焦是我经常使用的一种效果,在风景摄影中非常受欢迎,因为它增加了一种梦幻般的效果,如果用在正确的图像上,会看起来非常好看。当我发布图片时,经常有人问我:"它看起来很锋利,但同时看起来有点柔软,您是怎么做的?"其实非常快速简单,下面介绍操作步骤。

第一步:

这种效果的清晰度来自于对图像的锐化,所以我通常会在完成其他所有操作后保存这种效果,以备保存文件时使用——我已经大幅度锐化了照片,这是最后一步。首先按Command+J(PC:Ctrl+J)组合键复制"背景"图层(如果您在"图层"面板中查看,您会在"背景"图层上方看到一个新图层,默认情况下命名为"图层1",如图所示)。

第二步:

将模糊这张照片中的生活光线。执行"滤镜"|"模糊"|"高斯模糊"命令。当对话框出现时,输入一个40像素的"半径"(如图所示)。对于这张用2000万像素相机拍摄的照片来说,40是合适的数量。如果您的相机有更高的百万像素,就必须使用更高的"半径",所以不要被这个数字所困扰。只需将"半径"滑块向右拖动,直到图像的模糊程度与此处所见的相似,单击"确定"按钮即可。

第11章 Photoshop 效果

第三步：
在"图层"面板中将该模糊图层的"不透明度"更改为25%（如图所示）。图像看起来仍然很清晰，但它有一种柔和的"光泽"，这就是我们想要的外观。如果想要更多的柔软度，尝试将"不透明度"的量提高到30%或35%，以使模糊图层的柔软度更多地进入场景。

第四步：
这个效果是将模糊图层的"不透明度"提高到50%，然后将其图层混合模式从"正常"更改为"强光"（如图所示）。不透明度不同，图像效果不同，选择权在您。可能一种在某些图片上更好看，另一种在其他图片上会更好看。

313

创建全景

如果您拍摄多个帧来创建全景图像，Photoshop可以很容易地将这些单独的帧"缝合"成一个全景图像，结果是一个RAW图像。它创建了一个DNG（Adobe自己的开源RAW格式）的新文件，所以当您开始编辑过程时，生成的全景图具有RAW照片的所有属性（和深度）。如果您在拍摄全景图时遵循一条简单的规则，即将图像重叠30%或40%左右，Photoshop将完成其余的工作，并为您提供一个漂亮、无缝的全景图（如果任何帧有点偏离，它甚至可以进行所有色调的混合），这是一个聪明的小功能。

第一步：

打开您想在Camera Raw中组合成全景的图像（在这里，我打开了五张RAW图像）。如果您是Adobe Bridge用户，请在Bridge中选择图像，然后按Command+R（PC:Ctrl+R）组合键在Camera Raw中打开它们。图像将以缩略图的形式出现在窗口底部的幻灯片中（如图所示）。确保所有选项都已选中（单击其中一个，然后按住Shift键并单击其他选项），然后右击其中一项，在弹出的快捷键菜单中选择"合并到全景图"选项（如图所示）。

第二步：

打开"全景合并预览"窗口（如图所示），除非出于某种原因Photoshop无法将其缝合在一起，例如您在拍摄全景照片时没有充分重叠每一帧，或者其他原因，在这种情况下，您会收到一个错误对话框，告诉您"我无法缝合"。在这里，它把它缝合得很好，并选择它认为最好的布局（称为"投影"）来创建全景。大多数时候，它最终选择了全景图（就像这里一样），这对大多数图像都很有效，尤其是非常宽的全景图。选中"圆柱"或"透视"单选按钮以查看它们的效果（它可以非常快速地重新渲染预览），如果您不喜欢其中任何一个，您可以随时选中"球形"单选按钮。

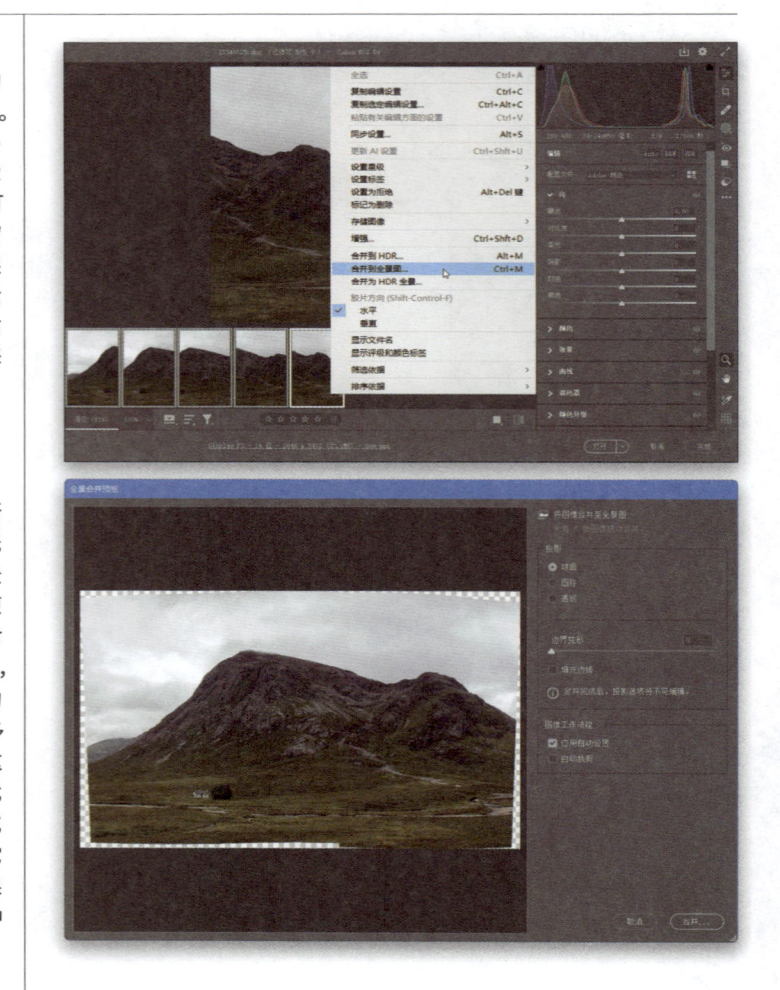

第11章 Photoshop 效果

第三步:
如果您想知道侧面、顶部和底部的差距，在窗口右侧的"图像工作流程"部分，有一个"自动裁剪"复选框可以自动裁剪掉任何白色间隙。唯一的缺点是，这会让您的全景图变得不那么高，也不那么宽，因为它会把这些部分剪掉。对于您正在制作的全景图来说，这可能不是一个问题，但我已经让它从山顶上剪掉了，或者剪掉了我想保留的图像中的部分，所以请记住这一点。它工作得很好，但它会让您的全景图一路变小。因此，现在取消勾选"自动裁剪"复选框。

TIP: 此窗口可调整大小
要查看更多全景图，只需单击窗口的右下角并向右拖。您也可以向下拖动。如果您做了多排全景图，这会很有帮助。

第四步:
向右拖动"边界变形"滑块，它就会移动您的照片来填补这些空白，我很惊讶它能如此频繁地移动，就好像它把全景调直了，一切似乎都安排好了。大多数时候，我会一直拖到100（如图所示），但偶尔把它拖到100会使它看起来不太对劲（它会把东西扭曲得太厉害）。稍后我们介绍遇到这种情况该怎么做。

315

Photoshop 数码照片专业处理技法

第五步：
消除这些边缘间隙的最后一个方法是勾选"填充边缘"复选框，该复选框使用Photoshop的内容填充技术，通过查看间隙周围的区域并将其作为指导，对填充这些间隙的内容做出明智的选择。在大多数情况下，它都做得很好，但有时效果不好，所以您必须取消勾选复选框。

第六步：
另一个看起来效果很好的"弥补差距"选项是一种混合选项。首先，将"边界变形"滑块向右拖动，如果数值进入80或90以上时，它开始看起来很奇怪，只需将其向后移动一点，然后勾选"填充边缘"复选框。这是两全其美的，当其他选项不起作用时，它可以非常好地发挥作用。无论您选择哪种方法，当一切看起来都很好时，单击右下角的"合并"按钮，Camera Raw会提示您保存文件，重命名一个名称并保存，它会渲染您的全景图。

▶316

第11章 Photoshop 效果

第七步:
渲染完成后,最终缝合的全景将显示为Camera Raw的幻灯片中的DNG(RAW)文件(注意,创建全景图时,Camera Raw会在其文件名末尾添加pano)。现在,您可以像调整任何常规图像一样继续调整全景图。例如前一步中的天空看起来很亮,让我们把它调暗一点。在右侧的工具栏中单击"蒙版"图标(M,顶部的第四个图标)以显示蒙版工具(如图所示),然后单击"天空"图标以选择天空。向左拖动"曝光"滑块,直到天空看起来很好(此处拖到-1.20)。

TIP: 制作HDR(高清)全景图
如果您在制作全景图时拍摄了包围式图像,请从全景图中选择所有HDR包围式拍摄和所有帧,并在Camera Raw中打开它们。右击任何图像,在弹出的快捷菜单中选择"合并为HDR全景"选项,它将编译HDR图像,然后为您缝合全景图。

第八步:
单击"编辑"图标(E,工具栏中的顶部图标),然后从配置文件弹出菜单中选择"Adobe风景"选项(此pano是RAW图像,因此我们可以指定自定义RAW配置文件)。由于默认情况下"全景合并预览"窗口中的"应用自动设置"复选框处于勾选状态,因此当您创建全景时,除了"纹理"和"清晰度"滑块之外,所有的自动调整都会应用,所以让我们同时添加一点(分别为+22和+10)。最后,即使天空变暗了,也有点"沉闷",所以让我们使用"裁剪工具"(C),将图像裁剪得更窄一点(如图所示)以完成任务。

317

黑与白艺术建筑造型

黑与白建筑摄影的精美艺术造型已经存在多年，而且非常流行。向Julia Anna Gospodarou致敬，她是这一造型的先驱之一，激励了无数人，但要让这一造型达到她的水平是一项相当耗时且有点复杂的任务。下面介绍一个简化的版本，只需要几分钟（而不是几个小时），而且它实际上很有趣，很有创意，而且一点也不复杂（多亏了Photoshop AI的魔法）。

第一步：

这是我们要处理的图像，第一步是选择建筑。从左侧的工具箱中获取"快速选择工具"（或"魔棒工具"）或按下Shift+W组合键，单击选项栏中的"选择主体"按钮。如果单击后它并没有像您希望的那样很好地选择主体，可以单击"选择主体"下拉按钮，然后在下拉列表中选择"云（详细结果）"选项。这个选项确实需要互联网连接，但您通常会得到更好的选择，因为它使用云计算来完成所有繁重的工作。

第二步：

一旦选择到位（如图所示），按Command+J（PC:Ctrl+J）组合键将建筑（我们的主体）放在自己的图层上（也可在此处的"图层"面板中看到，建筑位于"图层1"中）。

第11章 Photoshop 效果

第三步：
我们需要建筑物后面的天空是纯黑的，虽然有六种方法可以做到这一点，但在这里，我们将创建一个新的图层。单击"图层"面板底部的"创建新图层"图标（位于垃圾桶图标的最左边）。按D键将前景颜色设置为黑色，然后按Option+Delete（PC:Alt+Delete）组合键将此新图层填充为黑色。完成后，在建筑图层下方的"图层"面板中单击并拖动这个新的黑色图层（因此，它现在是在中间层），然后单击建筑图层（顶层，图层1）使其成为活动图层（如图所示）。

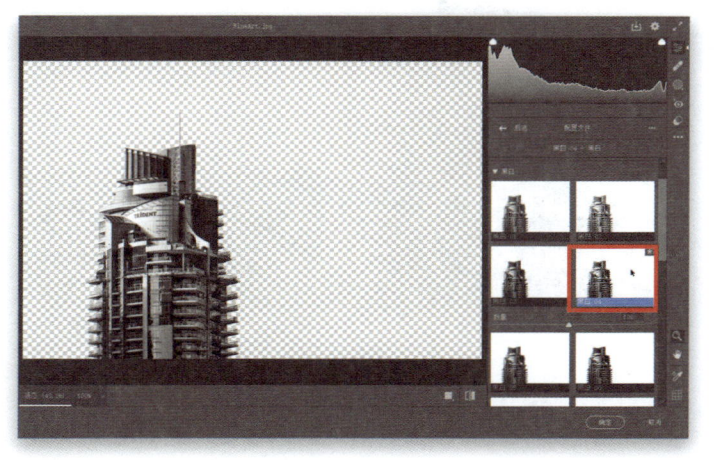

第四步：
执行"滤镜"|"Camera Raw滤镜"命令，在Camera Raw中打开建筑层，将顶层转换为黑白。要将图像转换为黑白，请在"配置文件"弹出菜单的右侧，单击带有三个方块+一个放大镜的图标，打开"配置文件浏览器"（如图所示）。然后，向下滚动到黑白配置文件，将光标悬停在不同的黑白缩略图上，直到找到一个很好的高对比度转换，然后单击。这里选择了"黑白04"进行转换。单击浏览器左上角的"后退"按钮以返回"编辑"面板。

319

第五步:

接下来,我们需要把这座建筑弄得很黑——不是太黑以至于我们看不到任何细节,而是真的很黑。您可能需要打开一堆阴影来保留阴影中的一些细节,但要让它变得非常暗(如图所示,将"曝光"滑块拖到-3.70,将"阴影"滑块拖到+55)。

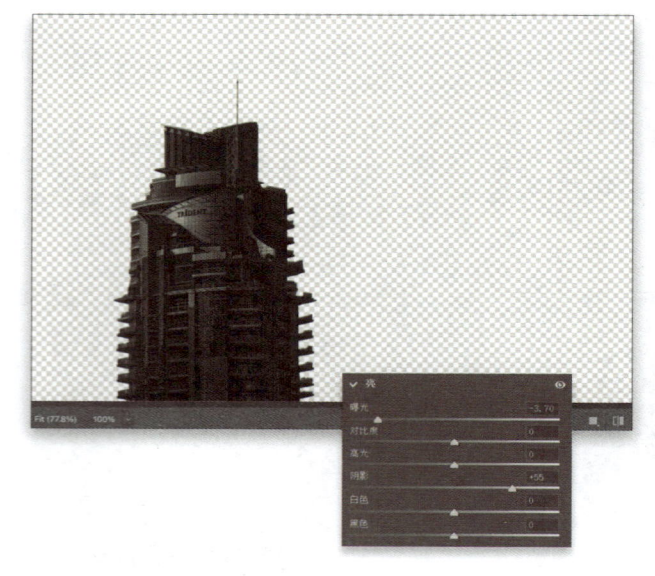

第六步:

添加光束,以显示建筑的各部分。按J键以获得"径向渐变工具"并创建一个蒙版。在使用该工具之前,在该工具的选项面板中,将"羽化"设置为100%,这样椭圆的边缘将非常柔软。现在,单击并拖出一个要显示第一个光束的椭圆形(如图所示)。红色色调显示图像的哪一部分被蒙版。您可以通过单击椭圆内部并拖动来重新定位它。要旋转它,只需将光标移动到椭圆外部,当光标变成双向箭头时,单击并向上或向下拖动以旋转椭圆。

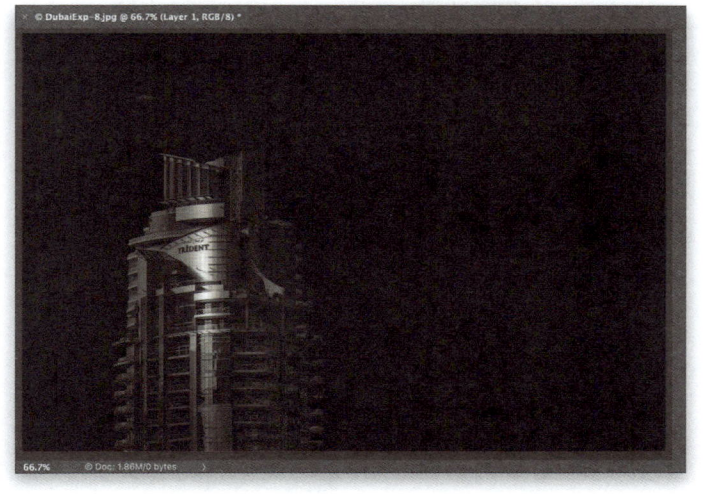

第七步：

在"亮"面板中向右拖动"曝光"滑块来引入光束（如图所示，拖动到+3.30。我通常会把它拖到+3.00～+4.00的某个地方，这取决于建筑物的黑暗程度。它越暗，我就把它拖得越高）。

第八步：

对光束的位置和亮度感到满意时，单击Camera Raw窗口右下角的"确定"按钮，查看光束和黑色天空下的整个图像（如图所示）。我们将继续添加更多光束（您可以只添加一个光束，也可以任意添加多个光束——这完全是您的决定，正是它让这变得非常有趣），如果您对刚刚应用的光束不满意，请按Command+Z（PC:Ctrl+Z）组合键撤销最后一步，然后返回Camera Raw并重试。下面我们再添加一两个光束。

第九步：

再次打开Camera Raw 窗口，按J键以获得"径向渐变工具"并创建一个新的蒙版，将"曝光"设置为+3.30保持光量一致，然后单击并拖动另一束光（如图所示）。如果需要更多的光束，创建一个光束后，可以在椭圆中心的蓝点右击，在弹出的快捷键菜单中选择"复制'蒙版1'"选项，然后进行复制。您可以单击并拖动复制品到您想要的任何地方（在大楼的另一边添加了另一个）。您想做多少次就做多少次。添加完光束后，单击"确定"按钮关闭Camera Raw窗口。

第十步：

如果您用一两个ND（中性密度）滤镜拍摄照片（我用的是一个10光圈的ND，上面拧着一个3光圈），天空中有云，那么您就有了那些漂亮的条纹云（在这种情况下，您不会用黑色图层填充天空。相反，您用"选择天空工具"选择天空，然后降低曝光并提高黑色，直到蓝天变黑）。如果您没有云，那么您可以做一些。在"图层"面板中单击面板底部的"创建新图层"图标来创建另一个新图层。然后，从工具箱中获取"多边形套索工具"（或者按Shift+L组合键），绘制出一个像您在这里看到的形状。在"前景"和"背景"颜色仍设置为默认值黑/白的情况下，按Command+Delete（PC:Ctrl+Delete）组合键将此选择填充为白色，然后按Command+D（PC:Ctrl+D）组合键取消选择。

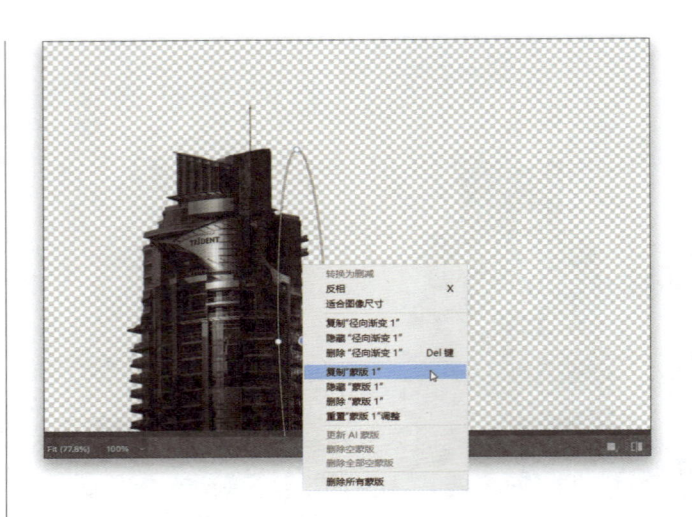

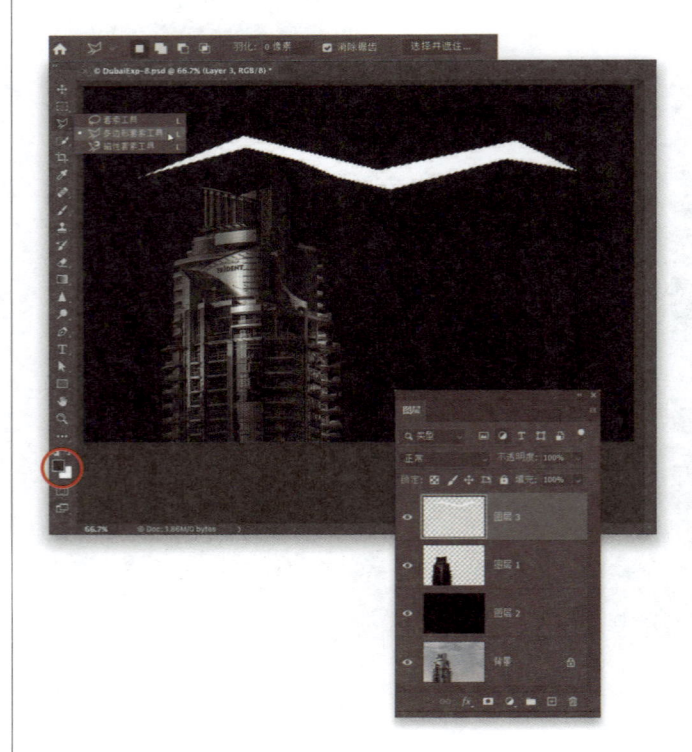

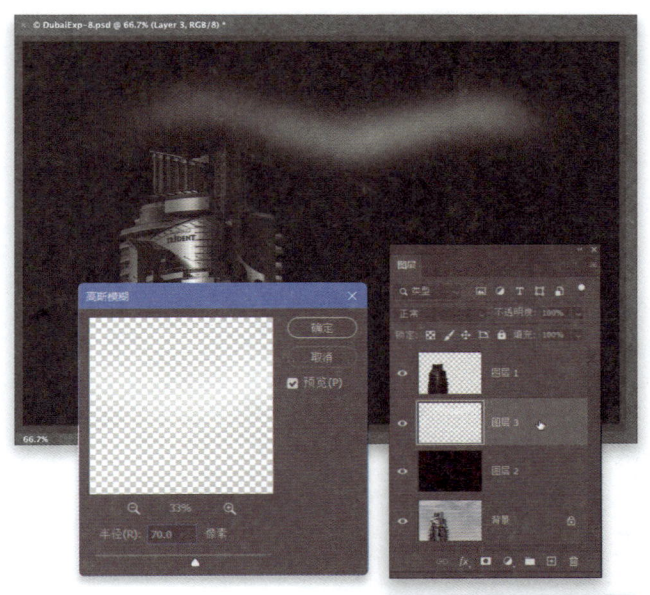

第11章 Photoshop 效果

第十一步：
我们现在要用大量的模糊来模糊多边形云的形状，执行"滤镜"|"模糊"|"高斯模糊"命令。当对话框出现时，输入70像素的"半径"，然后单击"确定"按钮以获得云的模糊外观（如图所示）。情况看起来仍然很糟糕，但还没有结束。我们希望云显示在建筑的后面（而不是前面），所以在"图层"面板中单击顶层（云层，图层3），然后将其拖动到建筑图层（图层1）的正下方（如图所示）。

第十二步：
对云应用一个巨大的"动感模糊"滤镜，使其看起来像长时间曝光的云一样有条纹。执行"滤镜"|"模糊"|"动感模糊"命令。当对话框出现时，设置"距离"为2000像素（最大值），然后拖动"角度"控制盘，直到得到一个看起来不错的角度（这里设置12°），单击"确定"按钮就完成了。注意，您也可以添加第二个云或者第三个云——完全由您决定。只需在这些新的云上使用相同数量的高斯模糊和动感模糊。

323

太阳光晕效应

您可以感谢Instagram的这一款，因为正是在这里，这种夸张的太阳光晕造型变得非常流行，您实际上可以在相机中创造很多。如果您没有在相机中把所有的东西都放在一起（例如太阳在一天中正确的时间处于完美的位置），那么您可以在Photoshop中添加效果——实际上是两个叠加产生了效果。

第一步：
按D键将前景颜色设置为黑色，在"图层"面板中单击"创建新的填充或调整图层"图标（半白半黑圆圈），然后选择"渐变"选项（如图所示）。在生成的"渐变填充"对话框中，单击小的渐变条以显示"渐变编辑器"。在"预设"下单击"基础"下拉按钮，然后单击中间的"前景到透明"图标（如图所示）。

第二步：
在"渐变编辑器"的底部，您将看到一个更大的渐变条。单击渐变条正下方的中心，它将添加新的色标（如图右上角所示）。添加色标后，可以通过单击编辑器左下角的"色样"来打开"拾色器"对话框，以更改其他颜色。选择一个漂亮的黄色，然后单击"确定"按钮。单击渐变条下方的左侧色块，然后再次单击色样，当"拾色器"对话框出现时，选择一个橙色（如图左上角所示），然后单击"确定"按钮。现在，我们的渐变为从橙色到黄色再到透明（在最右侧）。

第11章 Photoshop 效果

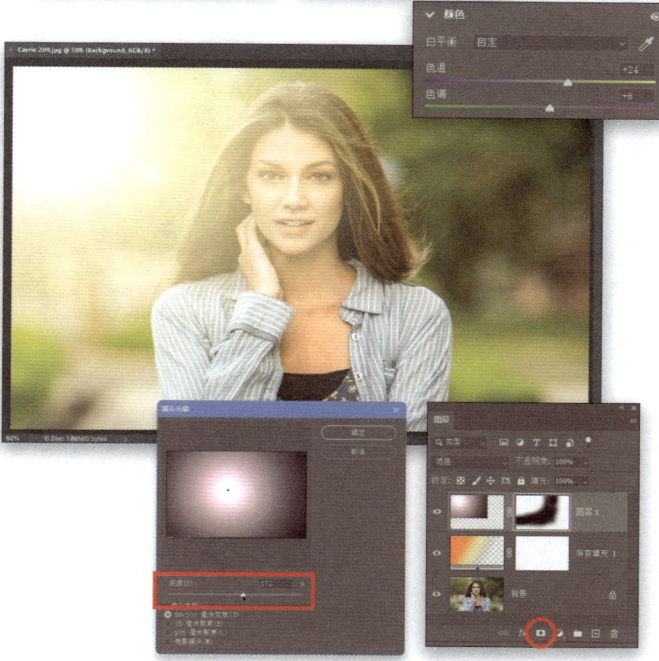

第三步：

单击"确定"按钮关闭"渐变编辑器"，然后在"渐变填充"对话框中，从"样式"弹出菜单中选择"径向"选项（如图所示）。现在我们有一个圆形渐变，中间是橙色，最后是黄色，最后过渡到清晰。单击并将其拖动到图像的左上角，将"比例"设置为200%左右，然后单击"确定"按钮。在"图层"面中将该层的混合模式更改为"滤色"（如图所示）。

第四步：

现在要在上面添加一个镜头光斑。在"图层"面板中单击"创建新层"图标（位于垃圾桶左侧），然后，在前景颜色仍设置为黑色的情况下，按Option+Delete（PC:Alt+Delete）组合键，用黑色填充此新层。接下来，执行"滤镜"|"渲染"|"镜头光晕"命令。在"镜头光晕"对话框中，将"亮度"滑块拖动到170%左右，然后单击"确定"按钮将镜头光晕应用于该黑色图层。要将其混合到我们的图像中，在"图层"面板中将该层的混合模式更改为"滤色"，现在它将显示在我们的图像上。单击并将镜头光晕向上拖动到左上角（如图所示），但移动后会注意到它的硬边。单击"图层"面板底部的"添加图层蒙版"图标（其中有一个圆圈的正方形），从工具箱中获取"画笔工具"（B），从选项栏的"画笔选择器"中选择一个大的柔边圆画笔，然后在这些边缘区域涂上黑色，使它们与图像的其余部分平滑地融合在一起。最后，单击"背景"图层，执行"滤镜"|"Camera Raw滤镜"命令。在"基本"面板中，将"色温"滑块向黄色拖动，将"色调"滑块向品红色拖动，使图像的色调稍微暖一点，然后单击"确定"按钮关闭Camera Raw。

325

创建HDR图像

如果您在相机中打开了曝光包围，那么它会拍摄三帧相同的图像——一帧是正常曝光，一帧是两次曝光不足，一帧是两次曝光过度。您可以将这三张图像组合成一张高动态范围的图像，它比一张照片有更大的色调深度，这给了您很大的编辑自由度和灵活性。然而，它真正的秘密武器是它创建的新HDR文件噪点很少。您可以一直向右拖动"阴影"滑块，这通常会在阴影区域中显示大量的噪点，但在这里，它几乎不明显，因此您可以在阴影中显示大量细节。尽管您的相机拍摄了三张图像，但实际上您只需要两张曝光不足的图像和两张曝光过度的图像就可以在Photoshop中创建HDR图像，所以您可以忽略正常曝光文件。

第一步：
在Camera Raw中打开带括号的照片（这里，我们有布拉格Smetana大厅的三张照片，正如上面所说，您只需要两张曝光不足的图像和两张曝光过度的图像），其中缩略图将沿着窗口底部出现。按住Shift键并单击以选择它们，然后向下滚动到右侧的"几何"面板以使它们稍微变直（我拍摄的这些有点弯曲）。将"旋转"滑块向左拖动到−0.9，将"水平"滑块向右拖动到+5，但结果并不完美（它偏离了中心，有点歪斜，但我们会在第四步中解决这个问题）。接下来，右击其中一个缩略图，然后在弹出的快捷键菜单中选择"合并到HDR"选项。

第二步：
对齐图像有助于在手持图像的情况下对齐图像（效果很好）。"应用自动设置"与单击"编辑"面板中的Auto按钮相同。如果有东西在移动，消除重影会有所帮助。选择"低"（用于轻度去重影）、"中"（用于更多）或"高"（如果图像中有很多重影），它可以非常出色地从三个包围曝光中的一个曝光中提取一个不移动的区域，并无缝显示它，而不是重影移动。

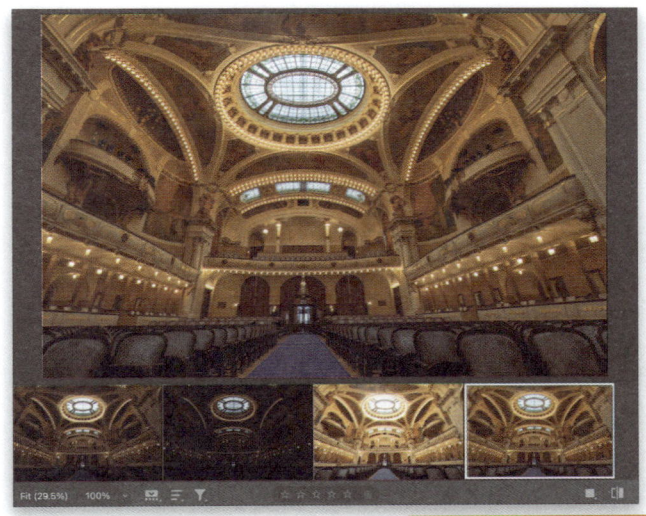

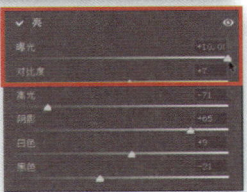

第11章　Photoshop 效果

第三步:
保持前两个选项的复选框处于勾选状态（跳过"显示叠加"，因为此处没有任何移动），然后单击"合并"按钮。命名这个新的HDR文件，保存它，它会将您返回到Camera Raw，在那里您将在幻灯片中看到第四个缩略图——这是我们的新HDR图像，它是其他三个图像的组合。正如我所提到的，这样做可以扩大您的色调范围，如果您想证明这一点，可以看看"曝光"滑块。该滑块的范围通常为–5.00～+5.00。现在它从–10.00变为了+10.00。正如我也提到的，HDR的大秘密武器是它在阴影中的低噪点。

第四步:
确保您的HDR图像是幻灯片中唯一选择的图像，然后单击"打开"按钮，这样我们就可以像编辑任何正常图像一样编辑该HDR图像（注意，它创建的HDR图像是Adobe的DNG文件格式的RAW图像，因此它具有RAW图像的所有属性）。按Command+R（PC:Ctrl+R）组合键调出Photoshop的标尺，解决它偏离中心的问题。按Command+T（PC:Ctrl+T）组合键调出"自由变换"，您将看到顶部和底部的控制手柄标记文档的中心点。单击左侧的标尺内部，然后拖动一个垂直的辅助线，将其放置在中央控制手柄的右侧，您会看到照片有多偏离中心。然后，单击右上角的控制手柄，沿对角线向上拖动，直到铺着蓝色地毯的过道的中心与该辅助线居中（如图所示）。最后，按住Command（PC:Ctrl）键，将右上角和右下角向外拖动一点，使其不歪斜。按Return（PC:Enter）键锁定转换，就完成了。

327

创建潮湿的街道和鹅卵石

这是一个快速通道，可以将干燥的鹅卵石或沥青街道变成潮湿的鹅卵石或柏油街道。我最初在一个关于旅行摄影编辑技术的网络直播中展示了这项技术，一个月后人们仍在问它。所以，我想把它写在书中。我最喜欢的是它快速、简单，适用于大多数图像。

第一步：
执行"滤镜"|"Camera Raw滤镜"命令。当其窗口打开时，按K键以获取"画笔工具"并创建一个新的蒙版（如图所示）。

第二步：
在"亮"面板中将"对比度"滑块拖动到+100（如图左上角所示），在"效果"面板中将"清晰度"滑块拖动至+100（也如图左下角所示）。在要显示为潮湿的街道区域上进行绘制，在绘制时，该区域看起来是潮湿的，并且似乎添加了反射，就像实际的潮湿街道一样。不要忘记在照片中的人行道和路缘石上涂抹。此外，如果您在街道上涂抹，但它看起来不够"湿"，则在"蒙版"面板中单击"蒙版1"右侧的三个点（将光标悬停在那里时，它会出现），然后从弹出菜单中选择"复制蒙版1"选项以将效果强度加倍。

第11章 Photoshop 效果

变暗外部边缘

这是我应用于几乎每一张编辑的图像的最后一步——通过添加一个小插曲，使图像周围的外边缘变暗。我使用了非常少量——通常每次都是同样的少量——而且它非常微妙，没有人会意识到您添加了一个小插曲。但是，当您打开/关闭它时，您会看到少量的边缘变暗会产生什么影响。它会增加一些真正重要的东西。我把它添加到肖像、风景、旅行照片中，几乎所有没有纯白背景的东西中，添加它可能看起来有点昏暗。

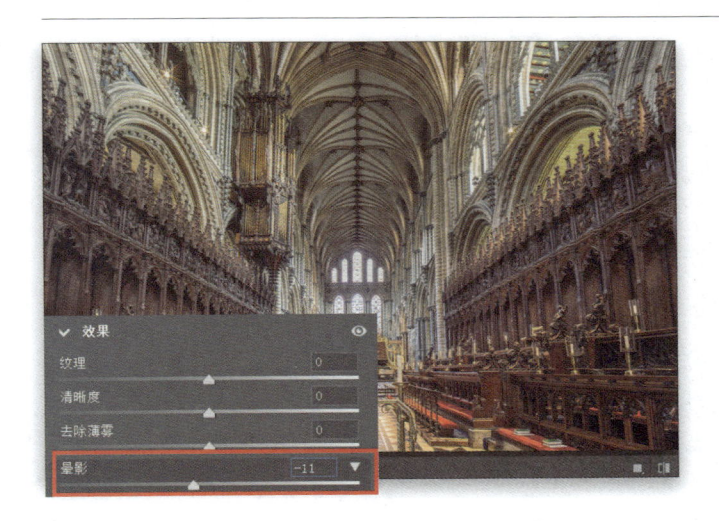

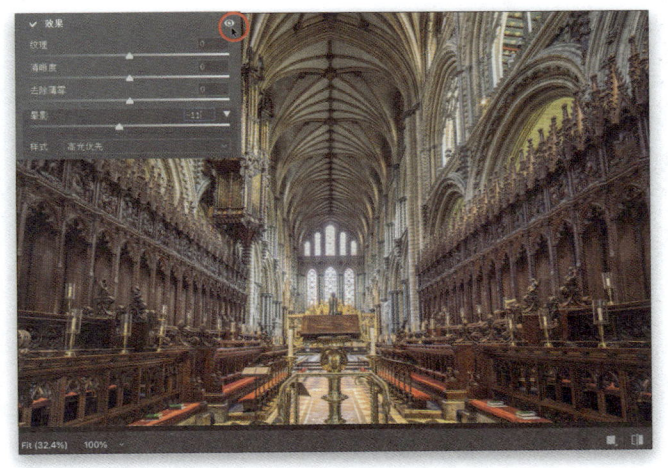

第一步：
执行"滤镜"|"Camera Raw滤镜"命令以在Camera Raw中打开图像（如图所示）。在"效果"面板中将"晕影"滑块拖动到－11（如图所示）。我几乎每次都会使用－11的设置。每隔一段时间，我都会更进一步，但整个想法是在观众没有注意到对它们做了任何事情的情况下，消除边缘的"热量"。

第二步：
这是应用－11小插曲后的图像，您可能会说："我真的看不到。"这就是为什么您需要自己尝试原因，一旦应用了小插曲，只需单击并按住面板右上角的眼睛图标，就可以打开/关闭此面板的可见性（此效果）几次。一旦您这样做了，它就会真的击中您，一旦灯泡亮起，我敢打赌您会想做一个Camera Raw预设，所以只需单击一下就可以看到－11的小插曲。

Exposure: 0.5 sec | Focal Length: 13mm | Aperture Value: *f*/11 | ISO: 100

第12章
锐化技术

"衣着光鲜的男人"太完美了。这就是我几年前用它作为这一章的名字的原因。但那些随意以一个明显的名字出现的日子已经一去不复返了,我们现在必须更深入地挖掘,以拥有锐化章节历史上最好的锐化章节名称,而不是以一部理论上的前苏联分离共和国的晦涩电影命名。这是2023年的电影《夏普》,由约翰·利思高、塞巴斯蒂安·斯坦、布丽安娜·米德尔顿、大法官史密斯和朱莉安娜·摩尔主演。"夏普"是进入名人堂的章名。顺便说一句,正式的入职仪式是每年1月的第三个星期六,在加利福尼亚州的丰塔纳举行,这里是章节介绍博物馆和文化中心的所在地。我之所以提到这一点,是因为我知道许多图书读者定期参加这些入职仪式。无论如何,我还没有看过这部电影,但网站上有一句话:"一个骗子与曼哈顿的亿万富翁较量",我必须承认,这听起来像是我生活在大屏幕上的故事,因为我住在曼哈顿,我被一个艺术家骗了,多亏了这本书的版税,我成了亿万富翁,这很酷。如果所有这些都不是谎言的话,那就好了,但当谈到写书时,真相真的重要吗?我认为重要的是找到一个有意义的章节名称,所以我们决定使用"锐化"这个标题。2011年的"变得锐利"(仍然是一个一流的名字)是这样描述的:"一个男孩谈论他的家庭,讲述一个创伤性事件。"所以,基本上,这听起来像是一个常见的两小时的治疗访问,但我不是一个评判者。我无法想象它会以这样的描述顺利地迎来一个盛大的开幕周末,但你必须承认,这个名字是对的。所以,如果你发现自己写了一篇关于锐化的内容,需要一个章节名称,但又对盗用我的名人堂"锐化"名称感到不快,我允许你使用"变得锐利"。

锐化的三个阶段

几年前，我采用了锐化大师布鲁斯·弗雷泽开创的锐化方法，这个方法有三个阶段，取决于您是用RAW模式还是JPEG模式拍摄。如果您用RAW模式拍摄，您必须完成其中两个阶段，第三个阶段是可选的。如果您用JPEG模式拍摄，只需要一个阶段，另一个阶段是可选的。但无论您用哪种模式拍摄，我们的目标都是一样的——创造清晰的图像，Photoshop有工具让我们做到这一点。

（1）用RAW模式拍摄——捕捉锐化

如果您在RAW模式下拍摄，您将应用第一阶段的锐化，称为"捕捉锐化"。原因是，当您将相机切换到RAW模式拍摄时，它会关闭相机的内置锐化，因此您的RAW图像没有应用捕捉锐化，看起来比同一相机的JPEG图像更柔和。如果您去查看Camera Raw的"细节"面板（Adobe隐藏"锐化"滑块），您会发现所有RAW图像的"锐化"量已经设置为40（Camera Raw的其余滑块设置为0数）。我将在下一个项目中介绍如何为RAW图像应用捕捉锐化。

用JPEG模式拍摄——跳过捕获锐化

捕获锐化已经应用于相机中的图像，因此您不需要在Camera Raw中重新应用它。事实上，如果您转到"细节"面板并查看所应用的锐化量，您会看到它被设置为0，因为从技术上讲，您的捕获锐化已经完成。因此，您可以跳过为RAW图像应用捕获锐化的项目。别担心，我们肯定会锐化您的JPEG图像，只是不在这里。

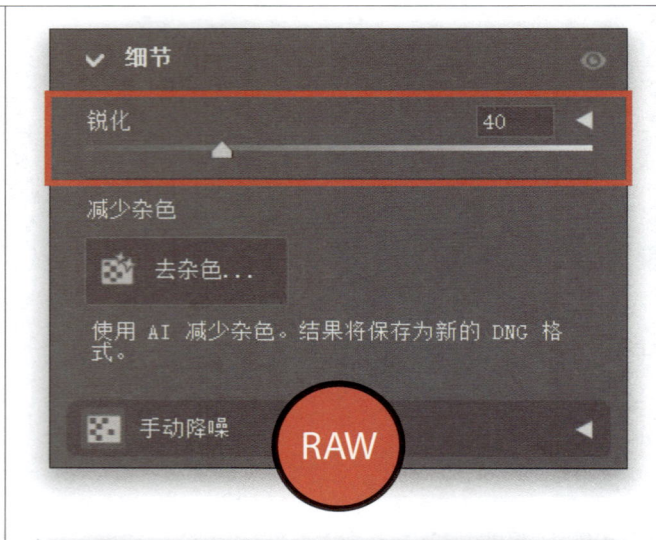

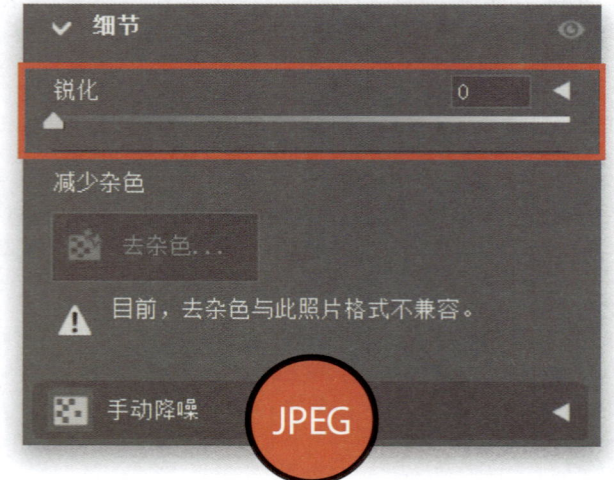

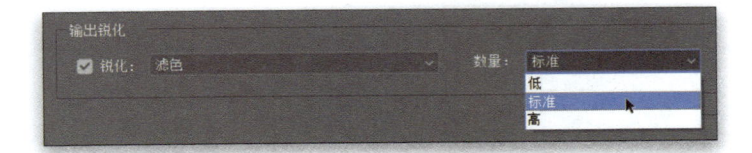

(2) 创造性锐化

这是锐化的一个可选阶段，无论您是用 RAW模式还是JPEG模式拍摄，锐化都是用于将观看者的眼睛吸引到图像的特定部分。我们的眼睛首先被吸引到图像中最亮的部分，然后被吸引到最清晰的部分，所以您可以用它来引导观众到达您想要的地方。这种锐化仅适用于照片的某些区域，而且，第二阶段的锐化是可选的。

(3) 输出锐化

这一阶段对每个人来说都非常重要，如果您用JPEG模式拍摄，这一阶段也很关键，因为在这一点上根本没有应用锐化（除非您应用了一些创造性的锐化）。这是我们根据完成后图像的显示位置应用的锐化。它要打印吗？它会出现在Instagram上吗？它会出现在您的在线投资组合中，在屏幕上看到，但尺寸很大吗？如果不添加如此轮锐化，任何内容都不会被打印、发布或上传。后面我们将介绍几种不同的应用方法。

如果用RAW模式拍摄，锐化从 Camera Raw开始

如果用JPEG模式拍摄，您可以跳过本节，因为您的相机会锐化相机中的照片。当您用RAW模式拍摄时，您的相机会关闭相机内的锐化功能。因此，您需要将其直接应用于Camera Raw中，以取代您的相机在JPEG模式中拍摄时会进行的锐化。这被称为"捕捉锐化"，是创建清晰图像的重要一步。

第一步：
我们对在RAW模式下拍摄的照片进行的初始锐化称为"捕捉锐化"，我们只对RAW照片进行此操作（如果使用JPEG模式拍摄，请跳过本节）。在Camera Raw中，打开"细节"面板，在顶部，您将看到默认的锐化量40已经应用于RAW图像（如图右下角所示），以替换一些丢失的清晰度，因为您的相机的内置锐化已关闭。

第二步：
查看"细节"面板的最底部，您会看到一条消息，让您知道要准确地看到正在应用的锐化量（或者更逼真地说，要看到它），您需要以100%（1:1）的视图查看图像。注意，"您需要100%观看"的规则只适用于您在Camera Raw中锐化时，而不是在Photoshop中。如果按Command+Option+0（零；PC:Ctrl+Alt+0）组合键，您的图像将缩放到100%。

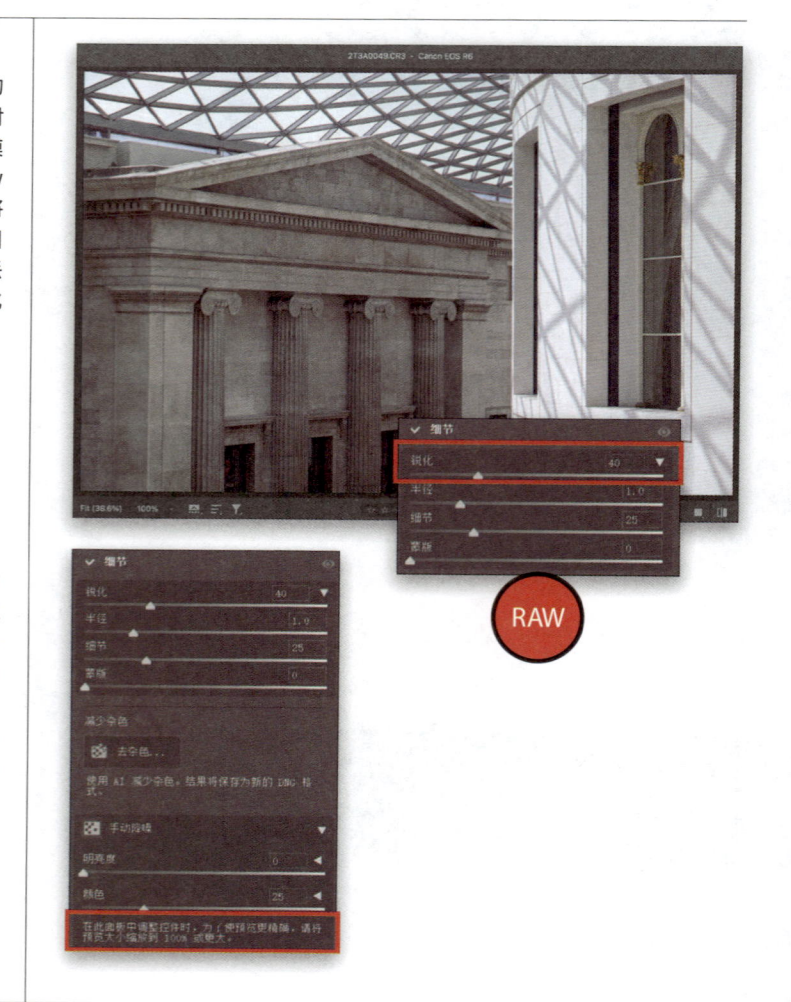

第12章 锐化技术

第三步:
现在,虽然Adobe已经对我们的RAW图像应用了40的锐化量,但默认的40太低了,尤其是如果您使用高像素相机(3600万像素或更高)时。我还没有找到一张不需要比40张照片更多的捕捉锐化的照片,通常为50(低端)~70,这取决于图像的类型。我在有很多细节的图像上使用更高的量(例如这张在大英博物馆内拍摄的照片),或者在风景或汽车照片、城市景观等图像上使用更多的量。而且,我在主体更柔和、看起来不应该过于清晰的图像上用更少的量。

第四步:
此外,如果您的设备是高像素相机,您必须提高您的锐化量,才能获得与我从相机锐化2400万像素图像时相同的锐化量。虽然在我的2400万像素相机上,80的数量看起来像是很多锐化,但在您的6100万像素相机(或100多万像素的中等格式相机)上,这可能看起来不太多。因此,当您观看以100%放大的图像时,如果它看起来不够清晰,可以拖动"锐化"滑块。根据您希望图像从一开始就有多清晰,您需要应用多少捕捉锐化。但是,这只是一个开始。还有一件事,当谈到锐化时,向右拖动"锐化"滑块是"在大多数情况下,这就是您所需要做的"(这是他们的直接引用)。

之前　　　　　　　　之后

创造性锐化

正如我们在前一节所讨论的,创造性的锐化是可选的。这是我们将锐化应用于图像的一部分——我们希望观众看到的部分。有几种方法（实际上还有更多）可以做到这一点,但我们将研究将锐化应用于整个图像,然后将其限制在我们想要的位置。本节您将学习许多不同的锐化方法,您将要学习的第一种技术,几乎可以将其中任何一种作为创造性锐化来应用。第二种技术是独立的,而且非常简单。

第一步:
这张照片看起来很锋利吗？事实并非如此,所有东西看起来都很小。拍摄这张照片时,您在想:"就是这个镜头！我拍到了！"当您在Photoshop或Camera Raw中打开图像时,却发现它很软,不锋利（尽管这不是一个很棒的镜头,但它绝对是柔软的——您只是在33.33%的放大率下看不到它）。

第二步:
让我们将图像放大到100%（按Command+Options+0（零,PC:Ctrl+Alt+0)组合键,您可以看到问题——它很软,尤其是重要的部分,例如飞行员,或者整个驾驶舱区域,以及飞机上的文字。虽然我们希望这些部分更锋利,但我们不想把我们不想要的东西磨得锋利,例如云。

第12章 锐化技术

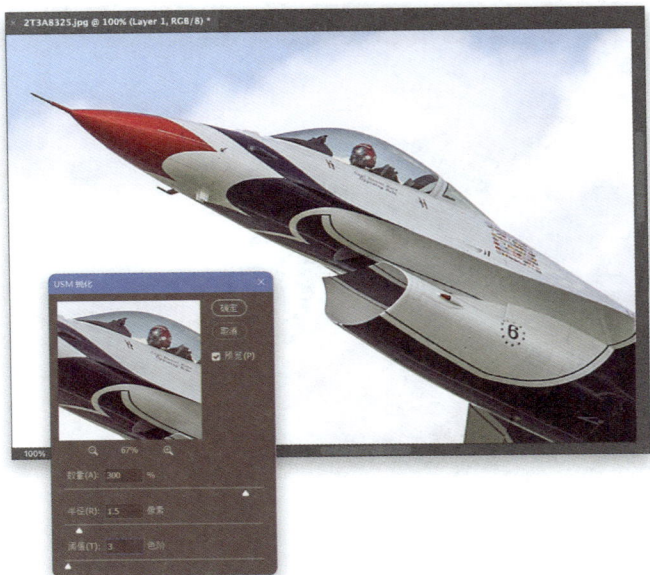

第三步：
当应用创造性锐化时，按Command+J（PC:Ctrl+J）组合键复制"背景"图层，在"图层"面板中创建一个新图层（图层1），这就是我们要应用锐化的图层，除此以外，还有很多。

第四步：
虽然我们将对"图层1"进行一系列锐化，执行"滤镜"|"锐化"|"USM锐化"命令。对话框出现时，让我们真正应用大量锐化。将"数量"设置为300%，将"半径"设置为1.5像素，将"阈值"设置为3个色阶（如图所示），然后单击"确定"按钮应用锐化。现在，您可以看到一些变化，例如鼻锥和喷气式飞机底部的进气口周围增加了一个薄光环（肯定是过度锐化的迹象）。

337

第五步：

要隐藏视图中的超级锐化层，请按住Option（PC:Alt）键，然后单击"图层"面板底部的"添加图层蒙版"图标（左侧的第三个图标）。这会将锐化的图层隐藏在黑色图层蒙版后面（如图所示）。

第六步：

从左侧的"工具箱"中获取"画笔工具"（B），并将"前景"颜色设置为白色，在希望查看者看到的区域上进行绘制，但不要接触射流的外侧边缘。这里画的是驾驶舱的正上方，注意不要画在玻璃或鼻锥的顶部，否则会看到锐化过度的光晕。在喷气式飞机上的文字上涂抹，使整个画面看起来更清晰，但没有任何副作用，也没有锐化云层。这是一种创造性的锐化方法，还有另一种更简单的方法，尽管它没有那么强大。

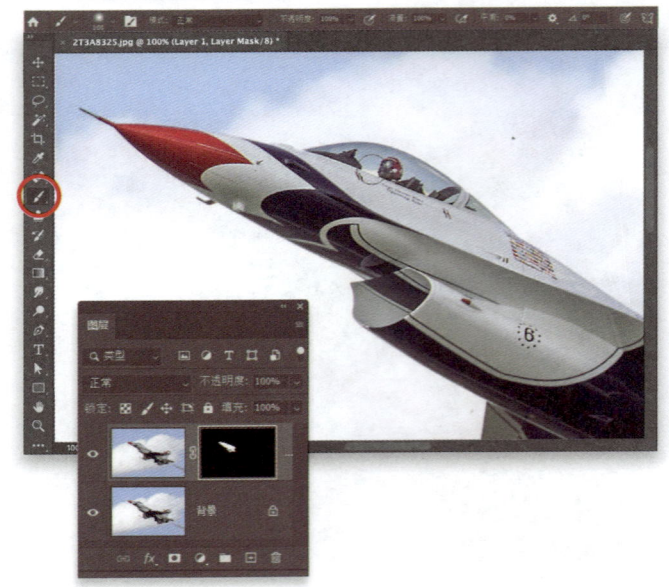

第12章 锐化技术

第七步:
应用创造性锐化的另一种方法是执行"滤镜"|"Camera Raw滤镜"命令。当其窗口打开时,按K键以获取"画笔"工具并创建蒙版。在"细节"面板中将"锐化程度"滑块向右拖动(此处将其拖动到+75)。

第八步:
只要在您想创造性锐化的区域上涂抹,就会锐化它们。使用这种方法的优点是它很容易,而且不会引入高USM锐化滤镜创建的光晕。缺点是它的效果不如USM锐化效果清晰。所以,如果您只需要一点创造性的锐化,第二种方法就可以了。如果您需要大量锐化,用第一种方法。

339

输出锐化

我们在编辑过程结束时添加了输出锐化（如果您在JPEG模式下拍摄，这可能是您主要的也是唯一的锐化），在我们完成了所有其他事情之后——曝光、白平衡、特效等，我们将保存文件以在线共享、发送电子邮件或将其发布到某个网站。

第一步：

Photoshop在不同的放大倍数下以不同的方式显示照片。您会看到100%锐化的最准确视图，但现在的图像以百万像素为单位非常大，如果您以100%的大小查看图像，您在屏幕上只能看到非常大的图像的很小部分（您的图像很容易达到60英寸或更宽）。当我只查看图像的一小部分时，我觉得很难做出锐化决定，所以当我进行锐化时，我通常会以50%的放大率查看图像。要更改缩放比例，请按Command+ +（加号，PC:Ctrl+ +）组合键放大，或按Command+ −（减号；PC:Ctrl+ -）组合键缩小。

第二步：

最流行的锐化滤镜（但不是最好的）是USM锐化滤镜。尽管有比这个滤镜更好的选择，但没有人（包括Adobe）能够让人们使用更多其他滤镜，所以我们将从这个有30年历史的滤镜开始。首先复制"背景"图层（按Command+J（PC:Ctrl+J）组合键）。然后执行"滤镜"|"锐化"|"USM锐化"（"USM锐化"一词来自传统的暗室时代，他们会对原始照片进行模糊复制，并将"取消锐化"版本用作蒙版，以创建边缘看起来更清晰的新照片）命令。

▶ 340

第12章 锐化技术

第三步：
当"USM锐化"对话框出现时，您将看到三个滑块："数量"滑块确定应用于照片的锐化量；"半径"滑块确定锐化将影响边缘外的像素数；"阈值"滑块确定一个像素在被视为边缘像素并被滤镜锐化之前与周围区域的不同程度（"阈值"滑块的工作原理与您可能认为的相反——数字越低，锐化效果就越强）。设置数量为150%、半径为1.2像素、阈值为3色阶。单击"确定"按钮，锐化将应用于图像（如图所示）。现在，这里有一个应用大量锐化的副作用：灯塔栏杆周围的白色光晕是我们想要避免的（这里放大到200%，所以您可以看到）。

第四步：
有一个小技巧（我从Photoshop专家科林·史密斯那里学到的）可以让我们保持锐化，但避免大部分光晕。在"图层"面板中，直接双击重复图层的缩略图，在"图层样式"对话框中打开"混合选项"面板。在底部，您将看到"混合颜色带"滑块（两个渐变正下方的三角形）。单击顶部渐变条右侧的滑块，并将其向左拖动（如图所示，底部居中），直到边缘周围的光晕（如图左上角）消失（如图右上角）。接下来分享一些您可以使用的设置，至少作为一个起点，用于锐化不同类型的图像。

341

柔和主体的锐化：

以下是用于主体较柔和的图像的一些设置（例如花朵、小狗、人、彩虹等）。这是一种微妙的锐化应用，非常适合这些类型的主体。数量为100%，半径为1.0像素，阈值为10色阶。

人像锐化：

如果您正在锐化特写肖像，可以尝试这些设置。数量为120%，半径为0.7像素，阈值为3色阶。它们可以应用另一种形式的微妙锐化，但要有足够的力度让眼睛闪闪发光，并在被摄对象的头发中突出显示。

TIP: 锐化女性

如果您需要对女性肖像应用更高级别的锐化，打开"通道"面板，然后单击"红"通道（如图右下角所示），使其成为活动通道（您的图像将以黑白显示）。现在，把锐化应用到"红"通道上。这样做可以避免锐化大部分皮肤纹理，而只是锐化她的眼睛、眉毛、嘴唇、头发等。应用后，单击"通道"面板顶部的RGB通道返回全色图像。

适度锐化：
适度锐化可以很好地处理从产品拍摄到家庭内外部照片，再到风景和旅行图像的所有内容。这些是我最喜欢的设置，当您需要一些漂亮、快速、尖锐的东西时，试着应用这些设置。数量为120%，半径为1.1像素，阈值为3色阶。

重度锐化：
设置数量为65%，半径为4.0像素，阈值为0色阶有两种情况：照片明显失焦，需要大量锐化才能重新对焦；照片包含许多清晰的边缘（例如岩石、建筑、硬币、汽车、机械等），可以进行大量的锐化。在这张照片中，大量的锐化确实展现了这辆车边缘的细节，但由于锐化如此之重，您需要应用"混合颜色带"滑块技术，以避免边缘出现光晕。

Photoshop 数码照片专业处理技法

提供您自己的设置：
如果您想尝试并提出自己的自定义锐化混合，我会给您一些每次调整的典型范围，这样您就可以找到自己的锐化"最佳点"。

数量：
典型的范围为50%～150%。这并不是一个硬性规定，只是调整"数量"的一个典型范围，低于50%不会有足够的效果，高于150%可能会让您陷入锐化麻烦（取决于您如何设置"半径"和"阈值"）。保持在150%以下是相当安全的。（在这里的示例中，将"半径"和"阈值"分别重置为1.0和2。）

半径：
大多数时候，您只需要使用1个像素，但您可以高达2个像素。您看到了我之前为您提供的一个针对极端情况的设置，在该设置中，您可以将"半径"设置为4个像素（Adobe允许将半径提高到250）。

第12章 锐化技术

阈值：
使用"阈值"滑块可以限制出现在非细节区域（如天空或水）中的锐化量（在这种情况下）。阈值设置的一个相当安全的范围是3～20（3是最激烈的，20是更微妙的）。如果确实需要增加锐化的强度，可以将"阈值"降低到0，但要注意图像中的任何杂色是否会被放大。

将USM锐化应用为智能筛选器层：
可以通过将"背景"图层转换为智能镜图层，使应用此锐化"无损"，并在以后完全可编辑。只需执行"滤镜"|"转换为智能滤镜"命令，然后再应用"USM锐化"滤镜。正如之前在"图层"一章中所学到的，这会将滤镜添加到"图层"面板中（它显示在智能滤镜图层的缩略图下，如图所示），如果您需要在事后编辑锐化量，只需直接双击"USM锐化"，就会打开对话框。要在视图中隐藏滤镜，请单击"USM锐化"左侧的眼睛图标。要将其一起移除，只需单击并将"USM锐化"拖动到面板底部的垃圾桶图标上。

345

输出锐化的另一种方式

输出锐化的另一种方法是直接内置在Camera Raw中，因为Camera Rave为您完成了所有的计算。您只需要告诉它您将在哪里共享图像，如果您想要少量、中等或大量的锐化，它会根据您的选择以及图像的大小和分辨率为您计算所有内容。这是一种"盲目"类型的锐化，没有预览，所以在从Photoshop导出图像之前，您不知道锐化的外观效果，只有这样您才能看到这种自动锐化的外观。但它在大多数时候都做得很好，所以您不会冒太大的风险。

第一步:

当您准备在Photoshop之外保存文件时，保存并关闭它，然后在Camera Raw中再次打开它。当其窗口打开时，单击右上角的"存储选项"图标（带有向下箭头的正方形）以打开"存储选项"对话框（如图所示）。在底部的"输出锐化"部分，勾选"锐化"复选框。它的右边是一个弹出菜单，您可以在其中选择要保存的图像的位置（这里选择了"滤色"选项），然后在它的右边，还有另一个弹出窗口，您可以选择数量（低、标准或高）。

第二步:

如果您选择"低"作为"数量"，这是一个非常低的数量，一个肉眼几乎无法察觉的量，不建议使用。"标准"是少量的锐化，但至少您可以看到它已经被锐化了。这是一个相当保守的锐化量，但再次强调，至少您可以看到它。"高"可以给您一个很好的有力锐化量，如果您选择一张纸（如图所示，光面纸或无粗面纸），更是如此，因为我们在打印时需要更多的锐化，因为当墨水碰到纸时会失去清晰度。正如我所提到的，这里没有预览，所以这是一种"您必须有信仰"类型的锐化，但它在大多数情况下都做得很好。

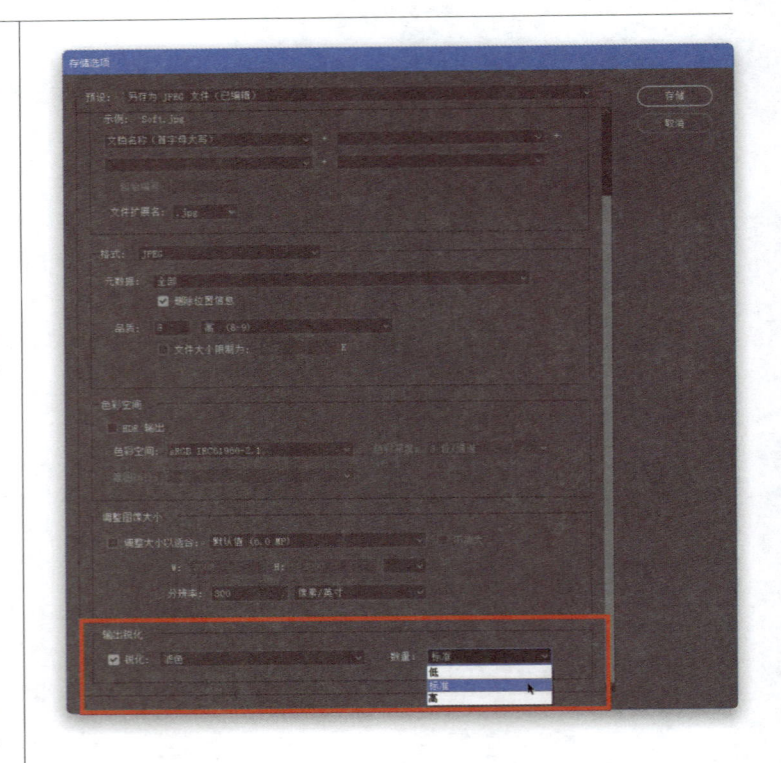

第12章 锐化技术

焦点锐化

有时您只需要锐化一小块区域（一个典型的例子是锐化眼睛），即使这只是一小块区域，您也需要一些非常高质量的锐化。有一个完美的工具可以做到这一点，因为Adobe在这个工具中加入了他们最好的锐化技术。

第一步：
首先对图像应用常规锐化。复制"背景"图层（按Command+J（PC:Ctrl+J）组合键），并将此额外级别的锐化应用于此复制层。如果您认为锐化看起来太强烈，您可以通过降低这个复制层的不透明度来降低锐化的量。现在，从"工具"框中获取"锐化"工具（如图所示，它嵌套在"模糊"工具下）。使用该工具后，请转到选项栏，确保"保护细节"复选框处于勾选状态（如图所示，此复选框会起到关键作用，因为它会启用该工具的高级锐化算法）。

第二步：
通过按Command++（加号，PC:Ctrl++）组合键放大要进行焦点锐化的区域（她的眼睛），这样您就可以清楚地看到锐化的效果。现在，从选项栏上的"画笔选取器"中选择一个中等大小的柔边圆画笔，然后只在想要看起来清晰的区域上绘制（如图所示，在右侧的眼睛上绘制）。注意不要在此处过度锐化，否则会在锐化的区域开始引入杂色。焦点锐化不仅仅适用于肖像，它在任何金属或铬的东西上都做得很好，在珠宝或任何需要额外打磨的东西上也做得很好。

347

使用智能锐化进行更智能的锐化

如果您正在寻找比USM锐化滤镜更好的结果，这就是您所使用的。智能锐化已经在Photoshop中使用了18年，但由于某种原因，它从未受到用户的欢迎（大多数用户仍然使用USM锐化），因为智能锐化在几乎所有方面都更好。它有一个可调整大小的界面，可以进行大预览，能够保存自定义预设。无论如何，真正让它与众不同的是"隐藏"，因为现在您可以应用更高级别的锐化，而不会出现光晕或其他令人讨厌的副作用。

第一步：

要访问此滤镜，执行"滤镜"｜"锐化"｜"智能锐化"命令以显示您在此处看到的对话框。您可以通过单击右下角并将其拖大来调整此对话框的大小。当您这样做时，它内部的预览会变得更大（如图所示）。

TIP：将您喜爱的设置另存为预设

如果您找到了一组您喜欢的设置，并且认为您可能想再次使用，您可以通过执行"预设"｜"存储预设"命令来将它们保存为预设。命名它，然后单击"保存"按钮，现在您的预设将出现在弹出菜单中。

第二步：

使用USM锐化滤镜进行锐化的一个缺点是，如果应用了大量锐化，边缘周围会开始出现光晕。但是，智能锐化的算法可以让您在光晕开始出现之前应用更高的锐化量。建议您首先将"数量"滑块增加到至少300%，然后开始向右拖动"半径"滑块（如图所示），直到开始看到边缘周围出现光晕。当它们出现时，只需将滑块稍稍向后退一点即可（直到光晕消失）。

第12章 锐化技术

第三步：
现在已经设置了"半径"量，返回到"数量"滑块并开始将其向右拖动（高于300%），直到锐化对您来说很好（或者出现光晕，但在此之前您必须稍微拖动它）。另外，确保将其设置为"镜头模糊"。首选项（高斯模糊）基本上与USM锐化具有相同的计算效果，因此您无法获得"更好的计算效果"的优势。垫底项（动感模糊）适用于百万分之一的情况，在这种情况下，您可以确定动感模糊的确切角度，并尝试通过输入以度为单位的模糊角度来抵消它。

第四步：
锐化往往会使照片中的任何杂色更明显，这就是为什么智能锐化滤镜有一个"减少杂色"滑块很好。此滑块的目标不是减少杂色，它可以让您在不增加杂色的情况下增加很多锐化。因此，在应用锐化后，将此滑块向右拖动，直到照片中的杂色看起来与锐化图像前大致相同。单击"阴影/高光"以显示"渐隐量"滑块，如果您想减少高光或阴影区域的锐化，可以将其向右拖动。

349

超级锐化（高反差保留锐化）

当您需要最大程度的锐化时，高反差保留锐化就是您想要的。多年来，这一直是Photoshop爱好者最喜欢的技术，它不仅是一种高性能的锐化，而且与任何一种锐化滤镜相比，它的锐化效果都不同，也许这就是为什么它在"我希望我的图像真的很清晰"的人群中如此受欢迎的原因。好的一面是，它真的很容易，而且您在应用它之后可以进行一些控制。

第一步：

执行"图层"|"复制图层"命令，然后在对话框中单击"确定"按钮复制"背景"图层。然后，执行"滤镜"|"其他"|"高反差保留"命令（如图所示）。我们使用这个滤镜来突出照片中的边缘，使这些边缘突出确实会给人一种巨大锐化的印象，但与锐化滤镜的效果有点不同。

第二步：

在"高反差保留"对话框中，首先将"半径"滑块一直向左拖动，图像将变为纯灰色（如图所示）。

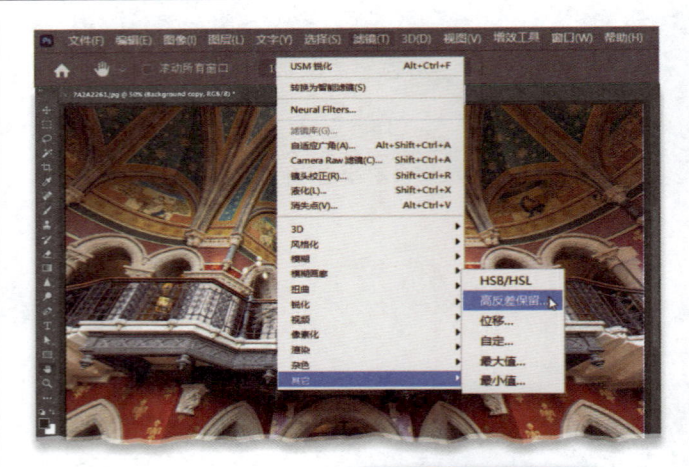

第12章 锐化技术

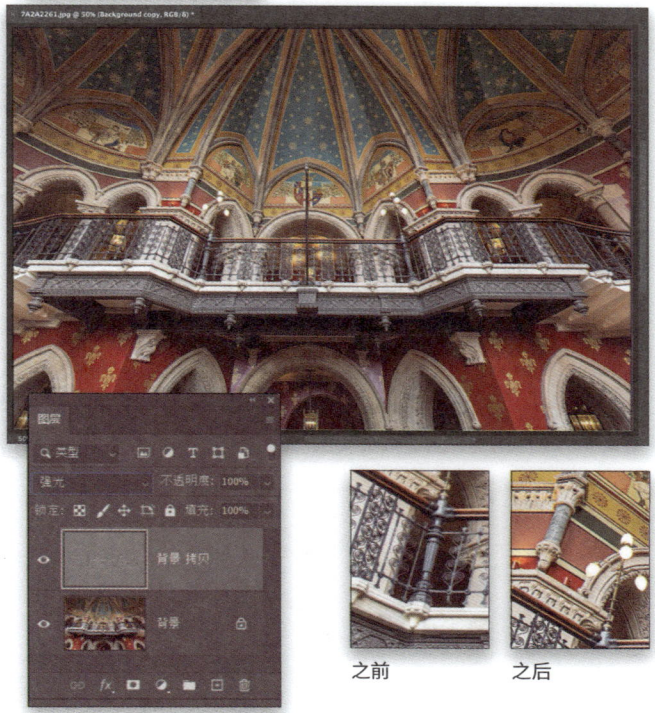

第三步：
慢慢开始向右拖动"半径"滑块，直到您看到照片中对象的边缘清晰可见。拖得越远，锐化就越强烈。但是，如果拖得太远，您会开始出现这些巨大的光晕，颜色开始出现，效果开始分崩离析。所以，不要得意忘形。一旦边缘清晰可见（如您所见，我拖动到3.8的位置），单击"确定"按钮应用高反差保留滤镜。

第四步：
转到"图层"面板的左上角附近，将顶层的图层混合模式从"正常"更改为"强光"。这会去除图层中的灰色填充，但会突出边缘，使整个照片看起来更加清晰（如图所示）。如果锐化看起来过于强烈，可以通过在"图层"面板中降低图层的"不透明度"来控制锐化的量，或者尝试将混合模式更改为"叠加"（使锐化不那么强烈）或"柔光"（甚至更强烈）。如果您想要更多的锐化，请复制高反差保留图层以使锐化加倍。如果太多，请降低顶层的"不透明度"值。

之前　　之后

351